Christian Schlieder

Autodesk® Inventor® 2015
Einsteiger-Tutorial

Viele praktische Übungen am
Konstruktionsobjekt HOLZRÜCKMASCHINE

Christian Schlieder

Autodesk® Inventor® 2015
Einsteiger-Tutorial

Viele praktische Übungen am
Konstruktionsobjekt HOLZRÜCKMASCHINE

Weiterführende Literatur

Eine Übersicht über alle Bücher finden Sie im Internet unter:

http://www.cad-trainings.de/html/Literatur.html

Alle im Buch enthaltenen Informationen wurden nach bestem Wissen und Gewissen geprüft.

Da Fehler nicht ausgeschlossen werden können, übernehmen Autor und Verlag weder Verantwortungen, Verpflichtungen oder Garantien jeglicher Art, noch Haftung für die Benutzung der bereitgestellten Informationen. Autor und Verlag übernehmen keine Gewähr dafür, dass die beschriebenen Vorgehensweisen oder Verfahren frei von Rechten Dritter sind.

Das Werk ist urheberrechtlich geschützt. Übersetzung, Nachdruck, Vervielfältigung, sonstige Verarbeitung des Buches oder von Teilen daraus sind ohne Genehmigung des Autors nicht erlaubt.

Autodesk® Inventor® 2015 ist ein eingetragenes Markenzeichen von Autodesk, Inc. und/oder seiner Tochtergesellschaften und/oder der Tochterunternehmen in den USA und anderen Ländern.

© 2015 Christian Schlieder

ISBN

9783734757198

IMPRESSUM

Dipl.- Ing. Christian Schlieder
www.cad-trainings.de
Fax: +49 (0) 3212 - 1122290

HERSTELLUNG UND VERLAG

BoD - Books on Demand, Norderstedt
www.BoD.de

INHALTSVERZEICHNIS

1	Einleitung	7
1.1	Inhalt	7
1.2	Verwendete Befehle	7
1.3	Projektordner erstellen	8
1.4	Hilfedatei des Programms	8
1.5	Kostenlose Programmversion	8
2	Bearbeiten der Anwendungsoptionen	9
2.1	Steuerungstools und Maustasten	16
2.2	Der ViewCube	16
2.3	Die Navigationsleiste	16
2.4	Die Funktionen der Maustasten	16
3	Einzelbenutzer-Projekt erzeugen	17
4	Aufbau einer Holzrückmaschine	19
5	Bauteil: Oberwagen	20
5.1	Bauteil „01-Oberwagen" erstellen	21
5.2	2D-Skizze auf XY-Ebene öffnen	22
5.3	Achsen projizieren und als Konstruktionsobjekte definieren	22
5.4	Zeichnen der ersten Linien	23
5.5	Abhängigkeiten setzen	24
5.6	Horizontale und vertikale Bemaßungen setzen	25
5.7	Ausgerichtete Bemaßungen erzeugen	26
5.8	Winkelmaße erzeugen	27
5.9	Bogen aus drei Punkten	28
5.10	Extrudieren der Basiskontur	29
5.11	Erzeugen einer neuen 2D-Skizze auf der XZ-Ebene	29

5.12	Achsen projizieren und als Konstruktionsobjekte definieren	30
5.13	Zeichnen und Bemaßen der Skizzenkontur	30
5.14	Extrudieren des Differenzkörpers	32
5.15	Vollständiges Abrunden der Fahrerkabine	32
5.16	Fasen des unteren Fahrerkabinenbereiches	33
5.17	Erzeugen eines Hohlkörpers	34
5.18	Erstellen einer neuen 2D-Skizze	35
5.19	Achsen und Linienkonturen projizieren	35
5.20	Zeichnen der Basiskonturen für die Fensteraussparungen	36
5.21	Bemaßen der Bogenabstände	37
5.22	Rechteck zeichnen und bemaßen	37
5.23	Stutzen der Kontur und Schließen der Skizze	38
5.24	Extrudieren der Fenster (Differenz)	39
5.25	Erzeugen einer neuen Ebene	40
5.26	Basiskontur des Schutzblechs zeichnen	40
5.27	Extrudieren des Schutzblechs	42
5.28	Schutzblech abrunden	42
5.29	2D-Skizze für den Lüftungsbereich (Maschinenraum) zeichnen	43
5.30	Erstellen der Lüftungsöffnung	45
5.31	Eine um eine Kante geneigte Ebene erzeugen	47
5.32	2D-Skizze auf der neuen Ebene erzeugen	48
5.33	Oberen Bereich der Aufstiegsleiter zeichnen	49
5.34	Extrudieren des oberen Leiterbereiches	50
5.35	Oberen Leiterbereich mittels rechteckiger Anordnung kopieren	51
5.36	Trennen des Volumenkörpers	52
5.37	Spiegeln des Volumenkörpers	53
6	**Bauteil: Unterwagen**	**54**
6.1	Bauteil „02-Unterwagen" erstellen	55

6.2	2D-Skizze auf XY-Ebene öffnen		56
6.3	Achsen projizieren und als Konstruktionsobjekte definieren		56
6.4	Zeichnen der Basiskontur		57
6.5	Setzen der Abhängigkeiten		57
6.6	Bemaßen der Linienabstände		59
6.7	Extrudieren der Basiskontur		60
6.8	2D-Skizze auf XZ-Ebene erzeugen		61
6.9	Achsen projizieren und als Konstruktionsobjekte definieren		61
6.10	Zeichnen der Schnittmengenkontur		62
6.11	Extrudieren der Schnittmengenkontur		63
6.12	Fasen des vorderen Bereiches		63
6.13	Runden des hinteren Bereiches		64
6.14	Erzeugen einer Ebene mit Versatz		65
6.15	Erzeugen einer Achse als Schnittlinie zweier Ebenen		65
6.16	Bohren der hinteren Antriebswellenlagerung		66
7	**Bauteil: Hubgestell**		**67**
7.1	Bauteil „03-Hubgestell" erstellen		68
7.2	2D-Skizze auf XY-Ebene öffnen		69
7.3	Achsen projizieren und als Konstruktionsobjekte definieren		69
7.4	Zeichnen der Basiskontur		70
7.5	Extrudieren der Basiskontur		71
7.6	2D-Skizze auf XZ-Ebene erzeugen		71
7.7	Achsen projizieren und als Konstruktionsobjekte definieren		72
7.8	Zeichnen der Schnittmengengeometrie		72
7.9	Extrudieren der Schnittmengenkontur		75
7.10	Befestigungsbohrungen für die Zylinderbolzen einfügen		75
7.11	Erzeugen einer versetzten Ebene		77
7.12	2D-Skizze auf neuer Ebene erstellen		77

7.13	Kanten projizieren, Basiskontur des Schutzblechs zeichnen	78
7.14	Erzeugen einer Arbeitsachse	79
7.15	Drehen der Skizzenkontur um die neu erzeugte Arbeitsachse	79
7.16	Runden des Schutzblechs	80
7.17	Schutzblech spiegeln	81

8 Bauteil: Ausleger — 82

8.1	Bauteil „04-Ausleger" erstellen	83
8.2	2D-Skizze auf XY-Ebene öffnen	84
8.3	Achsen projizieren und als Konstruktionsobjekte definieren	84
8.4	Zeichnen der Basiskontur	85
8.5	Extrudieren der beiden äußeren Kreisringe	87
8.6	Skizze wieder verwenden	87
8.7	Extrudieren der Zwischenbereiche	88
8.8	Runden der inneren Kante	88
8.9	2D-Skizze auf der XZ-Ebene erzeugen	89
8.10	Achsen projizieren und als Konstruktionsobjekte definieren	89
8.11	Zeichnen der Subtraktionsgeometrie	90
8.12	Extrudieren der Differenzkontur	91

9 Bauteil: Greiferstiel — 92

9.1	Bauteil „05-Greiferstiel" erstellen	93
9.2	2D-Skizze auf XY-Ebene öffnen	94
9.3	Achsen projizieren und als Konstruktionsobjekte definieren	94
9.4	Zeichnen der Basiskontur	95
9.5	Extrudieren der Basiskontur	97
9.6	Runden der inneren Kante	98
9.7	2D-Skizze auf der XZ-Ebene erzeugen	98
9.8	Zeichnen der Subtraktionsgeometrie	99
9.9	Extrudieren der Subtraktionsgeometrie	100

10 Bauteil: Greifer — 101

- 10.1 Bauteil „06-Greifer" erstellen — 102
- 10.2 Basiskontur mittels Zylinder erzeugen — 103
- 10.3 Erzeugen einer Ebene mit Versatz — 105
- 10.4 2D-Skizze auf neuer Ebene erzeugen — 105
- 10.5 Achsen projizieren und als Konstruktionsobjekte definieren — 105
- 10.6 Zeichnen der Basiskontur — 106
- 10.7 Extrudieren der Skizzengeometrie — 107
- 10.8 Deaktivieren der Arbeitsebene — 107
- 10.9 Runden der letzten Extrusion — 108
- 10.10 Bohren der Greiferführung — 109
- 10.11 Erzeugen einer Erhebung — 110
- 10.12 Erstellen einer weiteren 2D-Skizze — 111
- 10.13 Extrudieren des ersten Greiferfingers — 112
- 10.14 Spiegeln des ersten Greiferfingers — 113

11 Unterbaugruppe: Rad — 114

- 11.1 Bauteil „07-1-Rad-Basisskizze" erstellen — 115
- 11.2 2D-Skizze auf XY-Ebene öffnen — 116
- 11.3 Achsen projizieren und als Konstruktionsobjekte definieren — 116
- 11.4 Zeichnen der Basiskontur — 116
- 11.5 Bauteile aus der Skizze heraus exportieren — 118
- 11.6 Felge und Reifen in Volumenkörper konvertieren — 120
- 11.7 Ebene und Skizze für Reifenprofil erzeugen — 121
- 11.8 Basisskizze für Reifenprofil zeichnen — 122
- 11.9 Prägen des Reifenprofils — 123
- 11.10 Prägung mittels runder Anordnung kopieren — 124

12 Unterbaugruppe: Hydraulikzylinder — 125

- 12.1 Bauteil „08-Hydraulikzylinder-Basisskizze" erstellen — 126

12.2	2D-Skizze auf XY-Ebene öffnen		127
12.3	Achsen projizieren und als Konstruktionsobjekte definieren		127
12.4	Zeichnen der Basisskizze		127
12.5	Bauteile aus der Skizze heraus exportieren		129
12.6	Bearbeiten des Zylinders		131
12.7	Bearbeiten des Kolbens		132
12.8	Setzen der Abhängigkeiten zwischen Kolben und Zylinder		134
13	**Hauptbaugruppe: Holzrückmaschine**		**136**
13.1	Baugruppe „00-Holzrueckmaschine" erstellen		137
13.2	Platzieren der ersten Bauteile		138
13.3	Weitere Bauteile in die Baugruppe einfügen		139
13.4	Bauteil „03-Hubgestell" mit Abhängigkeiten versehen		140
13.5	Schraubenverbindungen einfügen		141
13.6	Bauteil „04-Ausleger" mit Abhängigkeiten versehen		143
13.7	Bauteil „05-Greiferstiel" mit Abhängigkeiten versehen		144
13.8	Bauteil „06-Greifer" mit Abhängigkeiten versehen		145
13.9	Unterbaugruppen „08-Hydraulikzylinder" einfügen		146
13.10	Befestigen der unteren beiden Hydraulikzylinder		147
13.11	Befestigen des oberen Hydraulikzylinders		148
13.12	Alle drei Zylinder flexibel machen		149
13.13	Platzieren und Positionieren der Räder		150
13.14	Radachsen aus der Baugruppe heraus erzeugen		152
13.15	Bolzen für Greifersystem aus der Baugruppe heraus erstellen		155
13.16	Bauteil „01-Oberwagen" aus der Baugruppe heraus bearbeiten		157
13.17	Farben zuweisen und Modellbaum strukturieren		159
13.18	Rendern der Hauptbaugruppe		160
14	**Schlusswort**		**161**
15	**Index**		**162**

1 Einleitung

1.1 Inhalt

Dieses Buch ist ein Tutorial für **Autodesk® Inventor® 2015**. Anhand eines komplexen Übungsbeispiels lernt der Leser den Umgang mit dem Programm.

1.2 Verwendete Befehle

2D-Skizzen

- Abhängigkeiten
- Bauteil erstellen
- Bemaßung
- Bogen (3 Punkte)
- Geometrie projizieren

- Konstruktion
- Kopieren
- Kreis (Mittelpunkt)
- Linie
- Rechteck

- Rechteckige Anordnung
- Runden
- Spiegel
- Stutzen
- Versatz

Bauteile

- Arbeitsachsen
- 2D-Skizze starten
- Bohrung
- Drehung
- Arbeitsebenen
- Erhebung

- Extrusion
- Fasen
- Lüftungsöffnung
- Prägen
- Rechteckige und runde Anordnung

- Rundung
- Spiegeln
- Teilen
- Umgrenzungsfläche
- Wandung
- Zylinder

Baugruppen

- Abhängig machen
- Erstellen

- Farben zuweisen
- Platzieren

- Schraubenverbindung

Sonstige

- Anwendungsoptionen
- Bild rendern

- Einzelbenutzer-Projekt
- Inventor Studio

- Modellbaumordner

1.3 Projektordner erstellen

Vor der Arbeit im eigentlichen Programm sollte auf dem PC ein neuer Ordner erstellt werden. Dieser Ordner wird als Projektordner dienen, in dem alle Komponenten dieser Projektarbeit gesichert werden. Erstellen Sie an geeignetem Speicherort einen neuen Ordner mit der Bezeichnung [*Inventor-2015-HRM*].

1.4 Hilfedatei des Programms

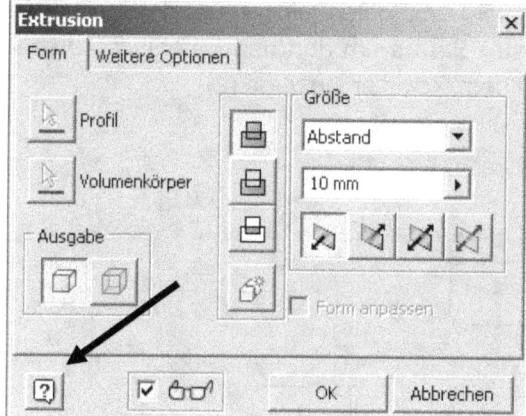

Das Programm beinhaltet eine umfassende Hilfedatei. Zusätzlich zu den Hilfen und Anmerkungen in diesem Buch kann diese zur Klärung offener Fragen verwendet werden. Achten Sie auf das kleine ⑦ *Fragezeichen* in den Befehlen des 3D-Bereiches. Hier gelangen Sie automatisch in den entsprechenden Bereich der Hilfe. Bei manchen Befehlen (zum Beispiel im 2D-Bereich) ist dieser Button nicht verfügbar. Hier kann alternativ die *Taste*: *F1* verwendet werden.

Die Hilfedatei greift automatisch auf das Internet zu, sofern das Programm eine Zugriffsberechtigung auf eine vorhandene Internetleitung besitzt. Alternativ kann kostenlos eine lokale Hilfe unter folgendem Link geladen und installiert werden:

> http://www.autodesk.de/

1.5 Kostenlose Programmversion

Eine Testversion des Programms kann ebenfalls kostenlos auf der Internetplattform:

> http://www.autodesk.com/education/free-software/all

heruntergeladen werden. Diese ist allerdings nur 30 Tage funktionstüchtig. Studenten haben zusätzlich die Möglichkeit, die kostenlose Version für 3 Jahre freizuschalten.

Bitte starten Sie das Programm *Autodesk® Inventor® 2015*, um mit den Übungen zu beginnen.

2 Bearbeiten der Anwendungsoptionen

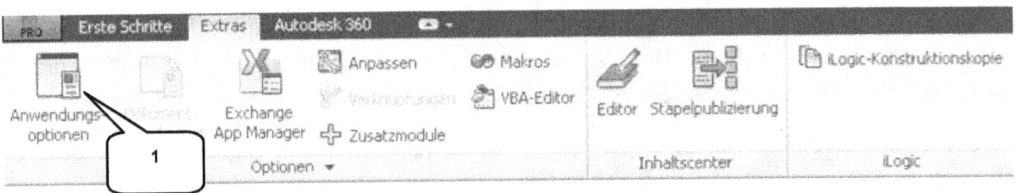

Um die Übungen fehlerfrei umsetzen zu können wird empfohlen, einige Grundeinstellungen zu kontrollieren. Wechseln Sie hierfür ins Register **Extras** um dort den Befehl **Anwendungsoptionen** (1) zu starten. Beginnen Sie mit dem Register **Anzeige** (2):

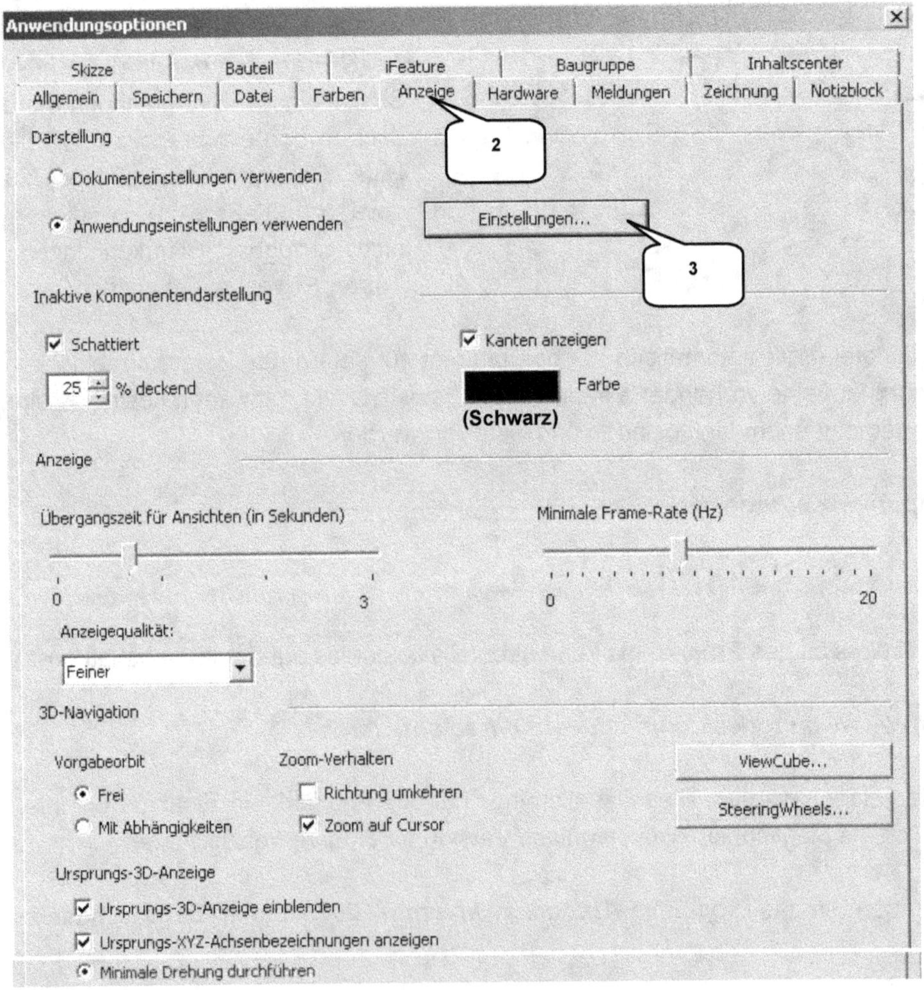

Bearbeiten der Anwendungsoptionen

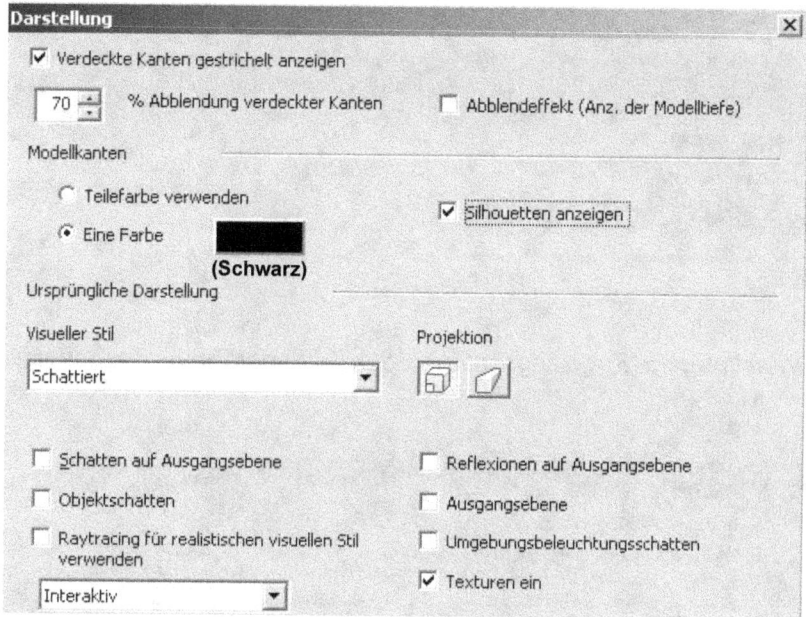

In den *Einstellungen* (3) sind die oben stehenden Änderungen zu übernehmen um dann im Register *Zeichnung* (4) die folgenden Grundeinstellungen umzusetzen:

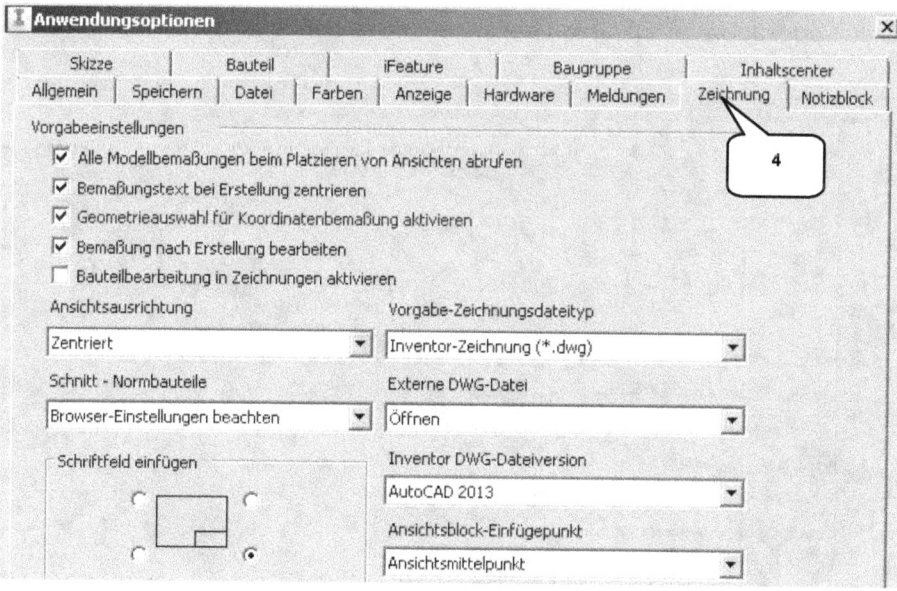

Bearbeiten der Anwendungsoptionen

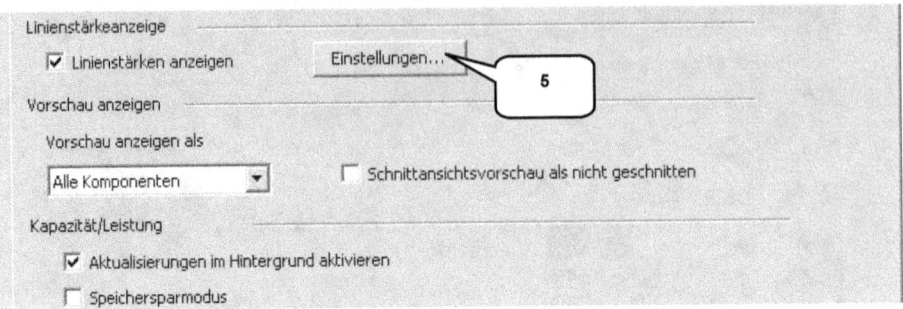

Über die *Einstellungen* (5) gelangt man zu den *Linienstärken*, die ebenfalls zu ändern sind:

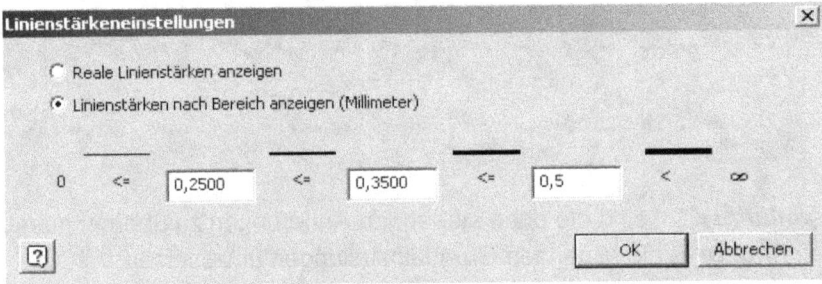

Im Register *Baugruppe* (6) sind dann die folgenden Änderungen zu übernehmen:

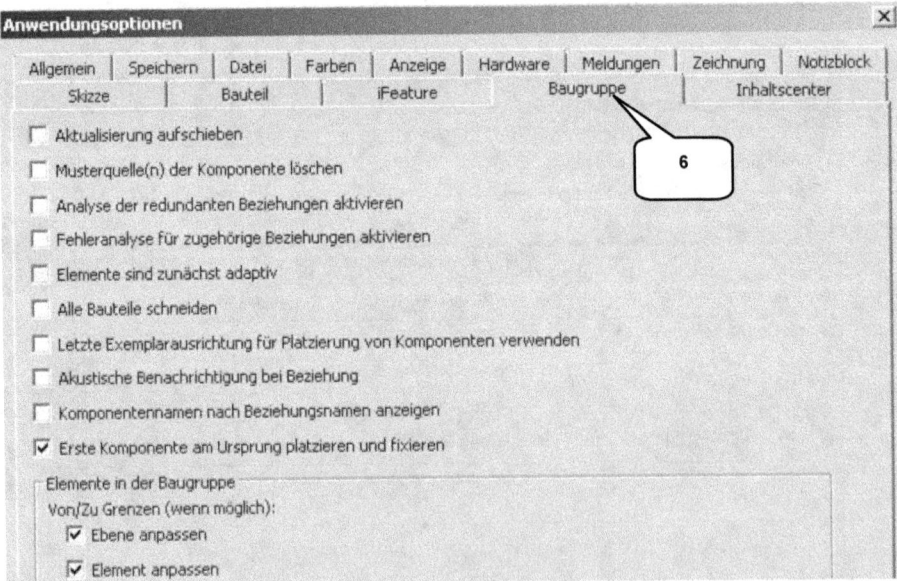

Bearbeiten der Anwendungsoptionen

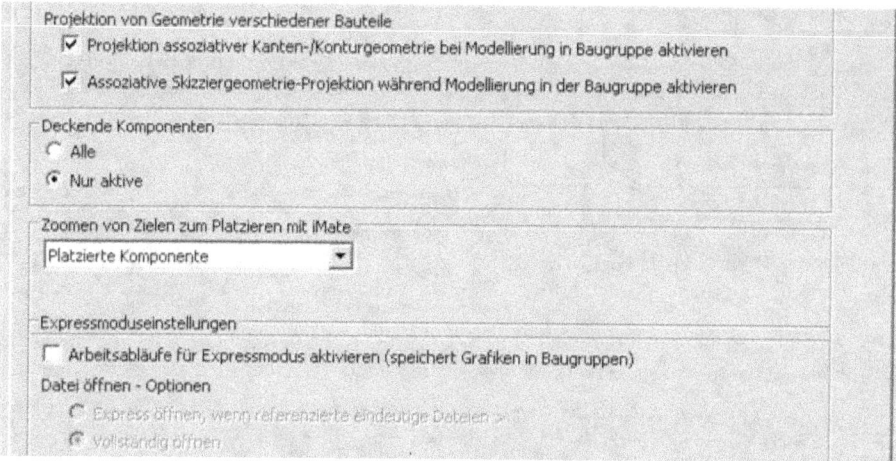

Weitere Änderungen erfolgen im Register **Bauteil** (7):

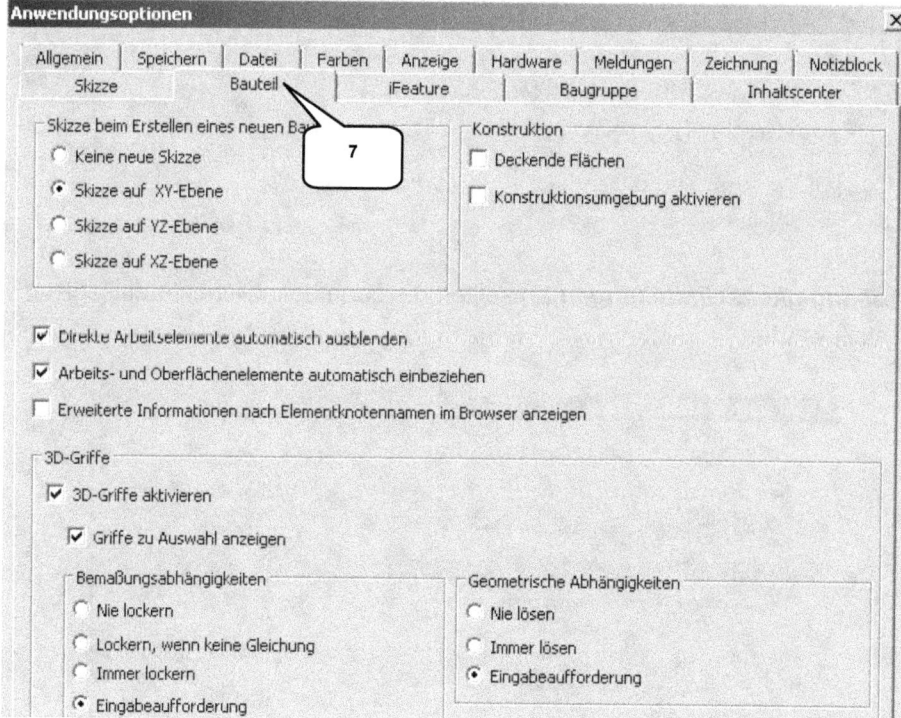

Abschließend sind die Einstellungen im Register **Skizze** vorzunehmen (8):

Bearbeiten der Anwendungsoptionen

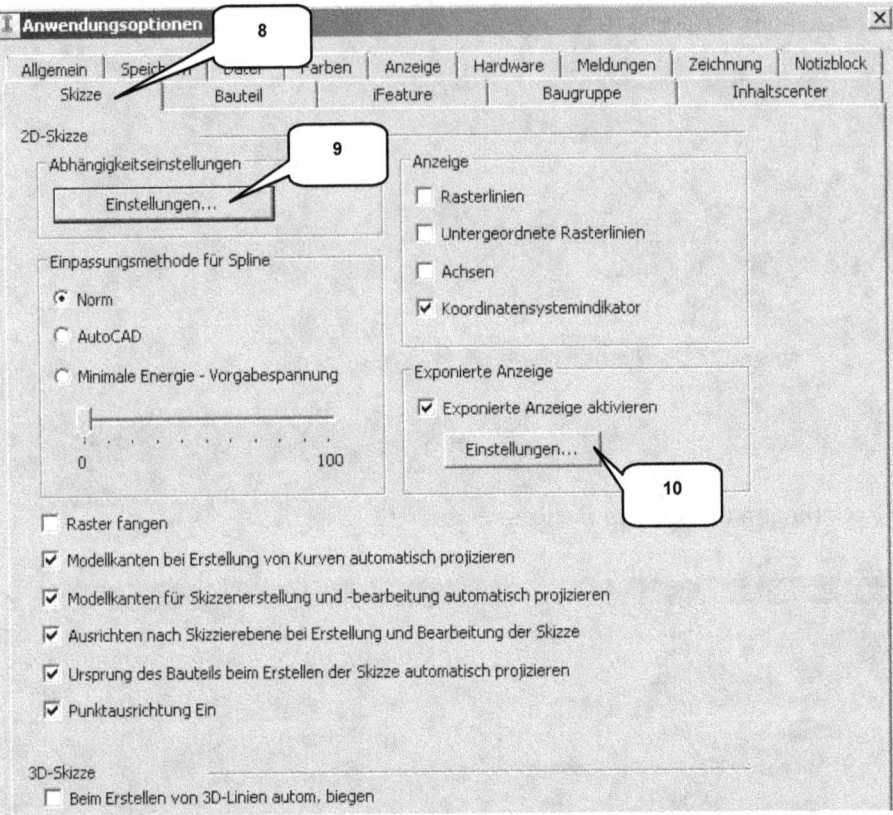

In den **Abhängigkeitseinstellungen** (9) sollten die darin befindlichen drei Register wie folgt voreingestellt werden:

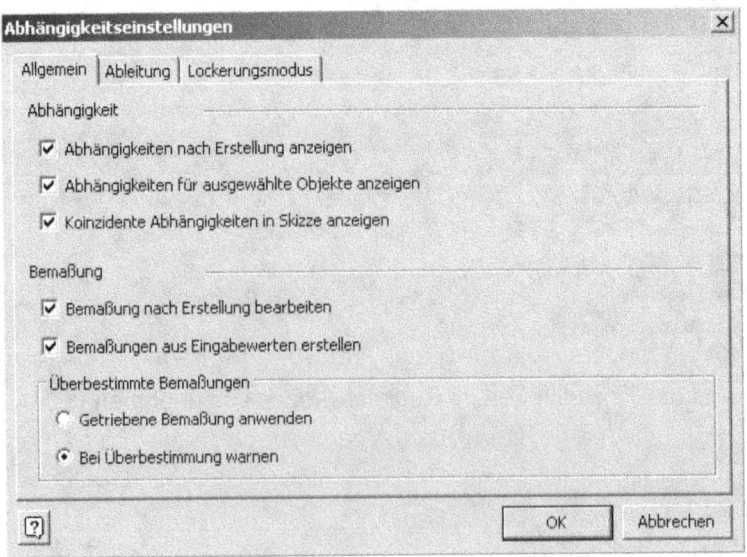

Bearbeiten der Anwendungsoptionen

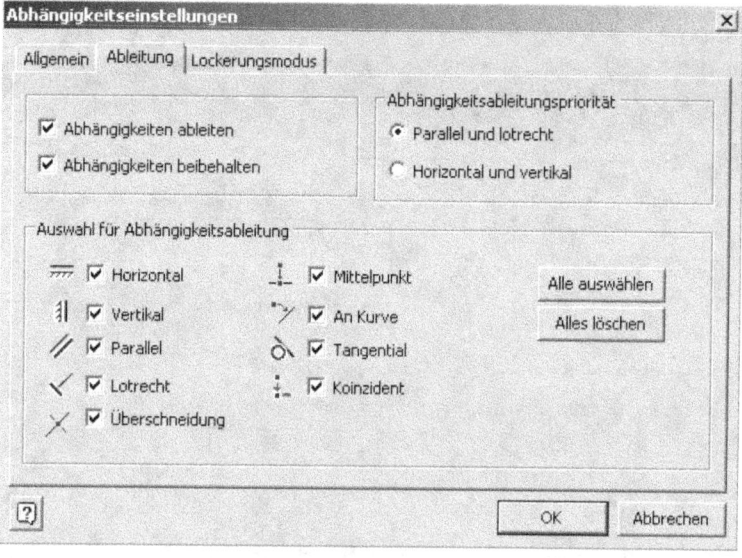

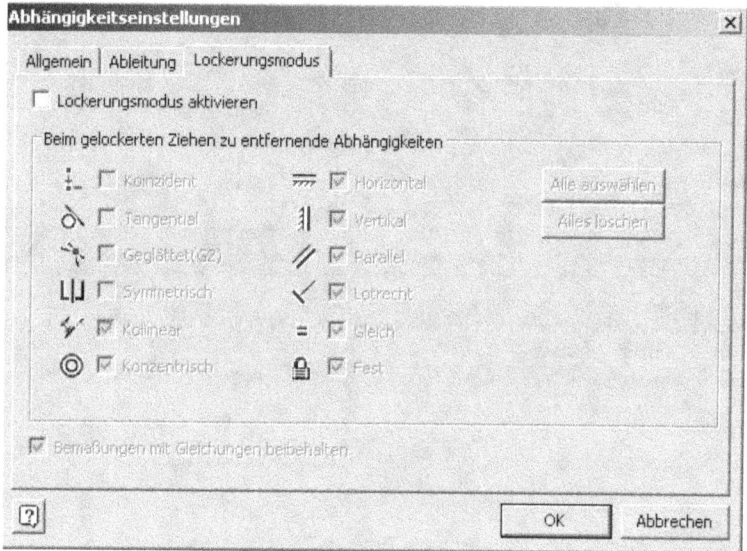

Abschließende Einstellungen sind im Bereich **Exponierte Anzeige** (10) zu kontrollieren. Die Anwendungsoptionen können danach mit **OK** (11) bestätigt werden.

Bearbeiten der Anwendungsoptionen

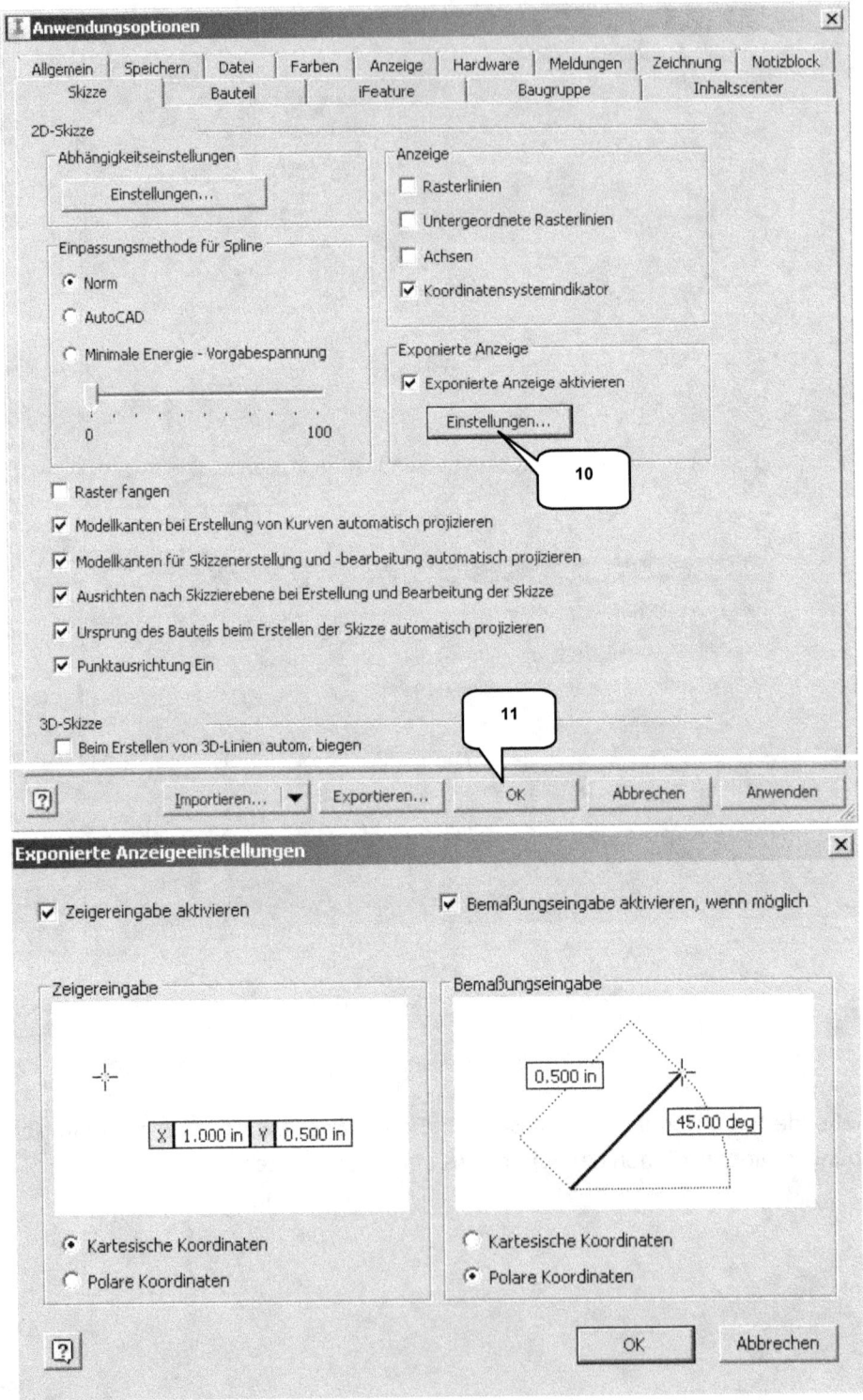

2.1 Steuerungstools und Maustasten

Das Programm verfügt über verschiedene Tools, die es dem Anwender ermöglichen, häufig verwendete Befehle rasch starten zu können. Im Register **Ansicht** und der Befehlsgruppe **Fenster** muss die **Benutzeroberfläche** gestartet werden.

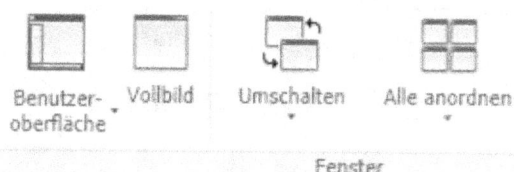

Im geöffneten Auswahlmenü sollten die Optionen **ViewCube**, **Navigationsleiste**, **Browser** und **Statusleiste** aktiviert sein. Die restlichen Optionen können bei Bedarf zusätzlich aktiviert werden.

2.2 Der ViewCube

Mit dem **ViewCube** kann der Blickwinkel auf ein Objekt verändert werden: Ein Klick mit der linken Maustaste auf eine Seite, Kante oder Ecke des Würfels dient dem Wechsel in die entsprechende Ansicht. Bei gedrückter linker Maustaste auf den Würfel ist (in Kombination mit der Mausbewegung) ein freies Drehen der Ansicht möglich.

2.3 Die Navigationsleiste

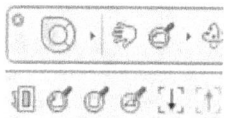

Die **Navigationsleiste** beinhaltet verschiedene Anzeige- und Navigationsbefehle. Die Position der Leiste und die Anzahl der darzustellenden Befehle können individuell festgelegt werden.

2.4 Die Funktionen der Maustasten

Wird in diesem Buch davon gesprochen, etwas anzuklicken oder zu auszuwählen, bezieht sich das stets auf die **linke Maustaste**, sofern es nicht anders beschrieben ist. Ein Klick mit der **rechten Maustaste** öffnet ein Menü mit weiteren Optionen. Je nachdem, in welchem Arbeitsbereich des Programms Sie sich befinden (Skizzenbereich, Modellbereich, Baugruppenbereich, Präsentationsbereich, Zeichnungsbereich), und an welcher Position geklickt wird (auf ein Zeichenobjekt, eine Modellkante, auf ein Bauteil oder auf die Multifunktionsleiste) werden unterschiedliche Auswahlmöglichkeiten angeboten. Die **mittlere Maustaste** (Scrollrad-Taste) hat mehrere Funktionen: Bei gedrückter mittlerer Maustaste kann der gesamte Arbeitsbereich verschoben werden. Die Kombination der Umschalt-Taste (**Taste: SHIFT**) mit der mittleren Maustaste ermöglicht ein freies Drehen der Ansicht. Das Scrollen mit dem Scrollrad der mittleren Maustaste zoomt die Ansicht im Arbeitsbereich.

3 Einzelbenutzer-Projekt erzeugen

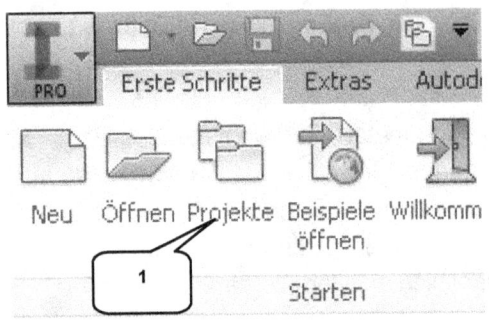 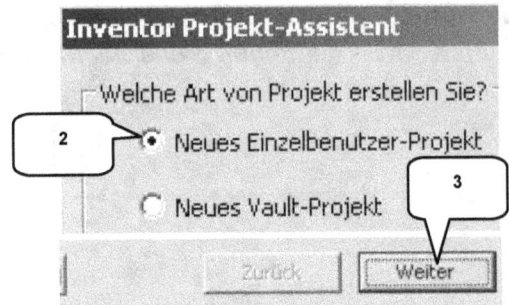

- ➤ **Projekte** (1)
- ➤ Option: Neu > Neues Einzelbenutzer-Projekt (2)
- ➤ **Weiter** (3)

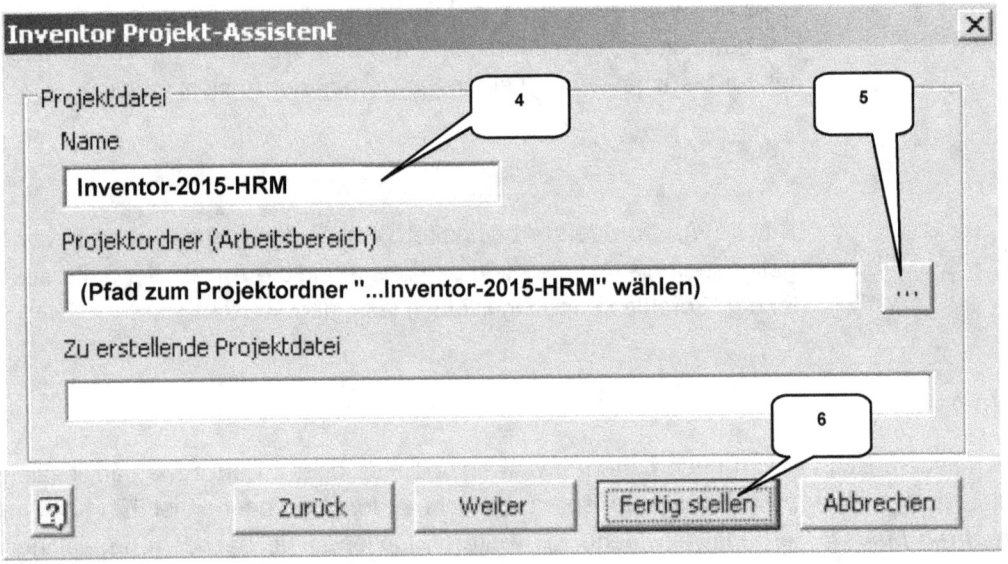

- ➤ Name: [Inventor-2015-HRM] (4)
- ➤ Projektordner (Inventor-2015-HRM) wählen (5)
- ➤ **Fertig stellen** (6)

*Als Projektordner ist der Ordner zu verwenden, der vorher auf Ihrem PC unter der Bezeichnung **Inventor-2015-HRM** erstellt worden ist.*

Einzelbenutzer-Projekt erzeugen

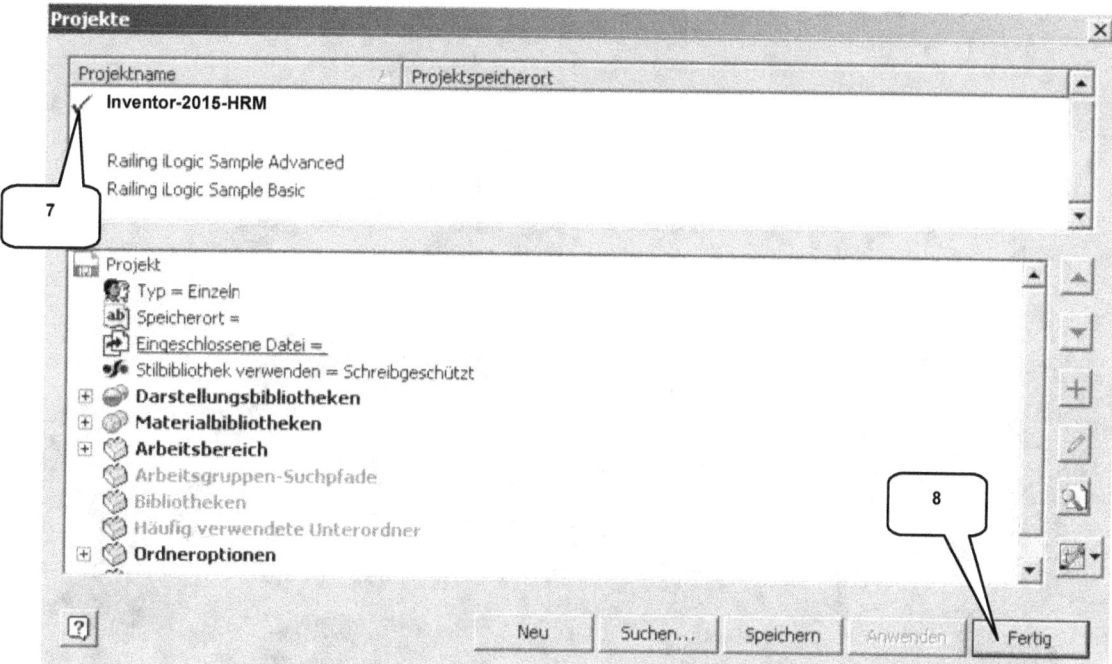

- ➤ Projekt wurde erzeugt und aktiviert (7)
- ➤ **Fertig** (8)

*Die Erstellung eines **Projektes** vor jeder neuen Konstruktion ist dringend anzuraten, um ein sauberes und strukturiertes Arbeiten mit dem Programm zu ermöglichen! Jedes Projekt legt eine Projektdatei an, in welcher alle zum Projekt gehörenden Referenzen gespeichert werden. Das gesamte Projekt kann dann später ohne Datenverlust kopiert oder archiviert werden.* !

4 Aufbau einer Holzrückmaschine

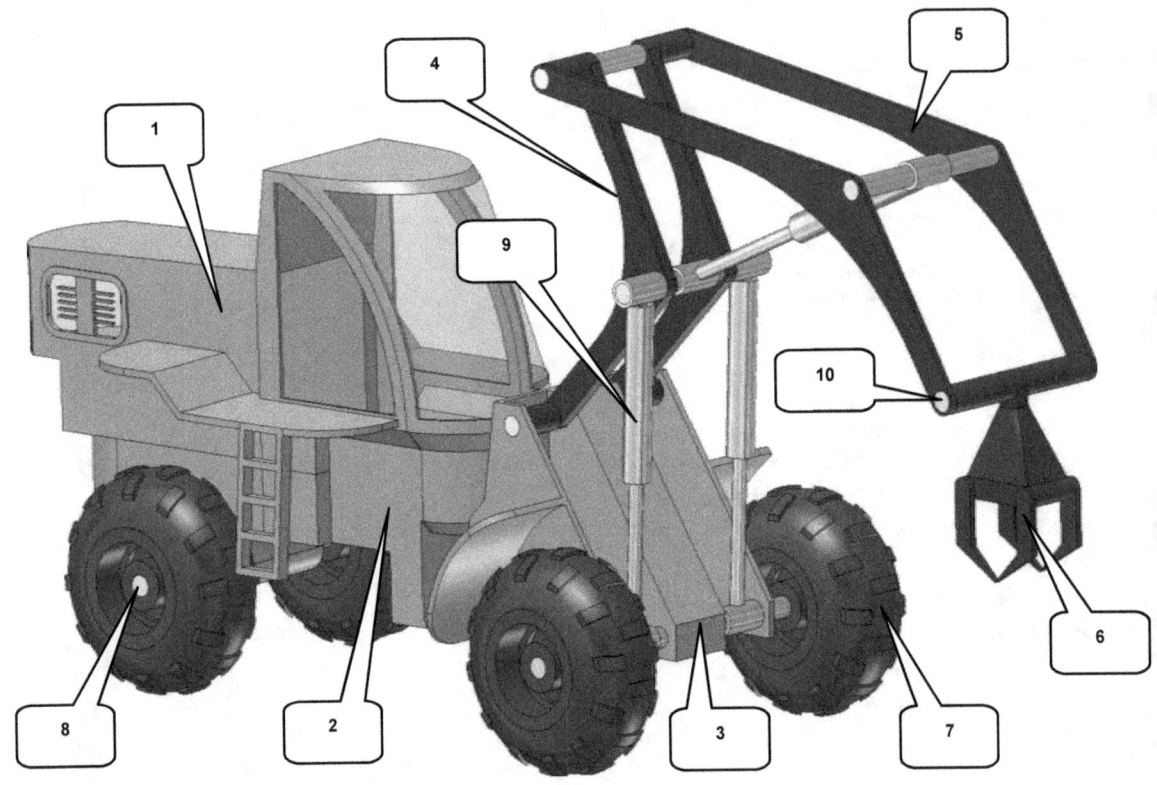

1. Oberwagen
2. Unterwagen
3. Hubgestell
4. Ausleger
5. Greiferstiel

6. Greifer
7. Räder
8. Achsen
9. Hydraulikzylinder
10. Bolzen

Eine Holzrückmaschine dient zum Transport von schweren und unhandlichen Baumstämmen und wird vorrangig bei Forstarbeiten eingesetzt. Da Maschinen- und Hubsystem voneinander getrennt und über einen Verbindungsbolzen geschwenkt werden können, besitzt dieses Gerät einen sehr kleinen Wendekreis. Das Greifersystem kann zusätzlich mit einem Schneidwerkzeug ausgerüstet werden, um Baumstämme nicht nur transportieren, sondern in einem Arbeitsschritt greifen, fällen und entasten zu können.

5 Bauteil: Oberwagen

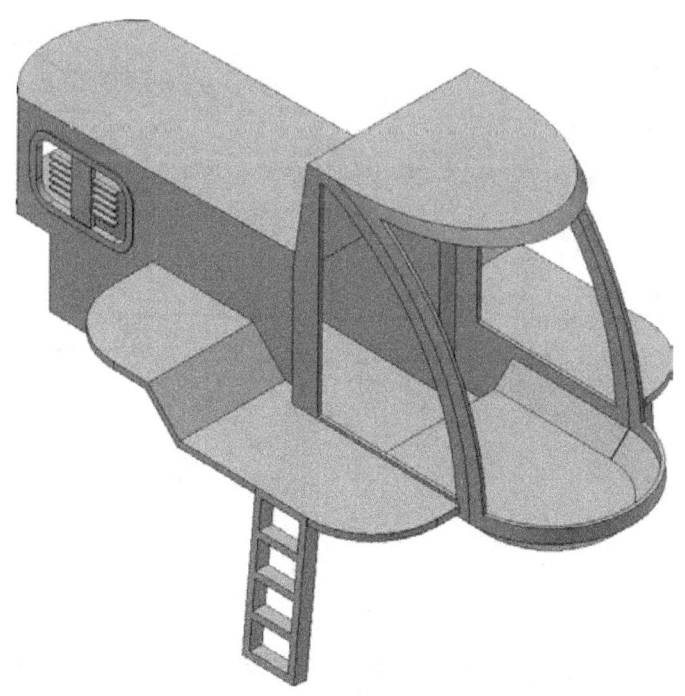

5.1 Bauteil „01-Oberwagen" erstellen

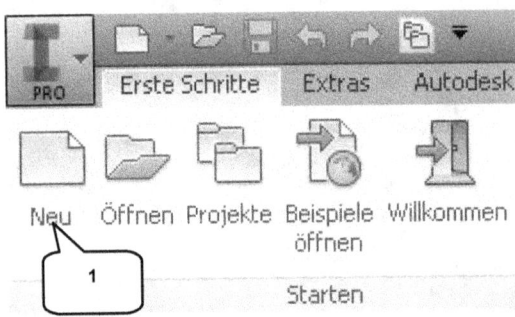

- **Neu** (1)
- Templates (2)
- Bauteil: Norm.ipt (3)
- **Erstellen** (4)

- **Speichern** (5)
- Dateiname: [01-Oberwagen] (6)
- **Speichern** (7)

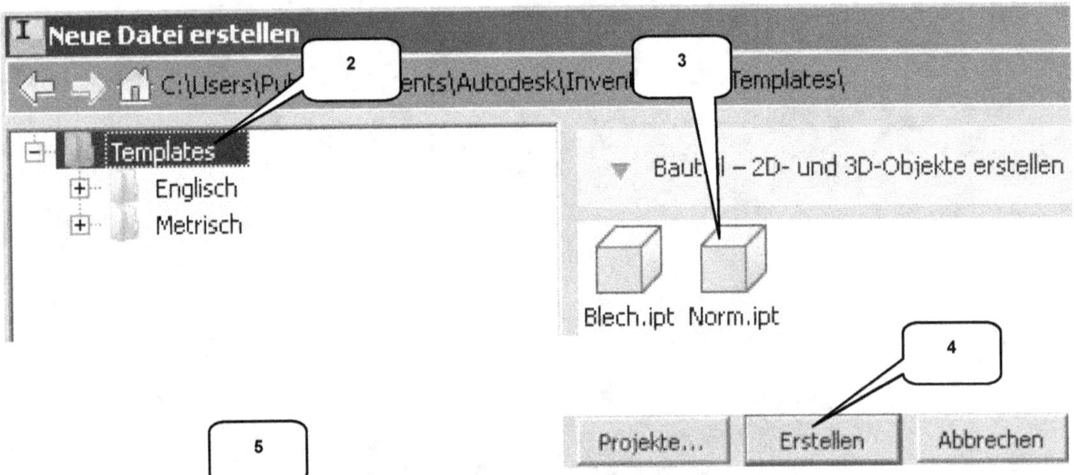

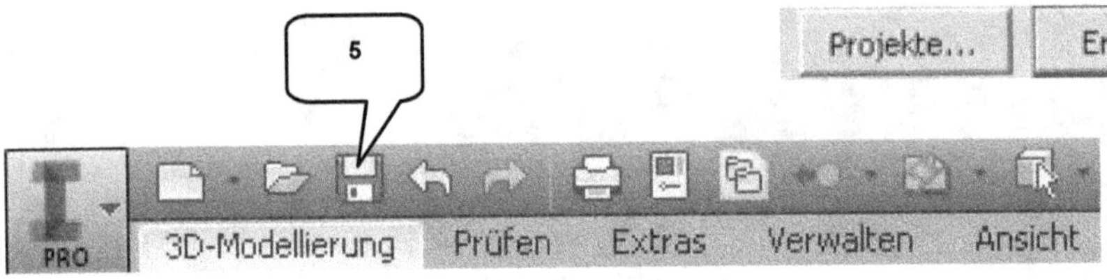

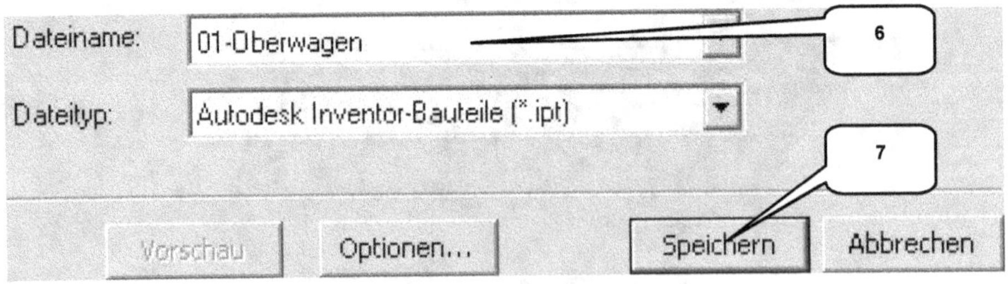

Um das Bauteil speichern zu können, muss der Skizzenbereich vorübergehend geschlossen werden. Die aktuell geöffnete Skizze wird anschließend wieder aktiviert.

Bauteil: Oberwagen

5.2 2D-Skizze auf XY-Ebene öffnen

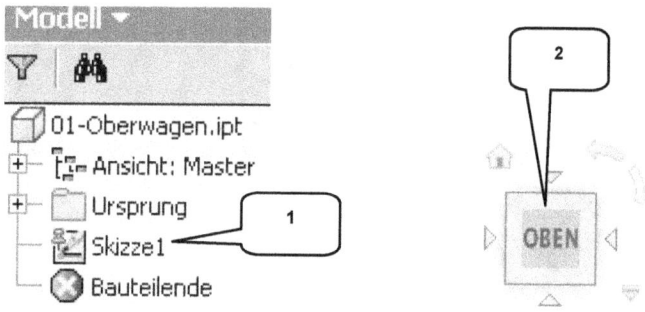

- „Skizze1" im Modellbaum doppelklicken um sie zu öffnen (1)
- (sollte noch keine Skizze im Modellbaum vorhanden sein, kontrollieren Sie die Anwendungsoptionen)

- **ViewCube-Ansicht: OBEN** sollte sich automatisch einstellen (2)

5.3 Achsen projizieren und als Konstruktionsobjekte definieren

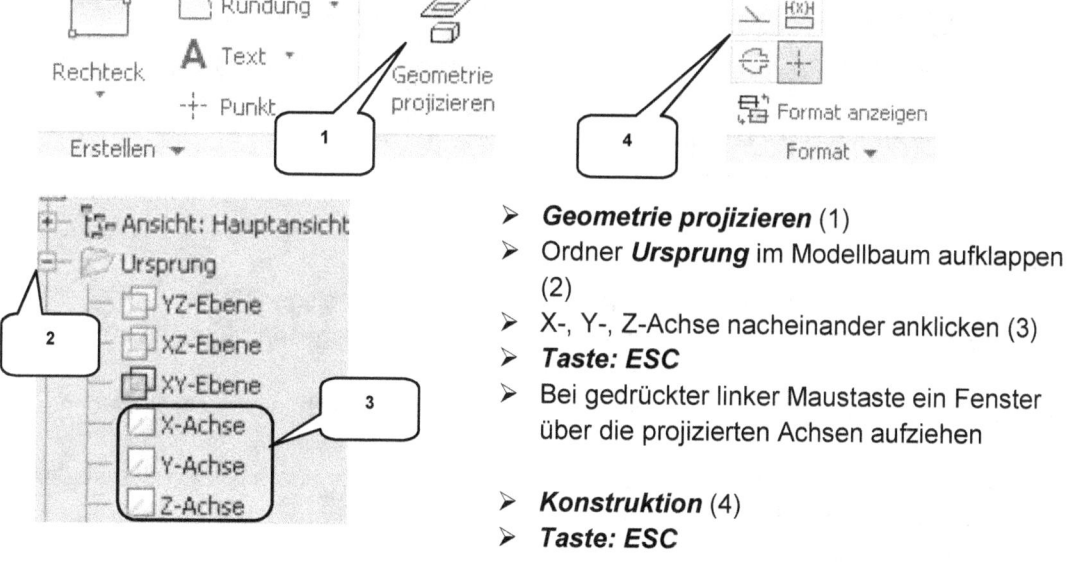

- **Geometrie projizieren** (1)
- Ordner **Ursprung** im Modellbaum aufklappen (2)
- X-, Y-, Z-Achse nacheinander anklicken (3)
- **Taste: ESC**
- Bei gedrückter linker Maustaste ein Fenster über die projizierten Achsen aufziehen

- **Konstruktion** (4)
- **Taste: ESC**

Das Projizieren der drei Hauptachsen sollte bei jeder neuen Skizze durchgeführt werden. Die Achsen können dann als Referenzen verwendet werden, z. B. um Objekte daran auszurichten.

Bauteil: Oberwagen

5.4 Zeichnen der ersten Linien

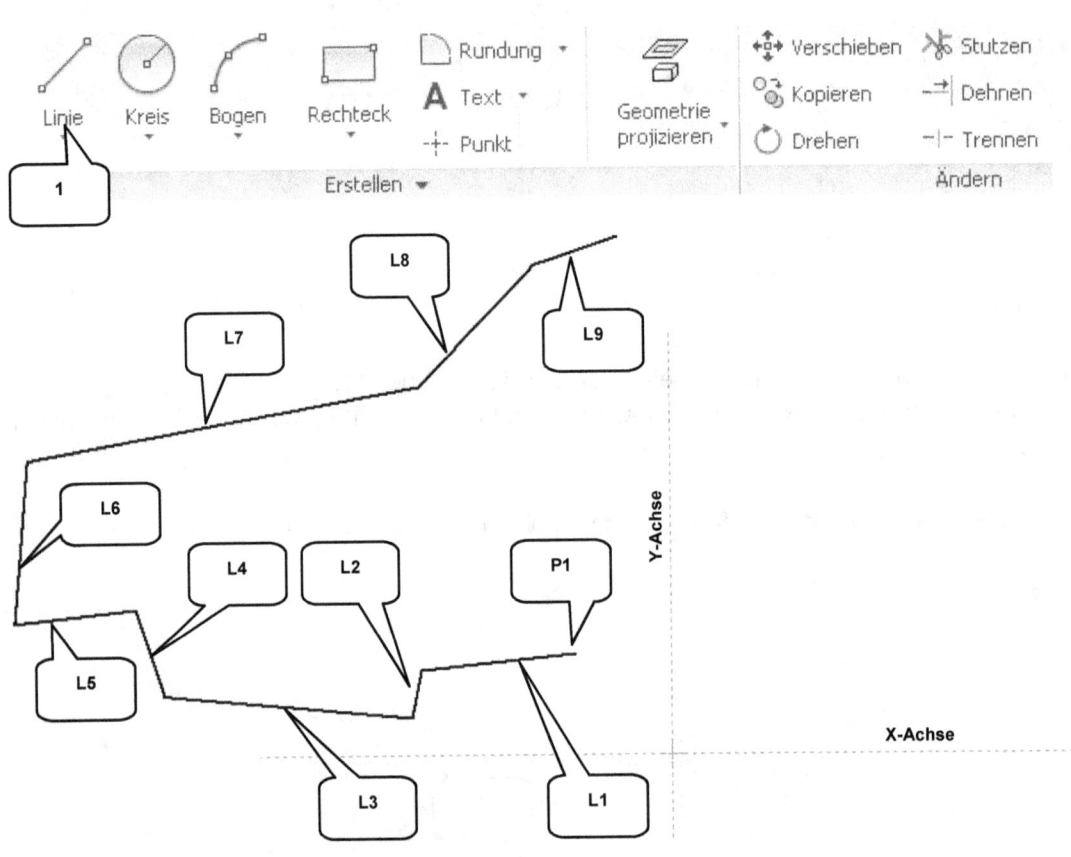

- **Linie** (1)
- Ersten Linienpunkt links oberhalb des Koordinatenursprungs ablegen (P1)
- Durch Setzen weiterer Punkte die dargestellte Kontur aus insgesamt 9 zusammenhängenden Linienzügen zeichnen (L1..L9)
- Keine der Linien waagerecht oder senkrecht, sondern absichtlich leicht schräg zeichnen (wie dargestellt)
- Gesamte Kontur soll sich im zweiten Quadraten des Koordinatensystems befinden (oberhalb der X-Achse, links neben der Y-Achse)
- Den Linienbefehl anschließend durch Drücken der **Taste: ESC** beenden

Keine der Linien sollte waagerecht oder senkrecht gezeichnet werden oder parallel zu einer anderen liegen. Keiner der Linienpunkte sollte auf einer der Achsen liegen. Anschließend sind alle erforderlichen Abhängigkeiten zu erzeugen. !

5.5 Abhängigkeiten setzen

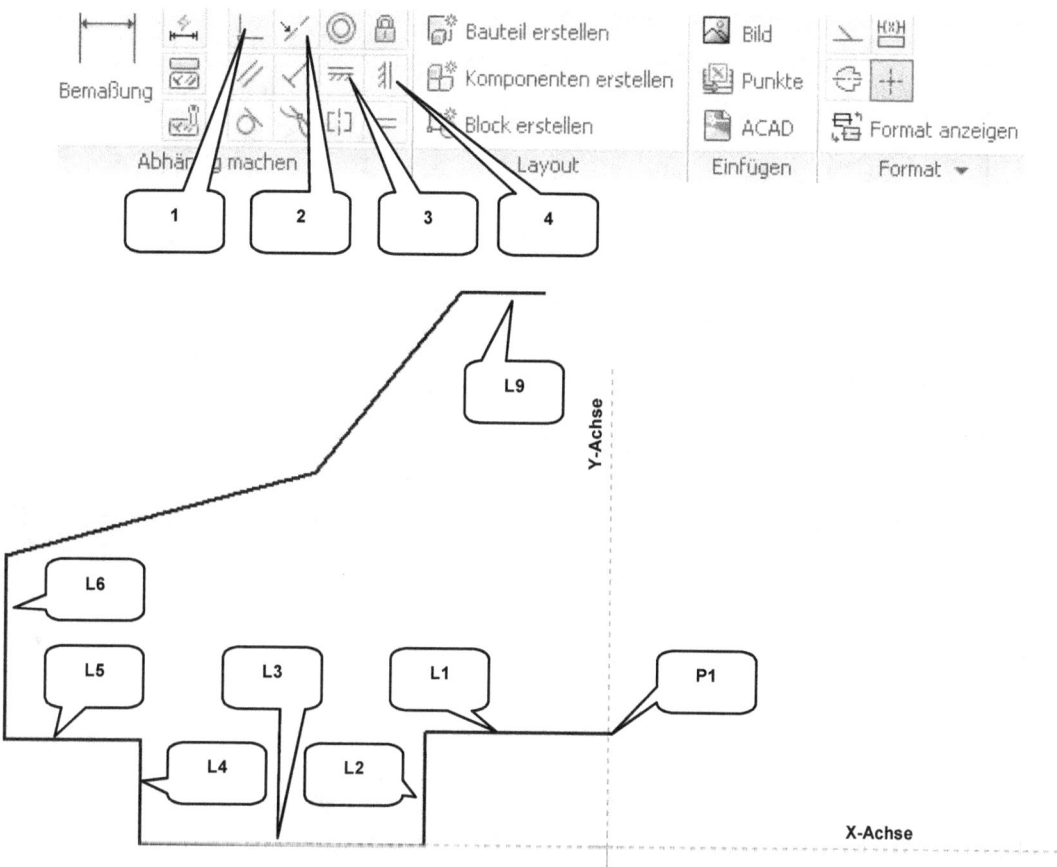

- **Abhängigkeit Koinzident** (1)
- Punkt (P1), dann Y-Achse wählen
- *Taste: ESC*

- **Abhängigkeit Kollinear** (2)
- Linie (L3), dann X-Achse wählen
- *Taste: ESC*

- **Abhängigkeit Horizontal** (3)
- Linien (L1, L5, L9) wählen
- *Taste: ESC*

- **Abhängigkeit Vertikal** (4)
- Linien (L2, L4, L6) wählen
- *Taste: ESC*

*Mit der Abhängigkeit **Koinzident** können entweder zwei Punkte oder ein Punkt und eine Linie voneinander abhängig gemacht werden. Mit der Abhängigkeit **Kollinear** werden zwei Linien auf denselben Strahl gelegt. Die Abhängigkeiten **Horizontal** und **Vertikal** richten Linien parallel zur X- bzw. zur Y-Achse aus. Das System warnt den Anwender, wenn Abhängigkeiten bereits vergeben wurden und dadurch überflüssig sind.*

5.6 Horizontale und vertikale Bemaßungen setzen

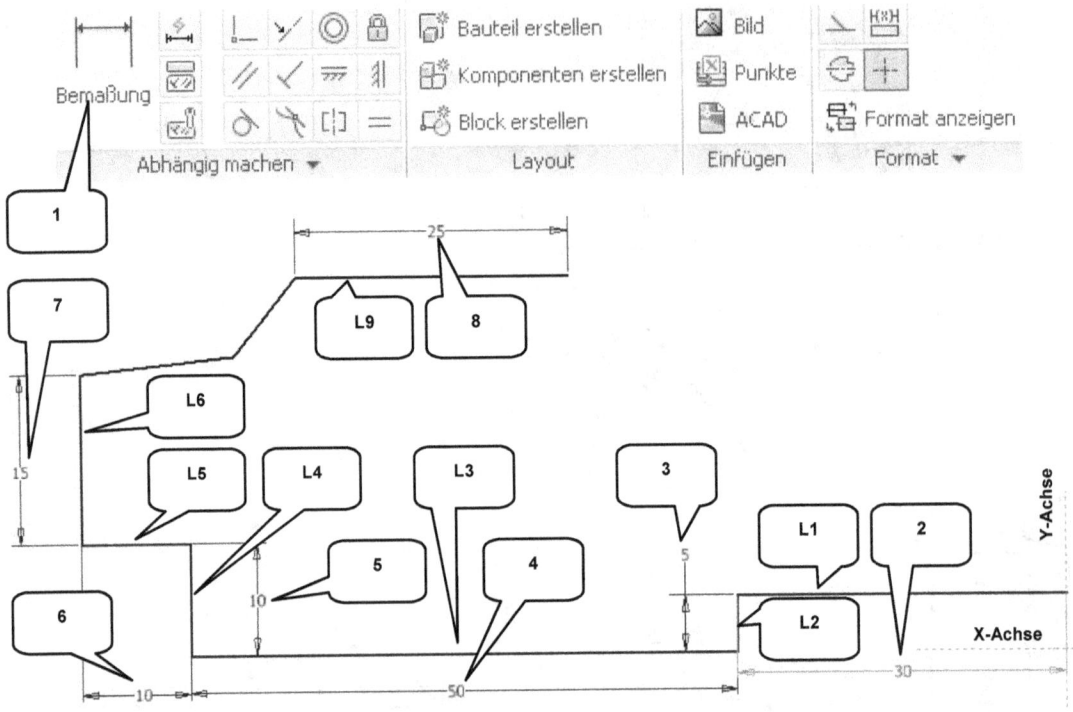

- **Bemaßung** (1)

- Linie (L1) wählen
- Maß ablegen (2)
- Wert: [30] mm
- **Taste: ENTER**

- Linie (L2) wählen
- Maß ablegen (3)
- Wert: [5] mm
- **Taste: ENTER**

- Linie (L3) wählen
- Maß ablegen (4)
- Wert: [50] mm
- **Taste: ENTER**

- Linie (L4) wählen
- Maß ablegen (5)

- Wert: [10] mm
- **Taste: ENTER**

- Linie (L5) wählen
- Maß ablegen (6)
- Wert: [10] mm
- **Taste: ENTER**

- Linie (L6) wählen
- Maß ablegen (7)
- Wert: [15] mm
- **Taste: ENTER**

- Linie (L9) wählen
- Maß ablegen (8)
- Wert: [25] mm
- **Taste: ENTER**
- **Taste: ESC**

5.7 Ausgerichtete Bemaßungen erzeugen

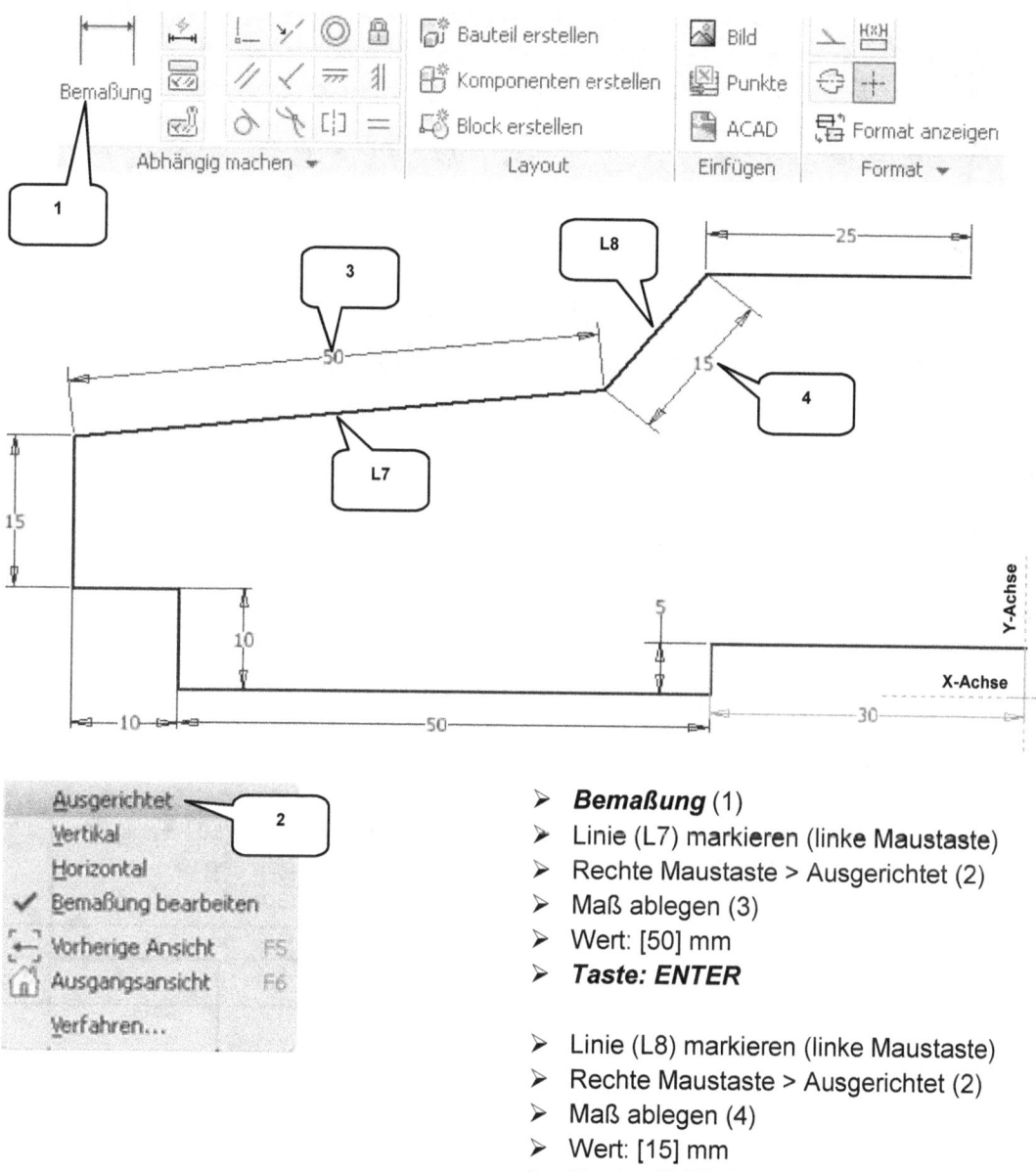

- **Bemaßung** (1)
- Linie (L7) markieren (linke Maustaste)
- Rechte Maustaste > Ausgerichtet (2)
- Maß ablegen (3)
- Wert: [50] mm
- **Taste: ENTER**

- Linie (L8) markieren (linke Maustaste)
- Rechte Maustaste > Ausgerichtet (2)
- Maß ablegen (4)
- Wert: [15] mm
- **Taste: ENTER**

Waagerechte oder horizontale Maße können durch ein Ziehen der Maus nach rechts oder links erzeugt werden. Um ein Maß an einer Linie auszurichten, ist die Option: **Ausgerichtet** der **rechten Maustaste** zu wählen.

5.8 Winkelmaße erzeugen

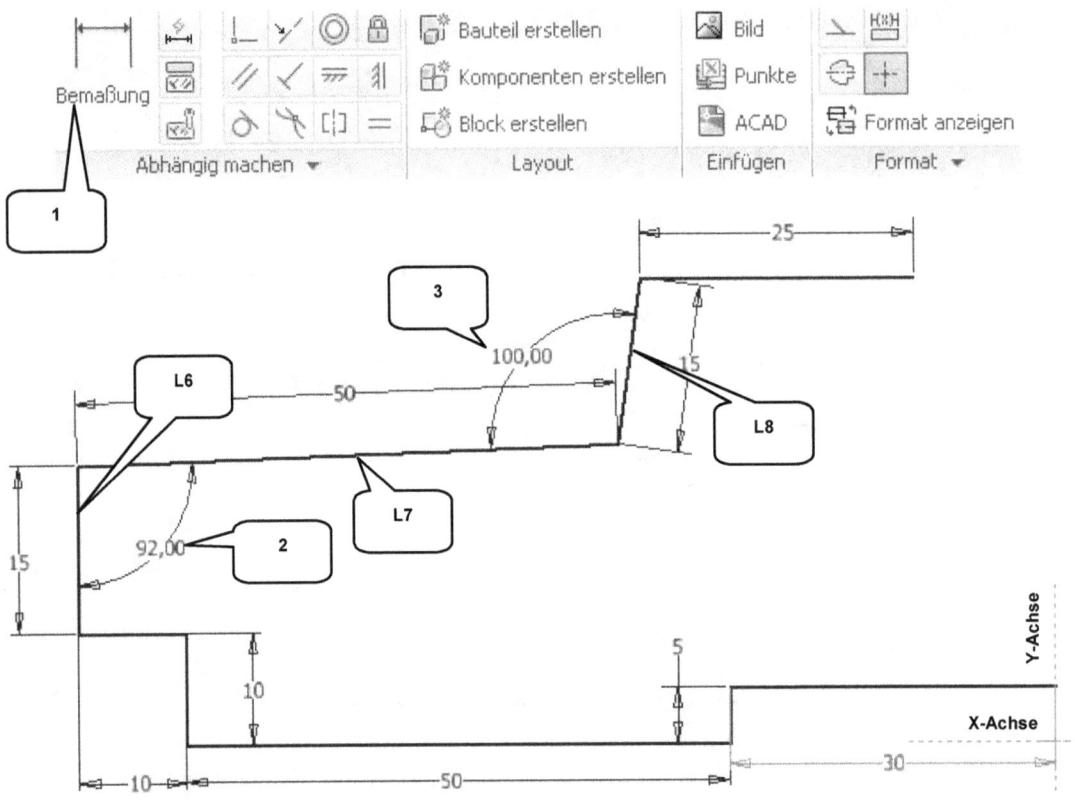

- **Bemaßung** (1)
- Linien (L6), dann (L7) wählen
- Winkelmaß ablegen (2)
- Wert: [92] Grad
- **Taste: ENTER**

- Linien (L7), dann (L8) wählen
- Winkelmaß ablegen (3)
- Wert: [100] Grad
- **Taste: ENTER**
- **Taste: ESC**

Um ein **Maß** zu **bearbeiten**, muss es **doppelt angeklickt** werden (linke Maustaste). Um ein **Maß** zu **löschen**, muss es mit der linken Maustaste markiert und die **Taste: ENTF** gedrückt werden. Um **Abhängigkeiten** (Koinzidenz, Kollinearität usw.) **löschen** zu können, müssen diese vorher mit der **Taste: F8** eingeblendet werden: anschließend können sie mit der linken Maustaste markiert und mit der **Taste: ENTF** gelöscht werden. Die **Taste: F9** blendet alle Abhängigkeiten abschließend wieder aus. **!**

5.9 Bogen aus drei Punkten

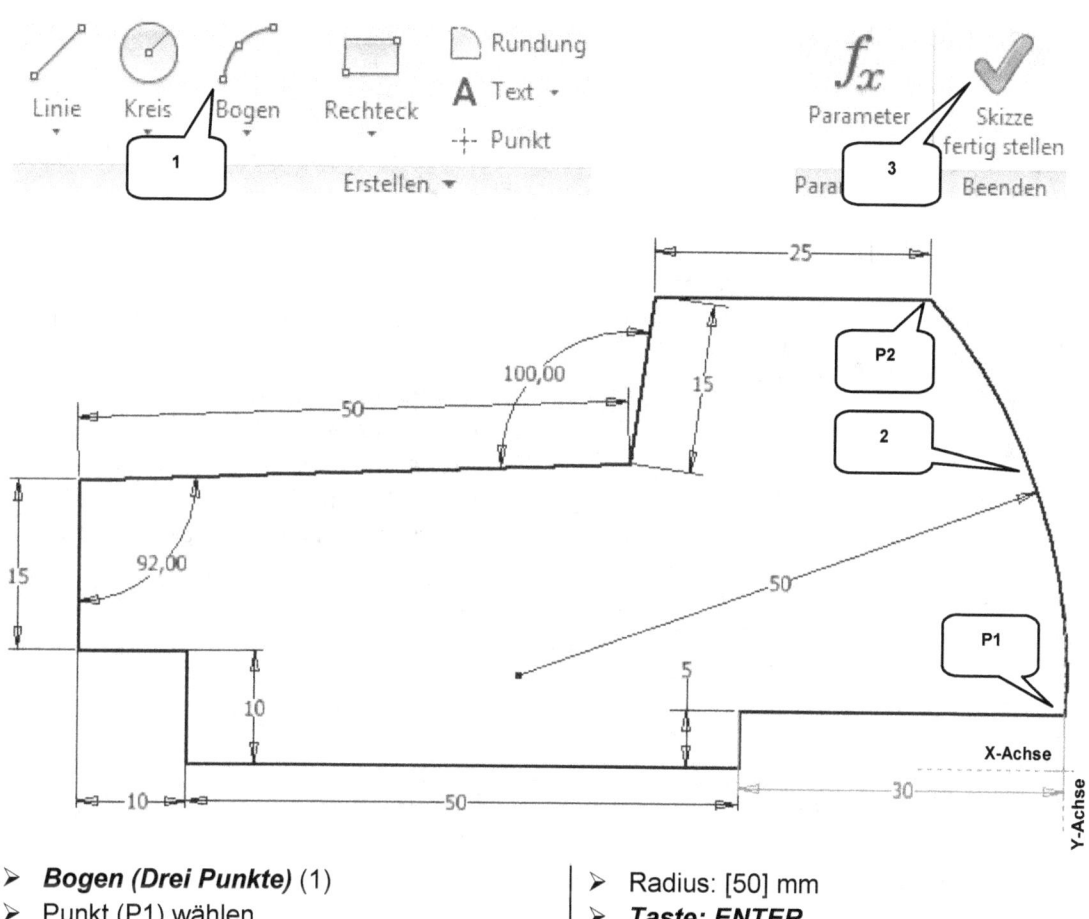

- **Bogen (Drei Punkte)** (1)
- Punkt (P1) wählen
- Punkt (P2) wählen
- Maus in etwa auf Pos. (2) ziehen
- (Punkt hier <u>nicht</u> ablegen!)

- Radius: [50] mm
- **Taste: ENTER**
- **Taste: ESC**

- **Skizze fertig stellen** (3)

Kurz vor der Eingabe des Wertes für den Radius sollte auf die Position des Mauszeigers geachtet werden: Er symbolisiert den dritten Bogenpunkt, welcher Lage und Radius des Bogens bestimmt. Der Radius des Bogens kann entweder durch die Eingabe des Wertes oder aber durch ein freies Ablegen des dritten Bogenpunktes definiert werden. **!**

5.10 Extrudieren der Basiskontur

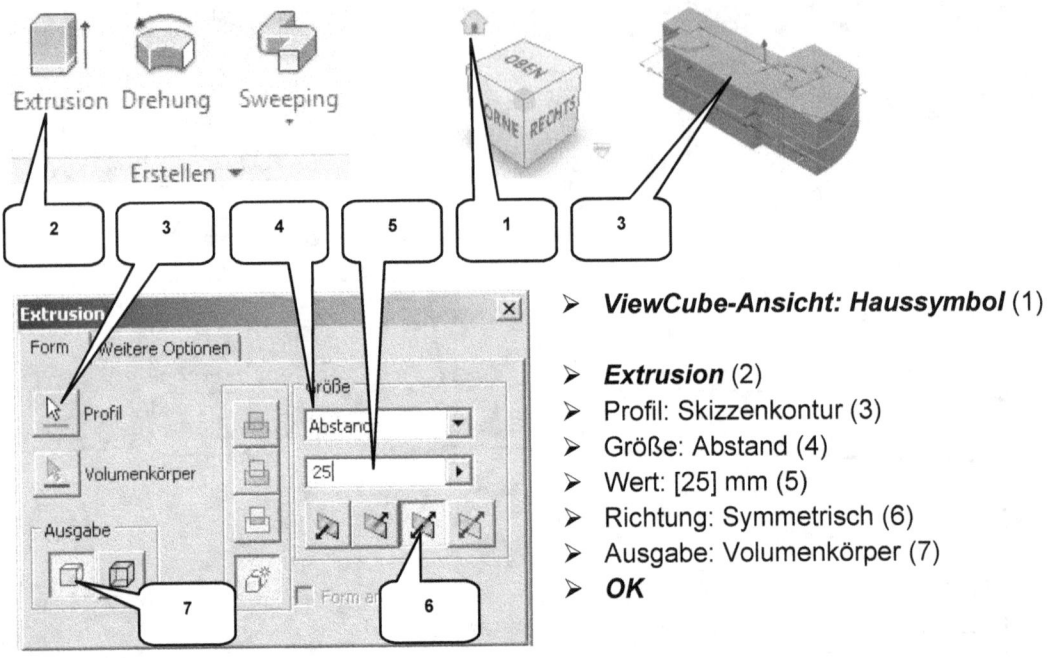

- **ViewCube-Ansicht: Haussymbol** (1)

- **Extrusion** (2)
- Profil: Skizzenkontur (3)
- Größe: Abstand (4)
- Wert: [25] mm (5)
- Richtung: Symmetrisch (6)
- Ausgabe: Volumenkörper (7)
- **OK**

5.11 Erzeugen einer neuen 2D-Skizze auf der XZ-Ebene

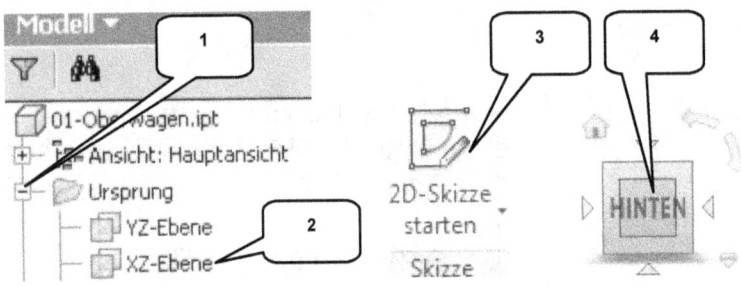

- Ordner **Ursprung** im Modellbaum erweitern (1)
- „XZ-Ebene" im Modellbaum markieren (linke Maustaste) (2)

- **2D-Skizze starten** (3)
- **ViewCube-Ansicht: HINTEN** (4)

Um die Ansicht zu drehen, kann der **ViewCube** bei **gedrückter linker Maustaste** bewegt werden. Alternativ: **Taste: SHIFT + gedrückte mittlere Maustaste** (Scrollrad). **!**

Bauteil: Oberwagen

5.12 Achsen projizieren und als Konstruktionsobjekte definieren

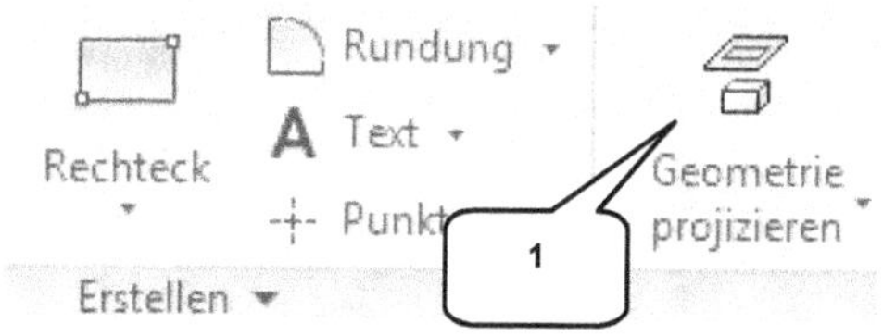

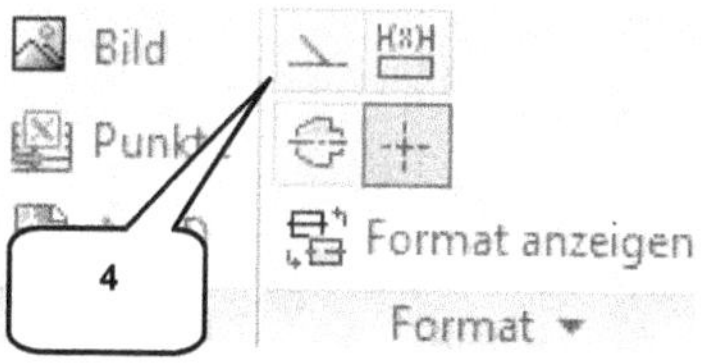

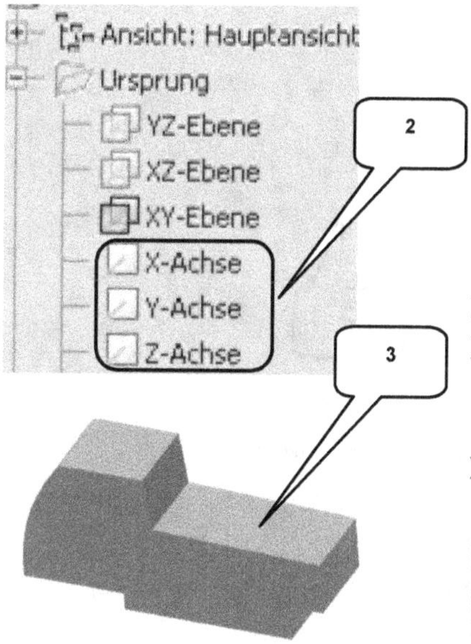

- **Geometrie projizieren** (1)
- X-, Y-, Z-Achse nacheinander wählen (2)
- Markierte Fläche des Volumenkörpers wählen (3)
- **Taste: ESC**
- Mit gedrückter linker Maustaste ein Fenster über die projizierten Achsen und Linien aufziehen

- **Konstruktion** (4)
- **Taste: ESC** (die Option Konstruktion sollte jetzt wieder inaktiv sein)

- **Taste: F7** (Skizze freischneiden)

5.13 Zeichnen und Bemaßen der Skizzenkontur

Achten Sie darauf, dass die folgende Kontur nach Fertigstellung vollständig geschlossen ist, also keine offenen Stellen ausweist. !

Bauteil: Oberwagen

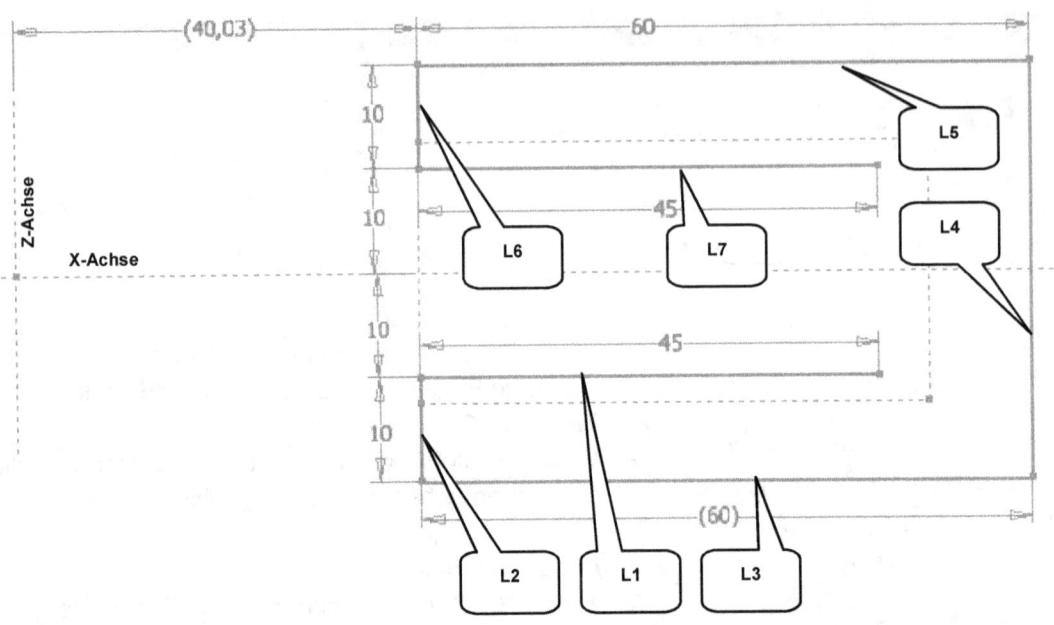

- **Linie** (1)
- Linienkontur aus 7 Linien (L1..L7) zeichnen
- **Taste: ESC**

- **Bemaßung** (2)
- Linienkontur wie dargestellt bemaßen

- **Bogen (Drei Punkte)** (3)
- Punkte (P1, P2 dann P3) nacheinander wählen
- **Taste: ESC**

- **Skizze fertig stellen** (4)

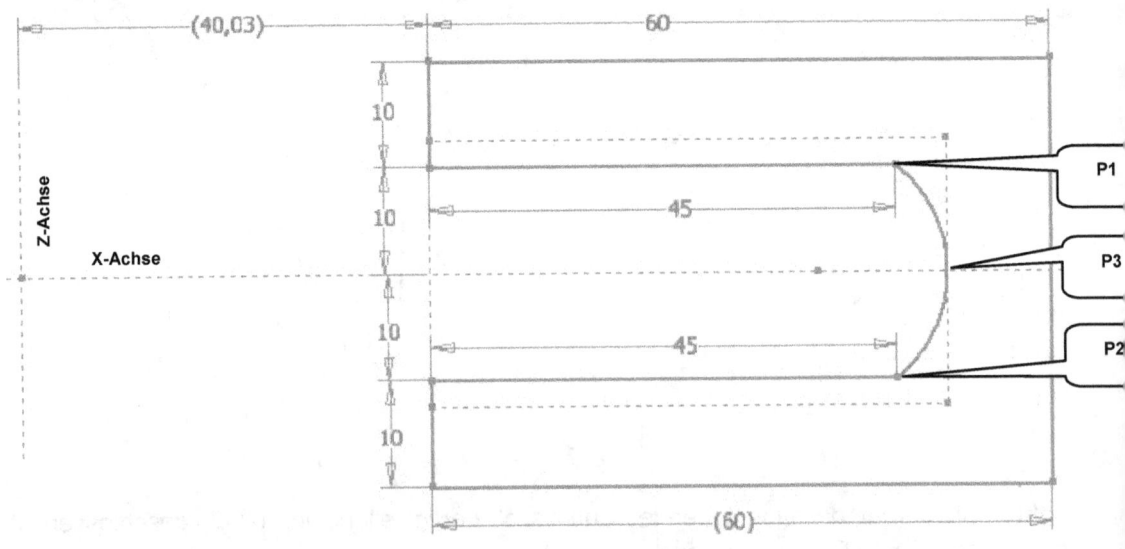

5.14 Extrudieren des Differenzkörpers

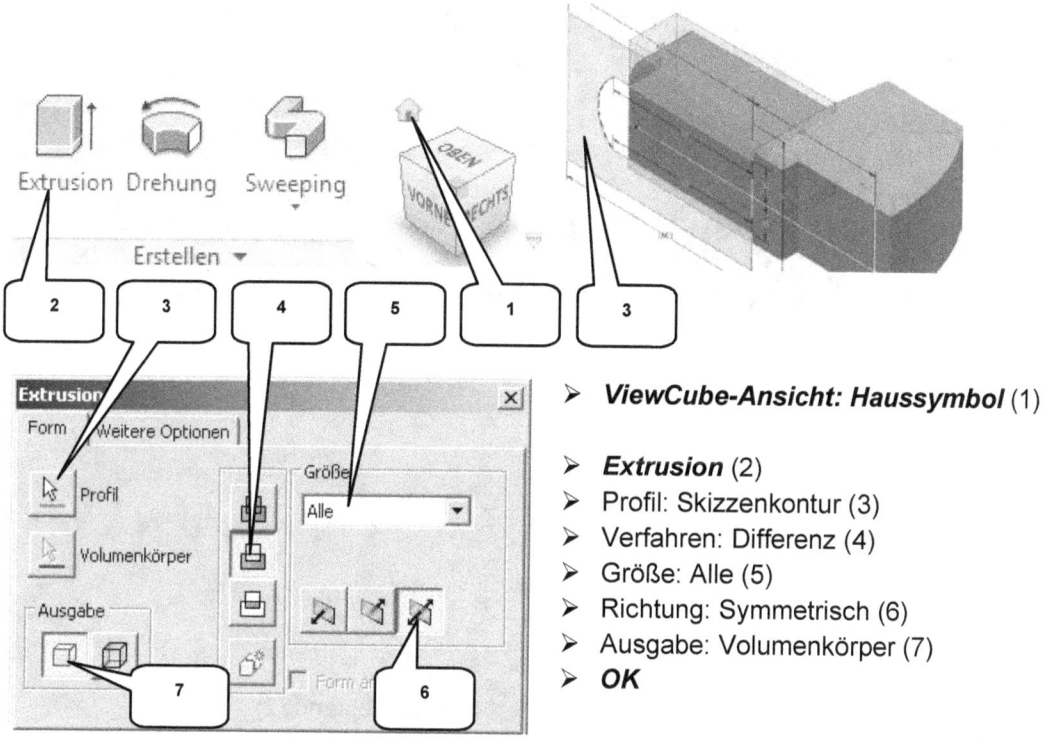

- **ViewCube-Ansicht: Haussymbol** (1)
- **Extrusion** (2)
- Profil: Skizzenkontur (3)
- Verfahren: Differenz (4)
- Größe: Alle (5)
- Richtung: Symmetrisch (6)
- Ausgabe: Volumenkörper (7)
- **OK**

5.15 Vollständiges Abrunden der Fahrerkabine

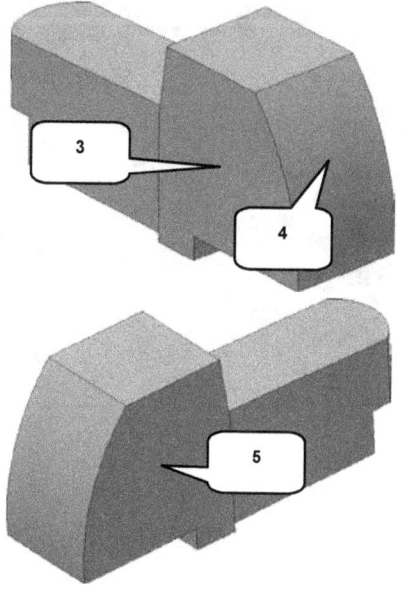

- **Rundung** (1)
- Option: Volle Abrundung (2)
- Seitenfläche 1 wählen (3)
- Seitenfläche 2 wählen (4)
- Seitenfläche 3 wählen (5)
- Aktivieren: Tangentiale Flächen einschließen (6)
- **OK**

Bauteil: Oberwagen

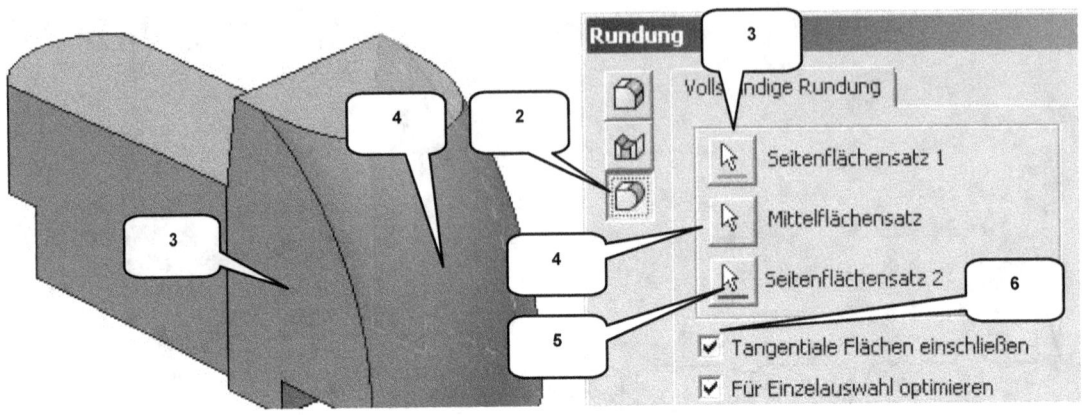

5.16 Fasen des unteren Fahrerkabinenbereiches

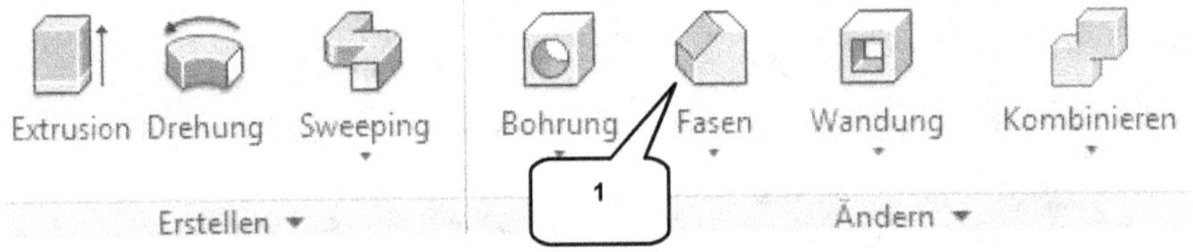

- **Fasen** (1)
- Option: Abstand (2)
- Kante (3) wählen
- Abstand: [3] mm (4)
- **OK**

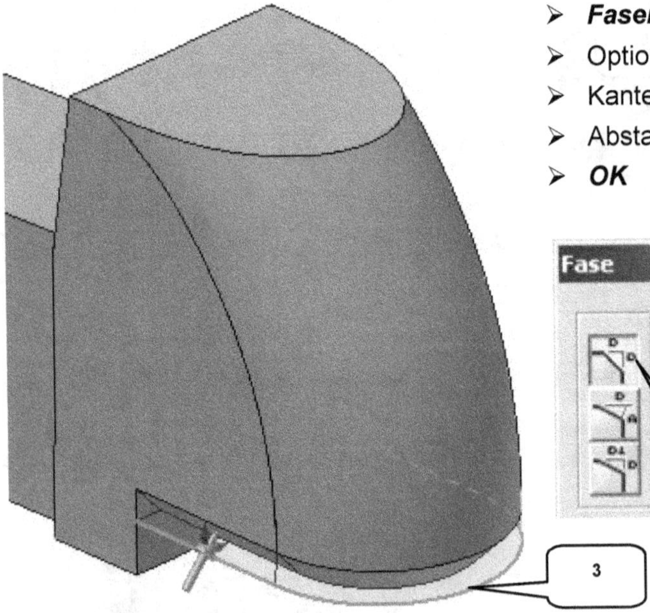

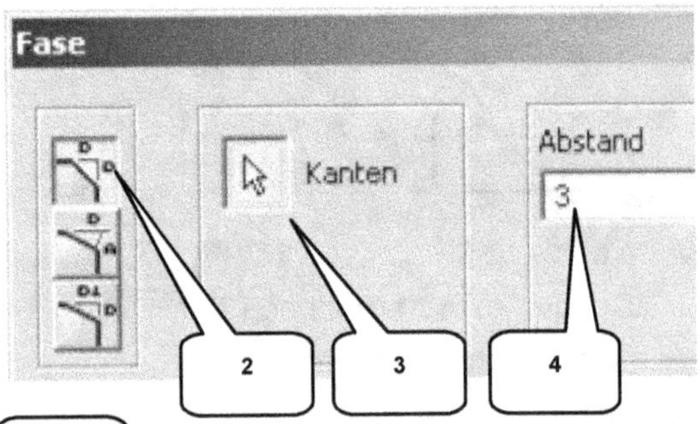

5.17 Erzeugen eines Hohlkörpers

- **Wandung** (1)
- Option: Außerhalb (2)
- Aktivieren: Angrenzende Flächen (3)

- Stärke: [0,5] mm (4)
- Flächen entfernen: Fläche (5) wählen
- **OK**

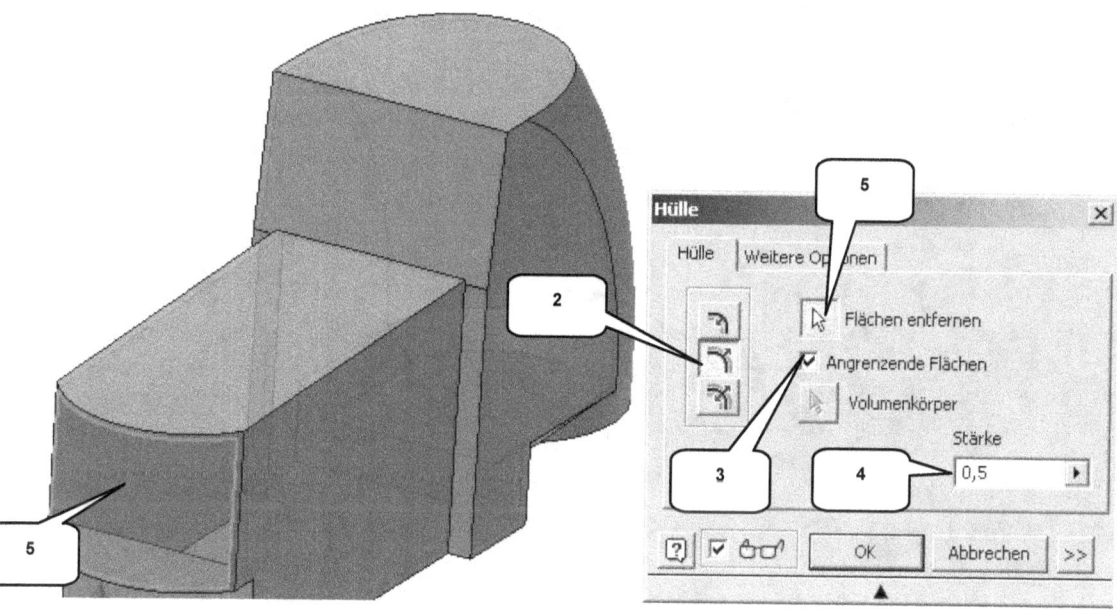

Der Befehl **Wandung** verwendet die äußere Fläche eines Volumenkörpers, um dieser Material gemäß der angegebenen Stärke hinzuzufügen. Dieses Material kann nach außen, nach innen oder in beide Richtungen gleichzeitig hinzugefügt werden. Die Option **Flächen entfernen** löscht dabei eine oder mehrere der Flächen vollständig. Das Resultat ist ein Hohlkörper mit definierter Materialstärke.

5.18 Erstellen einer neuen 2D-Skizze

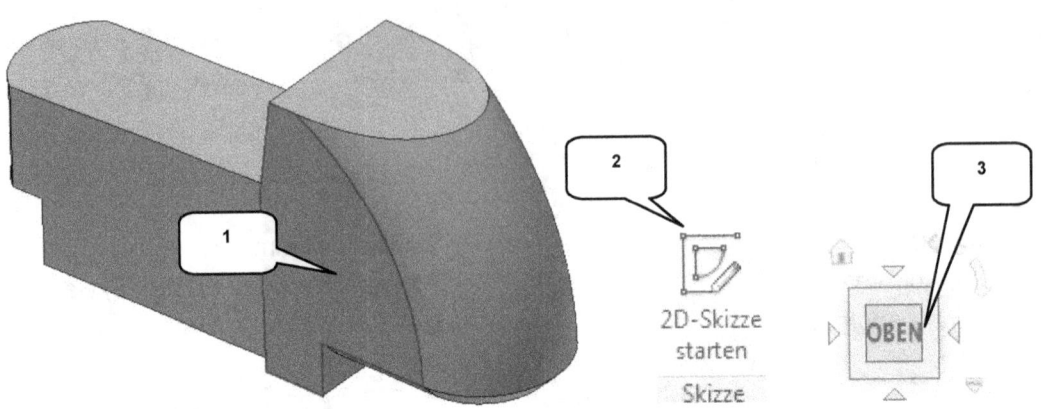

- Markierte Fläche am Fahrerhaus wählen (1)
- **2D-Skizze starten** (2)
- **ViewCube-Ansicht: Oben** (3)

5.19 Achsen und Linienkonturen projizieren

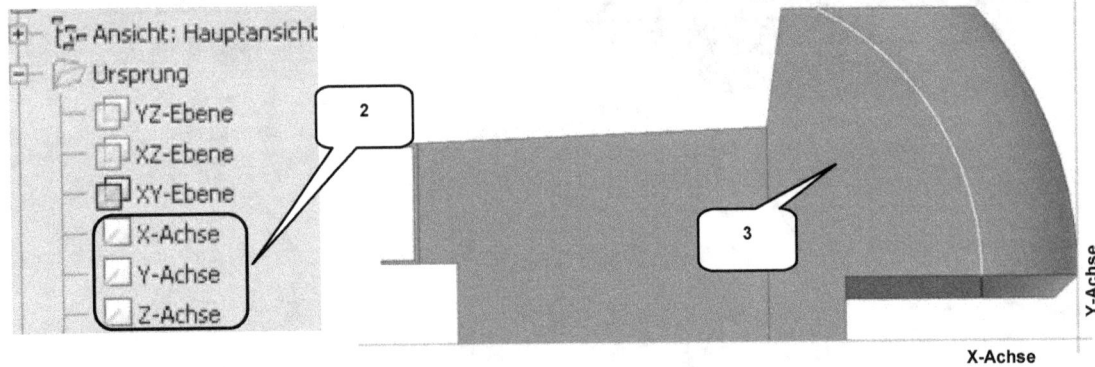

- **Geometrie projizieren** (1)
- X-, Y-, Z-Achse wählen (2)
- Markierte Fläche am Fahrerhaus wählen (3)
- **Taste: ESC**

- Fenster über die projizierten Achsen und Konturen ziehen
- **Konstruktion** (4)
- **Taste: ESC**

Bauteil: Oberwagen

5.20 Zeichnen der Basiskonturen für die Fensteraussparungen

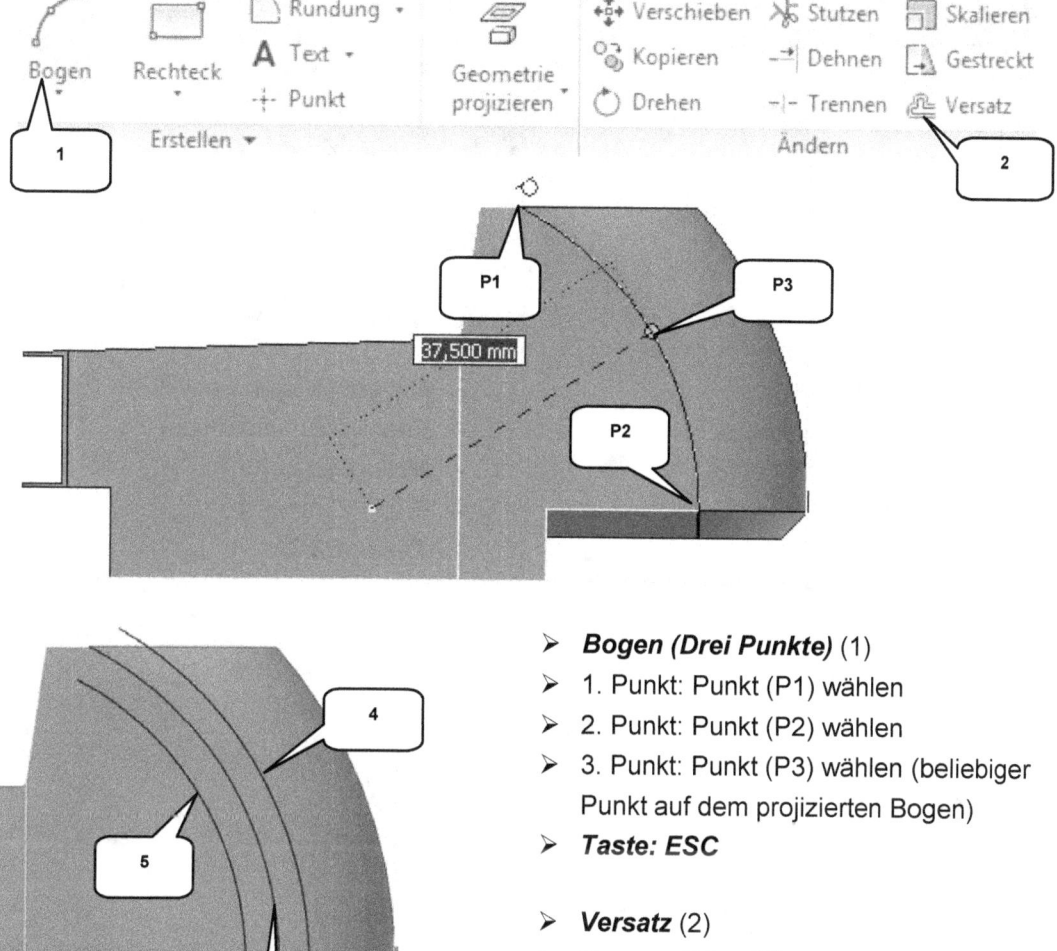

- **Bogen (Drei Punkte)** (1)
- 1. Punkt: Punkt (P1) wählen
- 2. Punkt: Punkt (P2) wählen
- 3. Punkt: Punkt (P3) wählen (beliebiger Punkt auf dem projizierten Bogen)
- **Taste: ESC**

- **Versatz** (2)
- Bogen wählen (3)
- 2. Bogen rechts daneben ablegen (4)

- **Versatz** (2)
- Bogen wählen (3)
- 3. Bogen links daneben ablegen (5)
- **Taste: ESC**

Für den **Versatz** muss der Bogen (3) gewählt werden, welcher beim Überfahren der Maus als Volllinie (nicht als gestrichelte Linie) dargestellt wird, also der zuletzt gezeichnete **Bogen (Drei Punkte)**.

5.21 Bemaßen der Bogenabstände

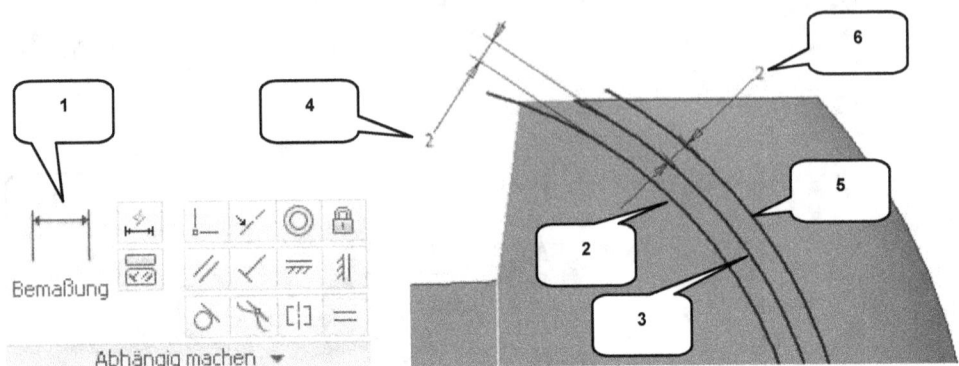

- **Bemaßung** (1)
- Linken Bogen wählen (2)
- Mittleren Bogen wählen (3)
- Maß ablegen (4)
- Wert: [2] mm

- Mittleren Bogen wählen (3)
- Rechten Bogen wählen (5)
- Maß ablegen (6)
- Wert: [2] mm
- **Taste: ESC**

5.22 Rechteck zeichnen und bemaßen

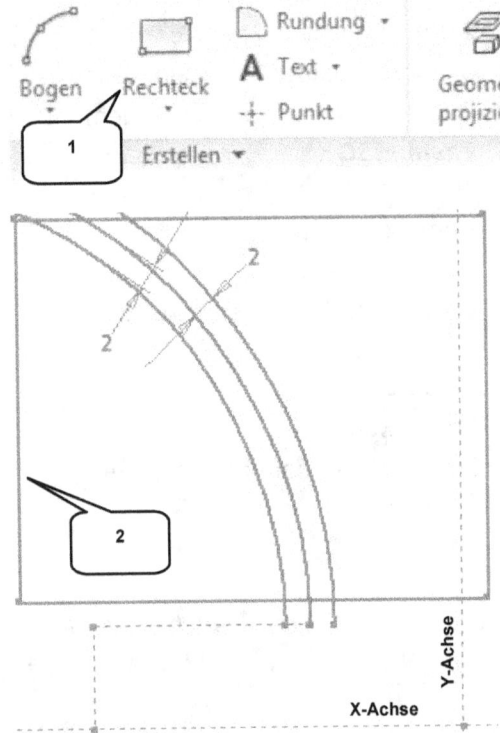

- **Rechteck** (1)
- Rechteck zeichnen wie dargestellt (2)
- **Taste: ESC**

> Die rechte Senkrechte des Rechtecks befindet sich im 1. Quadranten, der Großteil allerdings im 2. Quadranten. Zur besseren Darstellung der Skizze wurde der bereits vorhandene Volumenkörper in der nebenstehenden Darstellung ausgeblendet.

Bauteil: Oberwagen

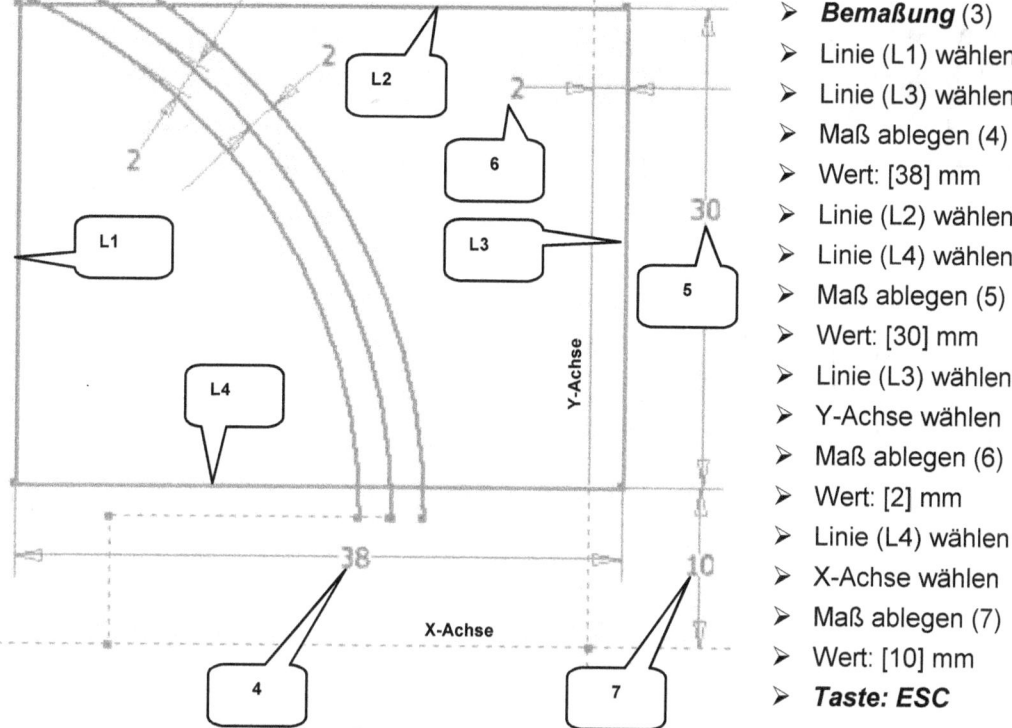

- **Bemaßung** (3)
- Linie (L1) wählen
- Linie (L3) wählen
- Maß ablegen (4)
- Wert: [38] mm
- Linie (L2) wählen
- Linie (L4) wählen
- Maß ablegen (5)
- Wert: [30] mm
- Linie (L3) wählen
- Y-Achse wählen
- Maß ablegen (6)
- Wert: [2] mm
- Linie (L4) wählen
- X-Achse wählen
- Maß ablegen (7)
- Wert: [10] mm
- **Taste: ESC**

Die 3 Bögen sollten, wie in der Abb. dargestellt, über die Linien L2 und L4 hinausragen. Sollte dies nicht der Fall sein (die Bögen sind zu kurz), ist der Bogen zu markieren, dann auf den Endpunkt des Bogens zu klicken und dieser bei gedrückter linker Maustaste über das Rechteck hinaus zu ziehen.

5.23 Stutzen der Kontur und Schließen der Skizze

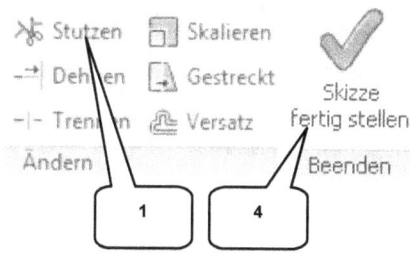

- **Stutzen** (1)
- Nacheinander alle 6 über das Rechteck ragenden Bogenenden wählen (2)
- Nacheinander die Liniensegmente zwischen den Bögen wählen (3)
- **Taste: ESC**

- **Skizze fertig stellen** (4)

Bauteil: Oberwagen

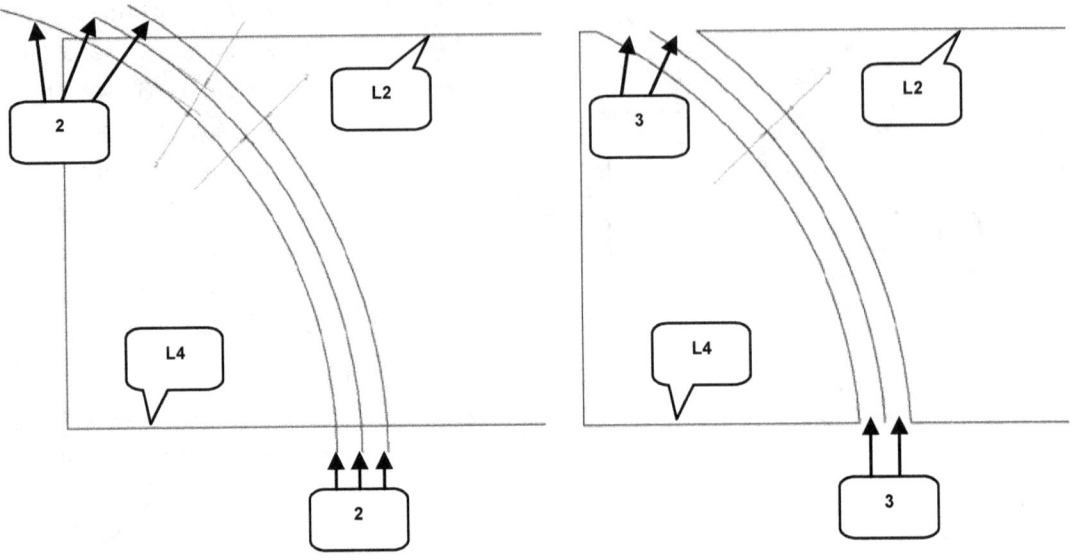

5.24 Extrudieren der Fenster (Differenz)

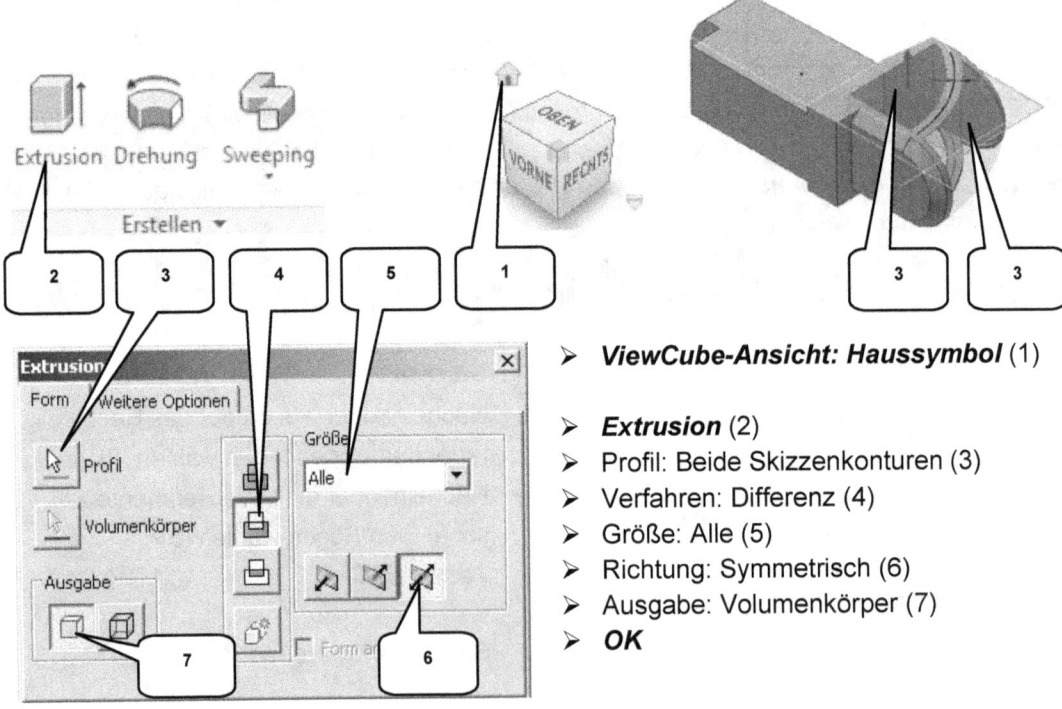

> **ViewCube-Ansicht: Haussymbol** (1)

> **Extrusion** (2)
> Profil: Beide Skizzenkonturen (3)
> Verfahren: Differenz (4)
> Größe: Alle (5)
> Richtung: Symmetrisch (6)
> Ausgabe: Volumenkörper (7)
> **OK**

Bauteil: Oberwagen

5.25 Erzeugen einer neuen Ebene

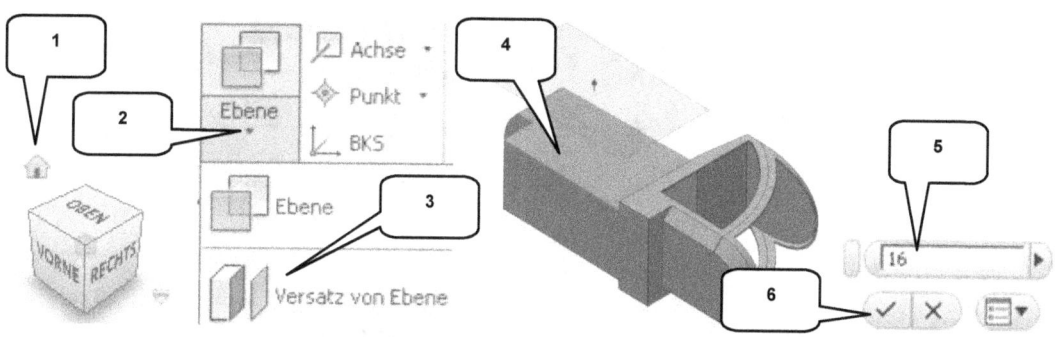

- ➤ **ViewCube-Ansicht: Haussymbol** (1)
- ➤ Befehlsgruppe **Ebene** erweitern (2)

- ➤ **Versatz von Ebene** (3)
- ➤ Seitenfläche wählen (4)
- ➤ Versatz: [16] mm (5)
- ➤ **OK** (6)

5.26 Basiskontur des Schutzblechs zeichnen

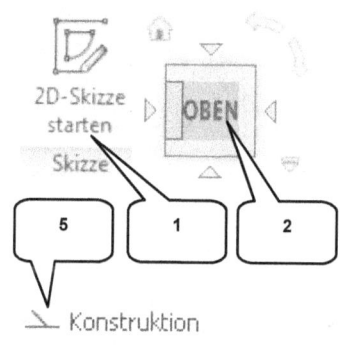

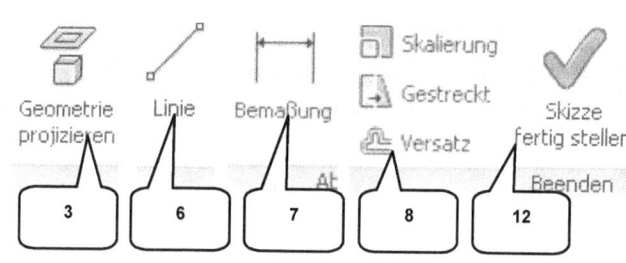

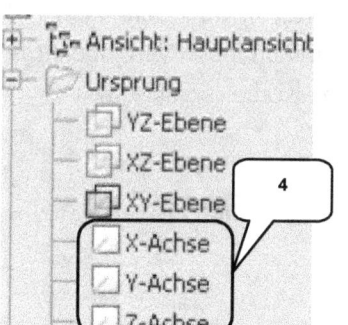

- ➤ Neuerstellte Arbeitsebene markieren (Modellbaum)

- ➤ **2D-Skizze starten** (1)
- ➤ **ViewCube-Ansicht: OBEN** (2)

- ➤ **Geometrie projizieren** (3)
- ➤ Ordner **Ursprung** (Modellbaum) aufklappen
- ➤ X-, Y-, Z-Achse nacheinander wählen (4)
- ➤ **Taste: ESC**
- ➤ Bei gedrückter linker Maustaste ein Fenster über die projizierten Achsen ziehen

- ➤ **Konstruktion** (5)
- ➤ **Taste: ESC**

Bauteil: Oberwagen

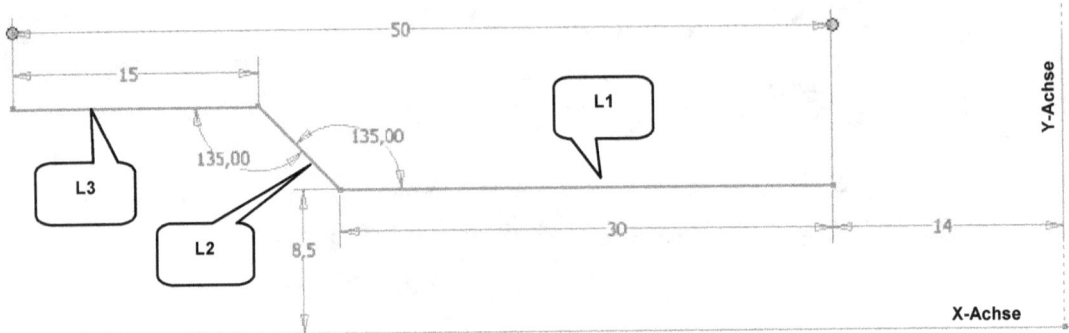

> - **Linie** (6)
> - 3 Linien zeichnen (L1, L2, L3) wie dargestellt (L1, L3 waagerecht)
> - **Taste: ESC**

> - **Bemaßung** (7)
> - Längen, Winkel der Linien und Abstände zu den Achsen bemaßen wie dargestellt
> - **Taste: ESC**

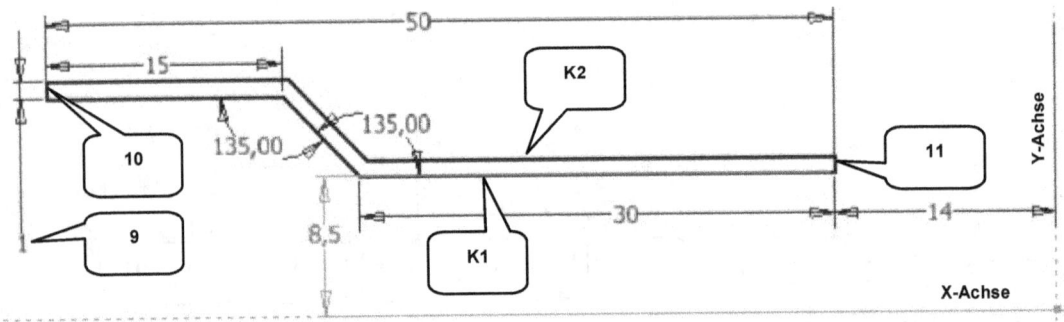

> - **Versatz** (8)
> - Linienkontur (K1) wählen
> - Kopie (K2) oberhalb ablegen
> - **Taste: ESC**
>
> - **Bemaßung** (7)
> - Linienkontur (K1) wählen
> - Linienkontur (K2) wählen
> - Maß ablegen (9)
> - Wert: [1] mm

> - **Taste: ESC**
>
> - **Linie** (6)
> - (K1) und (K2) in den Bereichen (10) und (11) miteinander verbinden (geschlossene Kontur erzeugen)
> - **Taste: ESC**
>
> - **Skizze fertig stellen** (12)

Zur besseren Darstellung der Skizze wurde der bereits vorhandene Volumenkörper in der oberen Abbildung ausgeblendet. !

5.27 Extrudieren des Schutzblechs

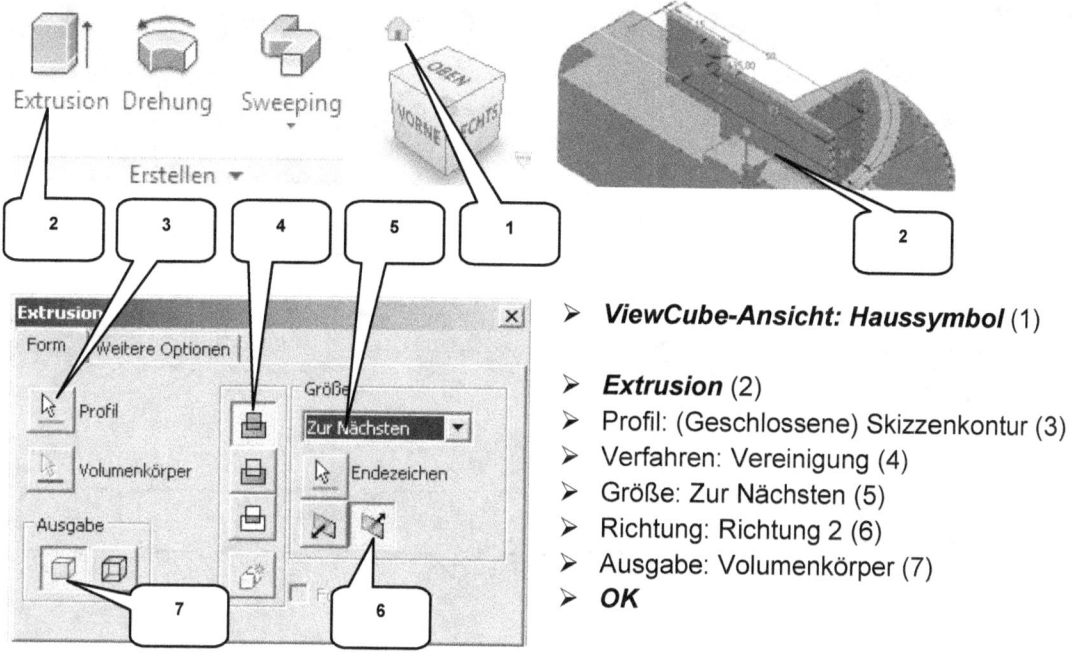

- **ViewCube-Ansicht: Haussymbol** (1)
- **Extrusion** (2)
- Profil: (Geschlossene) Skizzenkontur (3)
- Verfahren: Vereinigung (4)
- Größe: Zur Nächsten (5)
- Richtung: Richtung 2 (6)
- Ausgabe: Volumenkörper (7)
- **OK**

5.28 Schutzblech abrunden

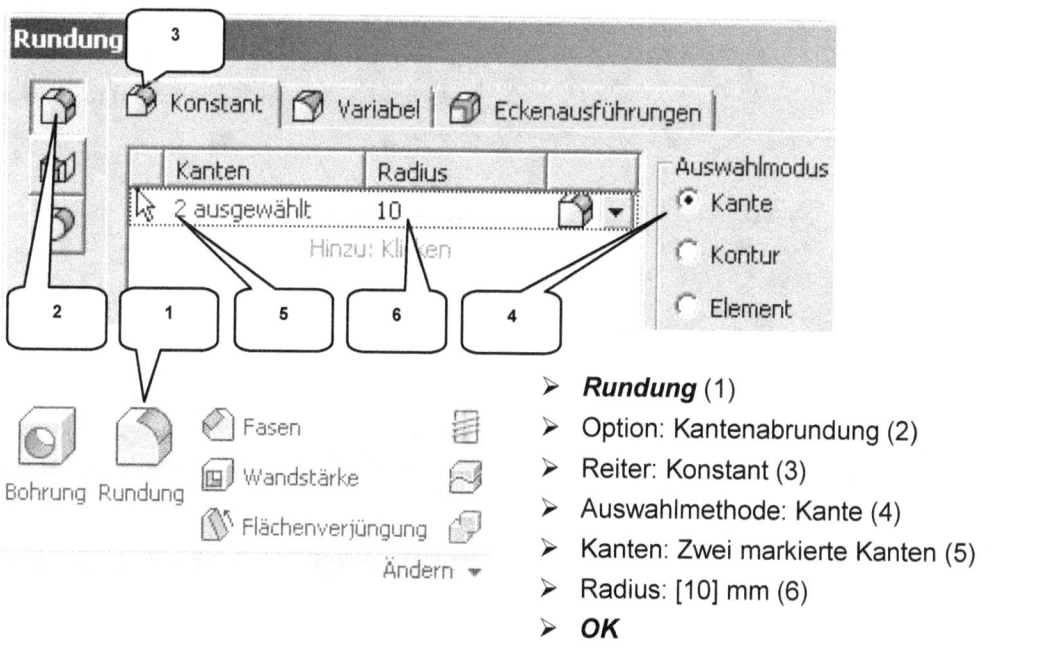

- **Rundung** (1)
- Option: Kantenabrundung (2)
- Reiter: Konstant (3)
- Auswahlmethode: Kante (4)
- Kanten: Zwei markierte Kanten (5)
- Radius: [10] mm (6)
- **OK**

Bauteil: Oberwagen

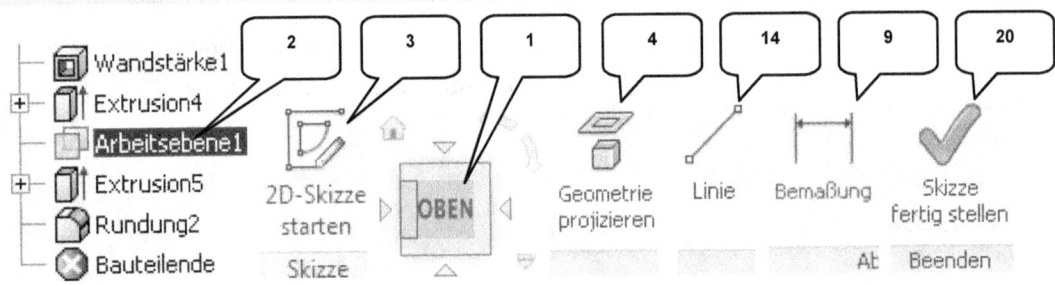

Da beide Kanten nur jeweils 1 mm lang sind, sollte bei deren Auswahl ausreichend nah herangezoomt werden.

5.29 2D-Skizze für den Lüftungsbereich (Maschinenraum) zeichnen

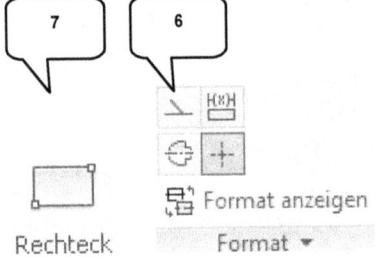

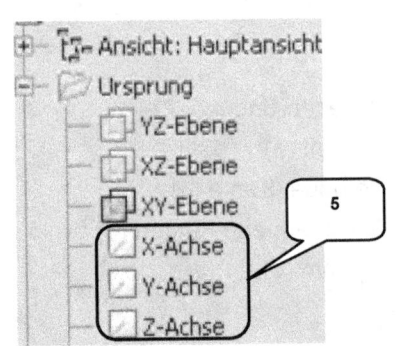

- **ViewCube-Ansicht: OBEN** (1)
- „Arbeitsebene1" im Modellbaum markieren (2)

- **2D-Skizze starten** (3)
- **Geometrie projizieren** (4)
- X-, Y-, Z-Achse nacheinander wählen (5)
- **Taste: ESC**
- Mit gedrückter linker Maustaste ein Fenster über die projizierten Achsen ziehen

- **Konstruktion** (6)
- **Taste: ESC**

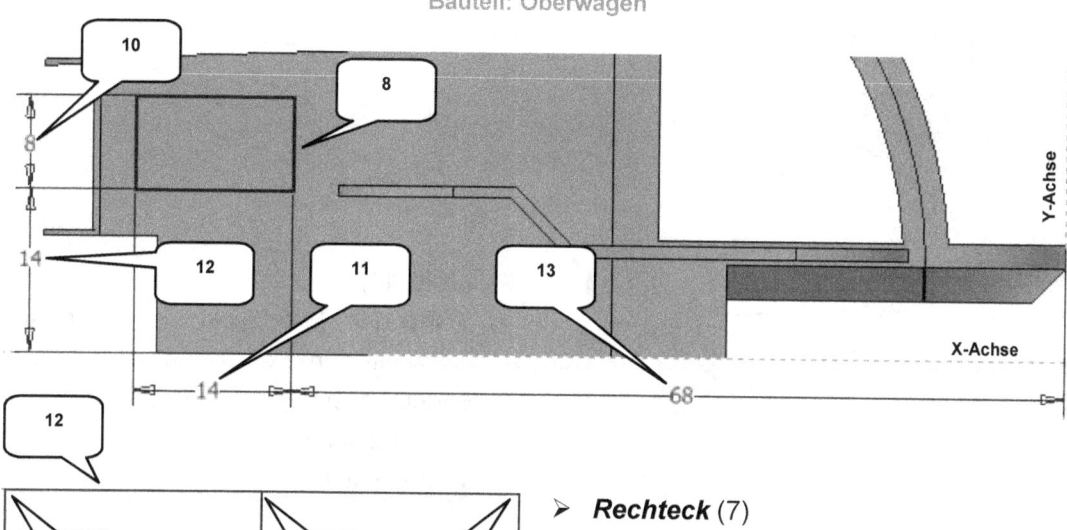

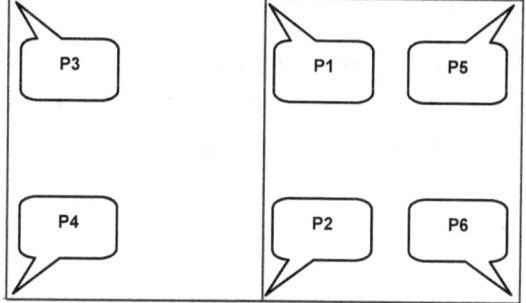

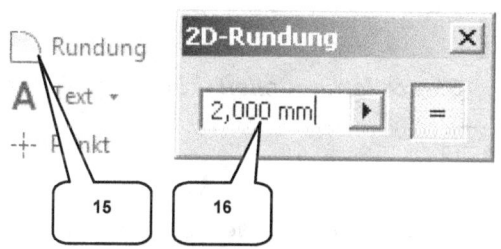

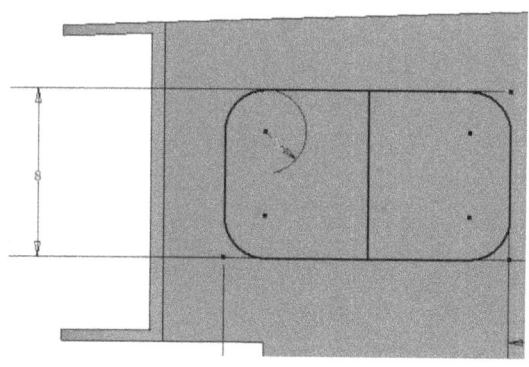

- **Rechteck** (7)
- Rechteck im Heckbereich des Fahrzeugs zeichnen wie dargestellt (8)

- **Bemaßung** (9)
- Rechteck bemaßen (8 x 14 mm) (10, 11)
- Abstand zur X-Achse: [14] mm (12)
- Abstand zur Y-Achse: [68] mm (13)
- **Taste: ESC**

- **Linie** (14)
- Startpunkt: Linienmittelpunkt der oberen Waagerechten des Rechtecks (P1)
- Endpunkt: Linienmittelpunkt der unteren Waagerechten des Rechtecks (P2)
- **Taste: ESC**

- **Rundung** (15)
- Radius: [2] mm (16)
- 1. Eckpunkt des Rechtecks wählen (P3)
- 2. Eckpunkt des Rechtecks wählen (P4)
- 3. Eckpunkt des Rechtecks wählen (P5)
- 4. Eckpunkt des Rechtecks wählen (P6)
- **Taste: ESC**

Bauteil: Oberwagen

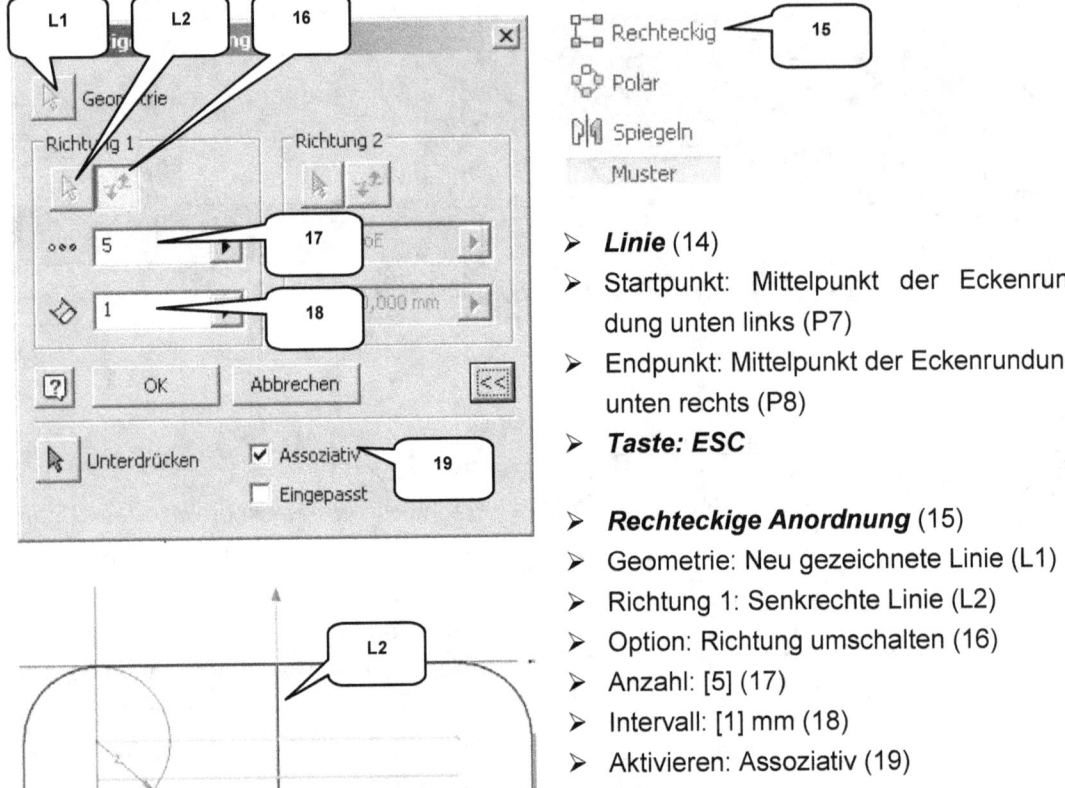

- **Linie** (14)
- Startpunkt: Mittelpunkt der Eckenrundung unten links (P7)
- Endpunkt: Mittelpunkt der Eckenrundung unten rechts (P8)
- **Taste: ESC**

- **Rechteckige Anordnung** (15)
- Geometrie: Neu gezeichnete Linie (L1)
- Richtung 1: Senkrechte Linie (L2)
- Option: Richtung umschalten (16)
- Anzahl: [5] (17)
- Intervall: [1] mm (18)
- Aktivieren: Assoziativ (19)
- **OK**

- **Skizze fertig stellen** (20)

Alle waagerechten Linien sollten sich, wie in der oberen Abb. dargestellt, innerhalb des Rechtecks befinden. !

5.30 Erstellen der Lüftungsöffnung

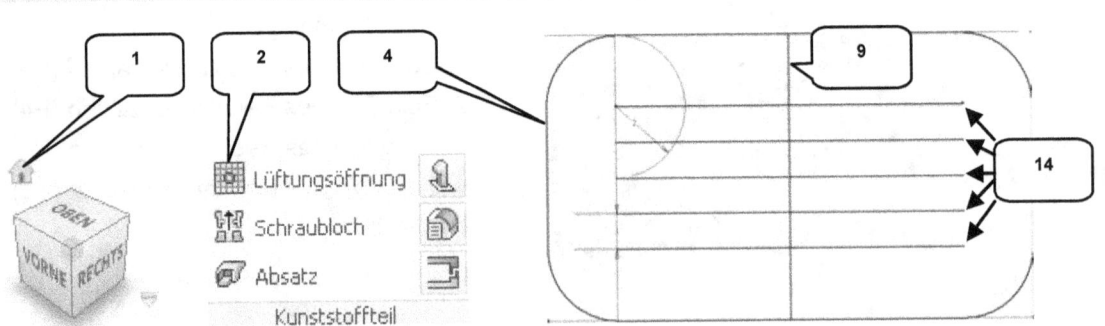

Bauteil: Oberwagen

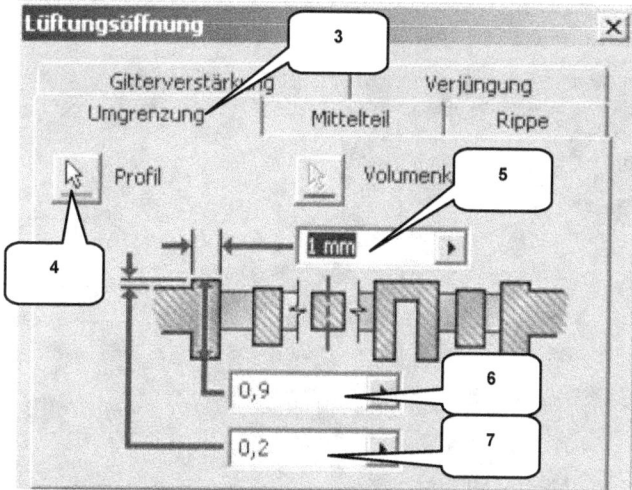
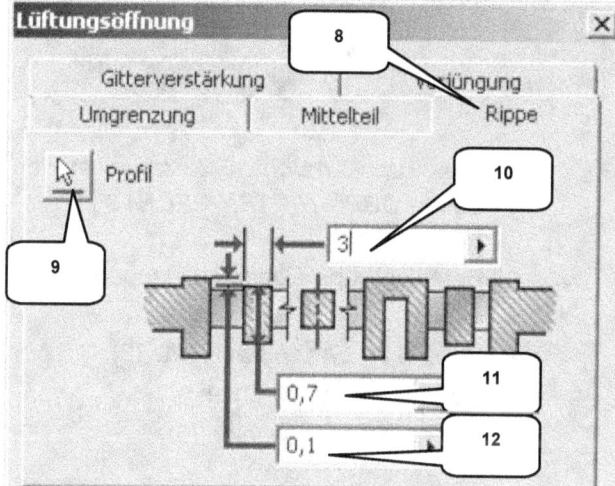
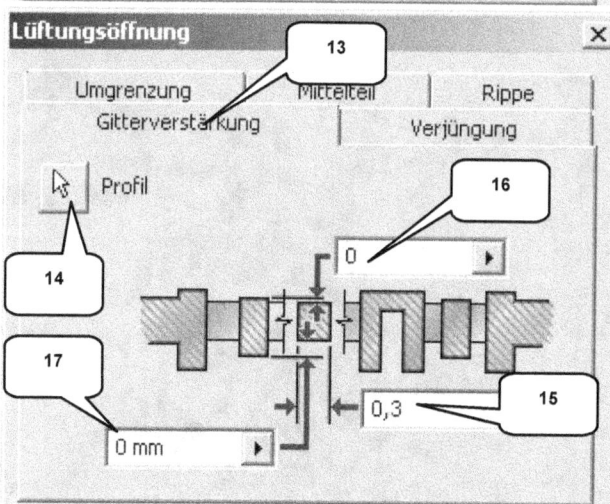

- **ViewCube-Ansicht: Hauss.** (1)

- **Lüftungsöffnung** (2)

- Reiter: Umgrenzung (3)
- Profil: Gerundetes Rechteck (4)
- Breite: [1] mm (5)
- Tiefe: [0,9] mm (6)
- Differenz Oben: [0,2] mm (7)

- Reiter: Rippe (8)
- Profil: Vertikale Linie (9)
- Breite: [3] mm (10)
- Tiefe: [0,7] mm (11)
- Differenz Oben: [0,1] mm (12)

- Reiter: Gitterverstärkung (13)
- Profil: 5 horizontale Linien (14)
- Breite: [0,3] mm (15)
- Differenz Oben: [0] mm (16)
- Differenz Unten: [0] mm (17)

- **OK**

Bauteil: Oberwagen

5.31 Eine um eine Kante geneigte Ebene erzeugen

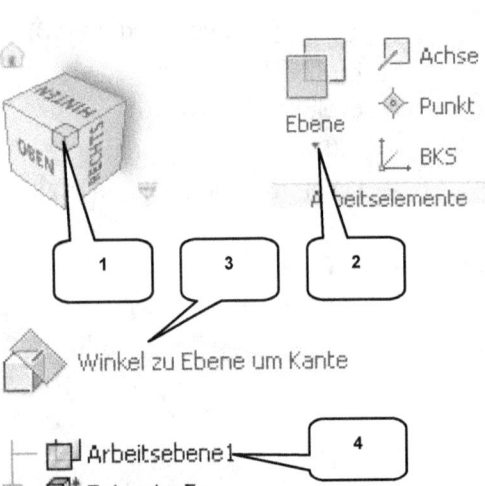

- **ViewCube-Ansicht: Ecke** zwischen den Seiten **OBEN-HINTEN-RECHTS** (1)
- Befehlsgruppe **Ebene** aufklappen (2)
- **Winkel zu Ebene um Kante** (3)
- „Arbeitsebene 1" wählen (4)
- Markierte Kante wählen (5)
- Winkel: [-5] Grad (6)
- **OK** (7)

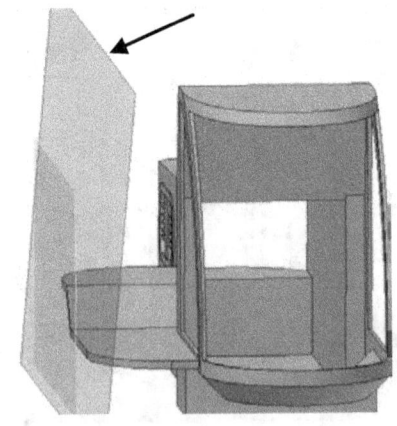

5.32 2D-Skizze auf der neuen Ebene erzeugen

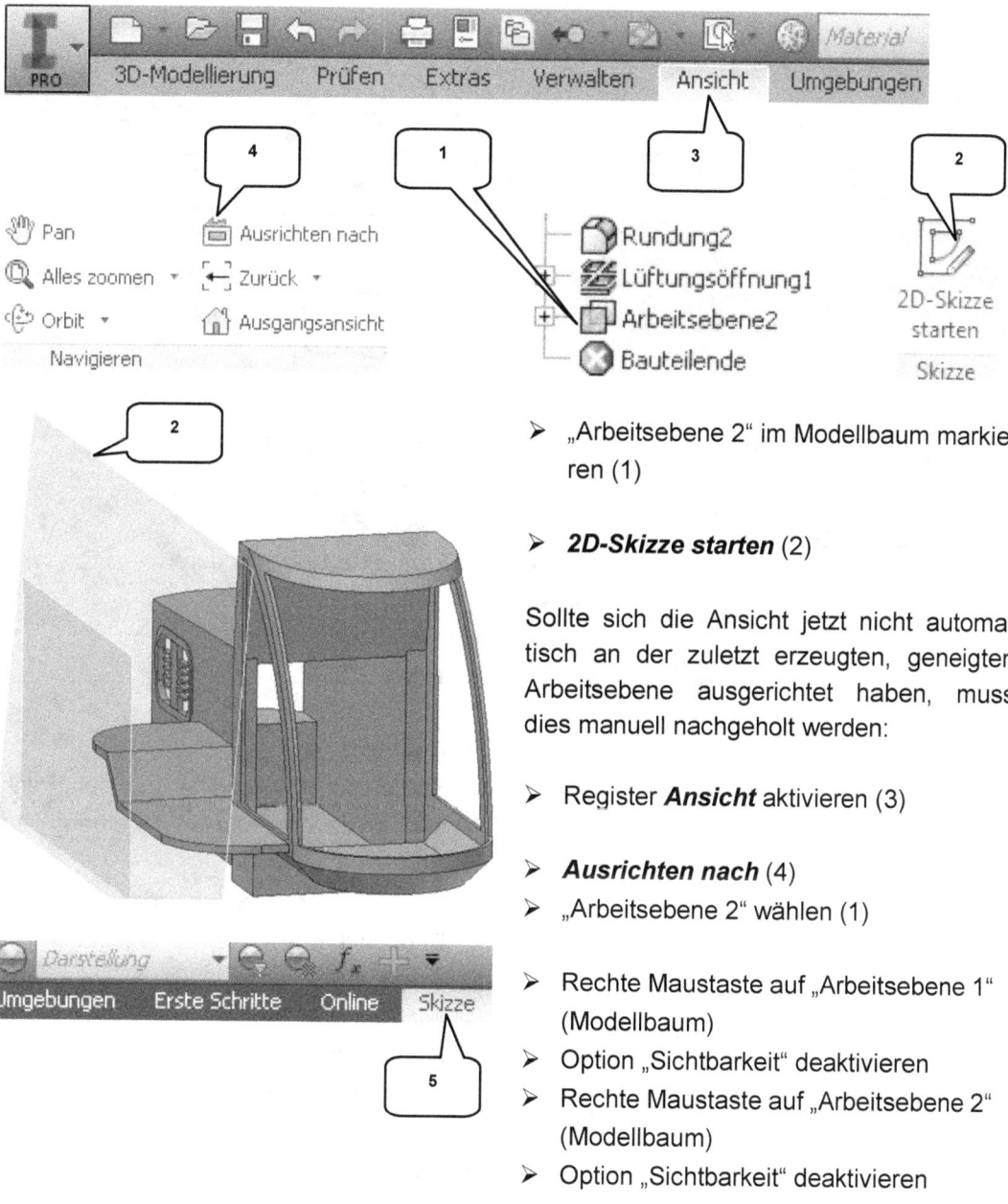

> „Arbeitsebene 2" im Modellbaum markieren (1)

> **2D-Skizze starten** (2)

Sollte sich die Ansicht jetzt nicht automatisch an der zuletzt erzeugten, geneigten Arbeitsebene ausgerichtet haben, muss dies manuell nachgeholt werden:

> Register **Ansicht** aktivieren (3)

> **Ausrichten nach** (4)
> „Arbeitsebene 2" wählen (1)

> Rechte Maustaste auf „Arbeitsebene 1" (Modellbaum)
> Option „Sichtbarkeit" deaktivieren
> Rechte Maustaste auf „Arbeitsebene 2" (Modellbaum)
> Option „Sichtbarkeit" deaktivieren

> Register **Skizze** reaktivieren (5)

5.33 Oberen Bereich der Aufstiegsleiter zeichnen

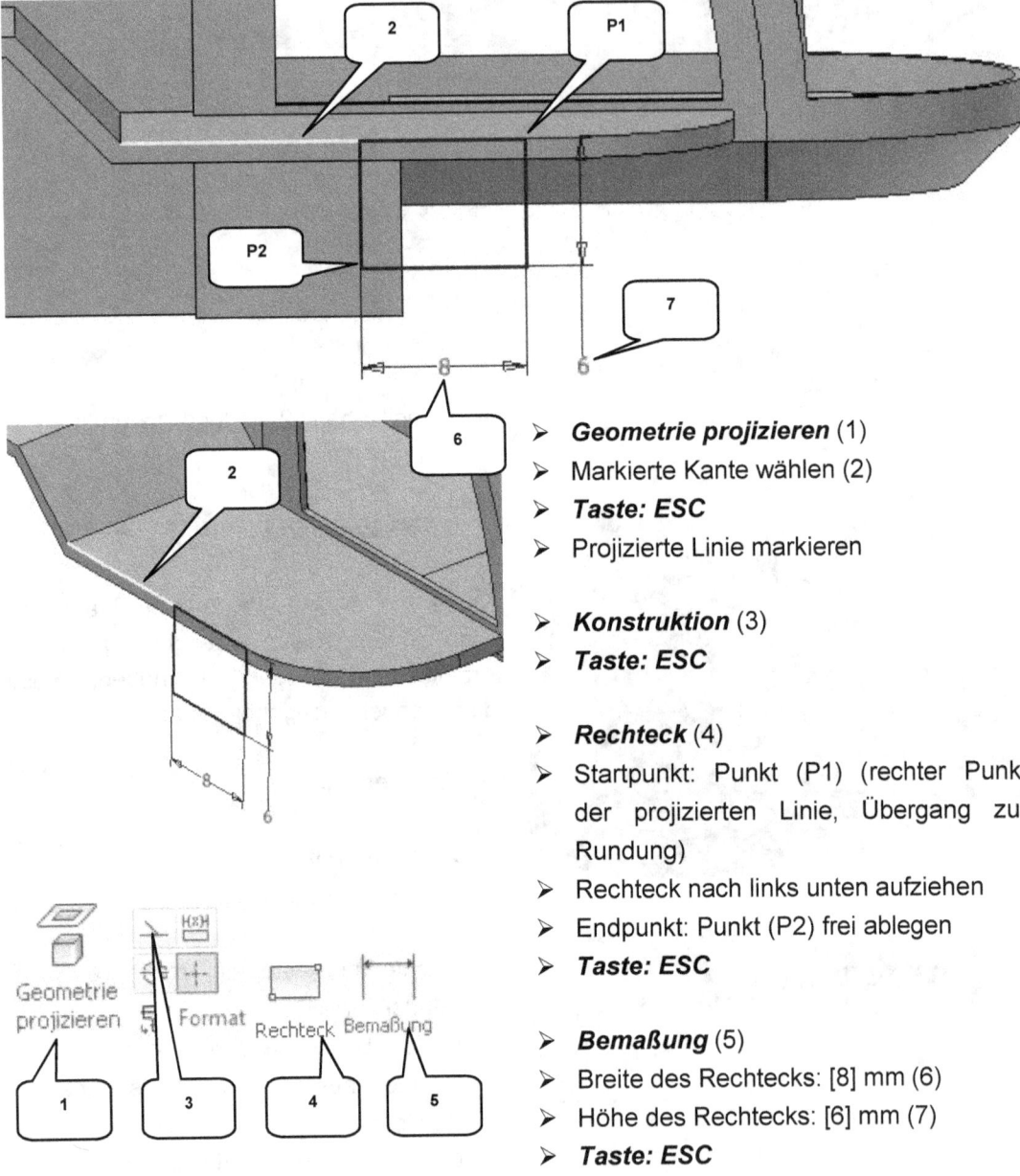

- **Geometrie projizieren** (1)
- Markierte Kante wählen (2)
- **Taste: ESC**
- Projizierte Linie markieren

- **Konstruktion** (3)
- **Taste: ESC**

- **Rechteck** (4)
- Startpunkt: Punkt (P1) (rechter Punkt der projizierten Linie, Übergang zur Rundung)
- Rechteck nach links unten aufziehen
- Endpunkt: Punkt (P2) frei ablegen
- **Taste: ESC**

- **Bemaßung** (5)
- Breite des Rechtecks: [8] mm (6)
- Höhe des Rechtecks: [6] mm (7)
- **Taste: ESC**

Die zu projizierende Kante am Schutzblech (2) gehört zur Oberseite dieses Schutzbleches. Der Punkt (P1) stellt den Übergang zwischen linearer Kante und Rundung dar.

Bauteil: Oberwagen

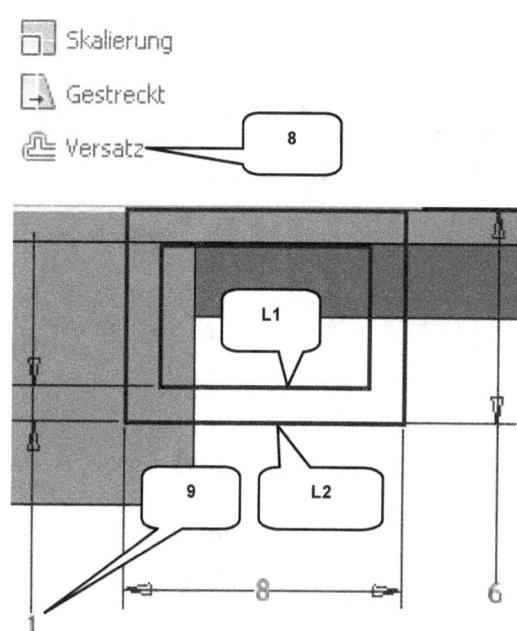

- **Versatz** (8)
- Untere Linie des Rechtecks wählen (L2)
- Kopie des Rechtecks innerhalb des Originals frei ablegen

- **Bemaßung** (5)
- Markierte Linie der Kopie wählen (L1)
- Markierte Linie des Originals wählen (L2)
- Maß ablegen (9)
- Wert: [1] mm
- **Taste: ESC**

- **Skizze fertig stellen**

5.34 Extrudieren des oberen Leiterbereiches

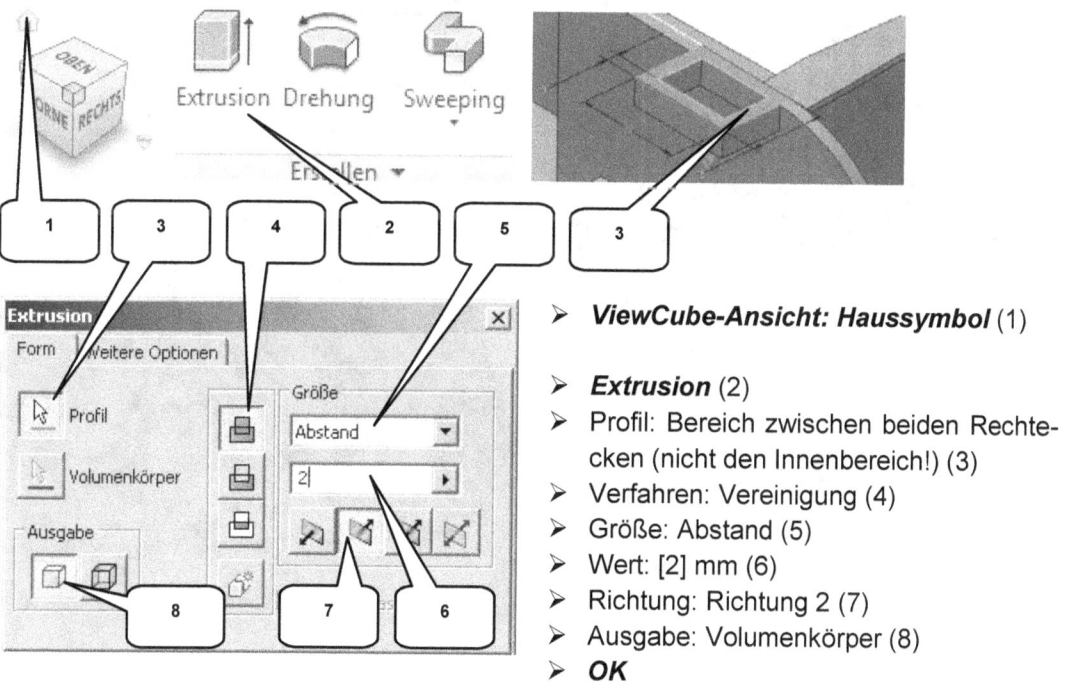

- **ViewCube-Ansicht: Haussymbol** (1)

- **Extrusion** (2)
- Profil: Bereich zwischen beiden Rechtecken (nicht den Innenbereich!) (3)
- Verfahren: Vereinigung (4)
- Größe: Abstand (5)
- Wert: [2] mm (6)
- Richtung: Richtung 2 (7)
- Ausgabe: Volumenkörper (8)
- **OK**

5.35 Oberen Leiterbereich mittels rechteckiger Anordnung kopieren

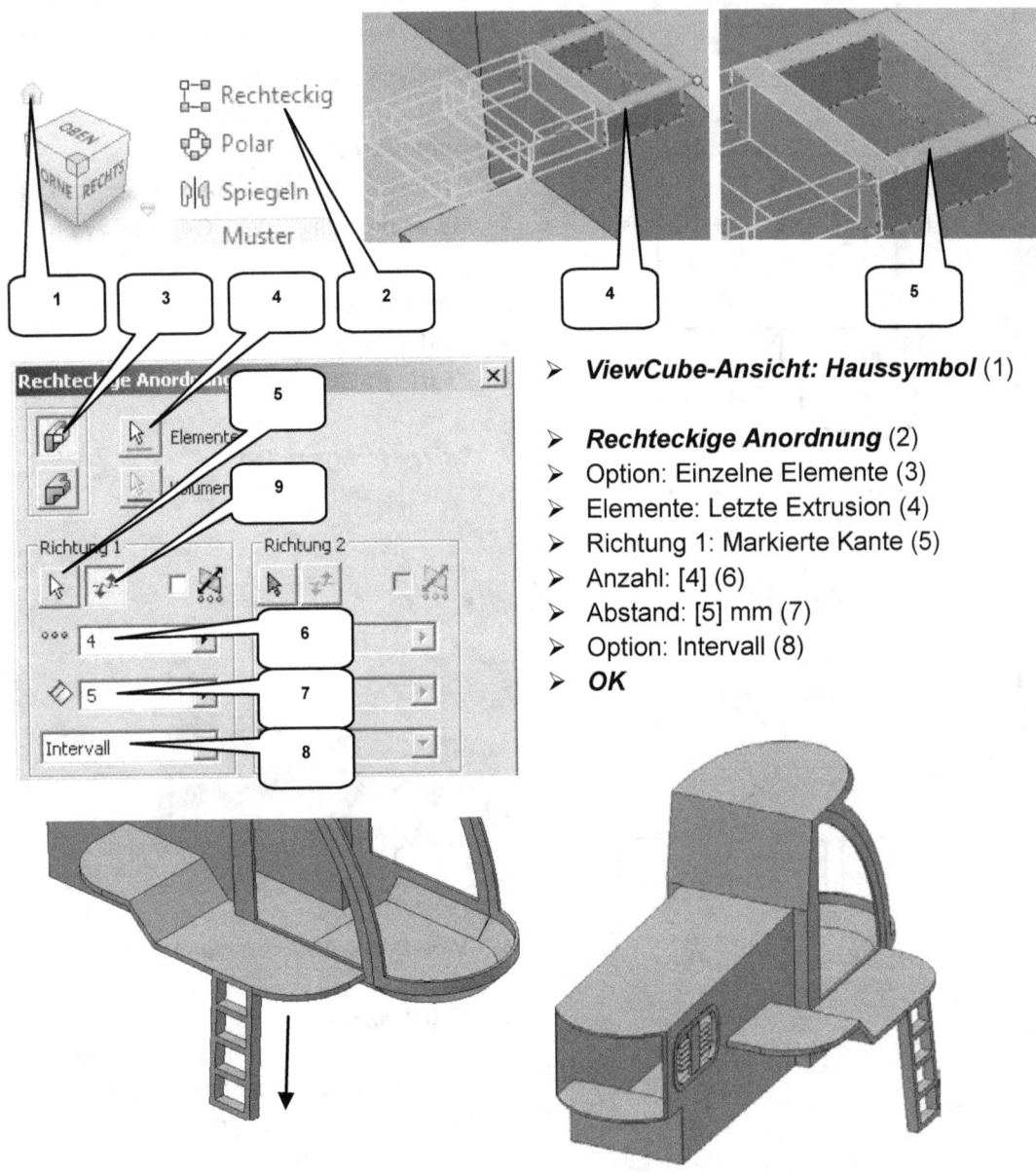

- **ViewCube-Ansicht: Haussymbol** (1)
- **Rechteckige Anordnung** (2)
- Option: Einzelne Elemente (3)
- Elemente: Letzte Extrusion (4)
- Richtung 1: Markierte Kante (5)
- Anzahl: [4] (6)
- Abstand: [5] mm (7)
- Option: Intervall (8)
- **OK**

*Die rechteckige Anordnung sollte, wie in der unteren Abb. dargestellt, nach unten zeigen. Sollte dies nicht der Fall sein, muss mit der Option **Umschalten** (9) korrigiert werden.* !

5.36 Trennen des Volumenkörpers

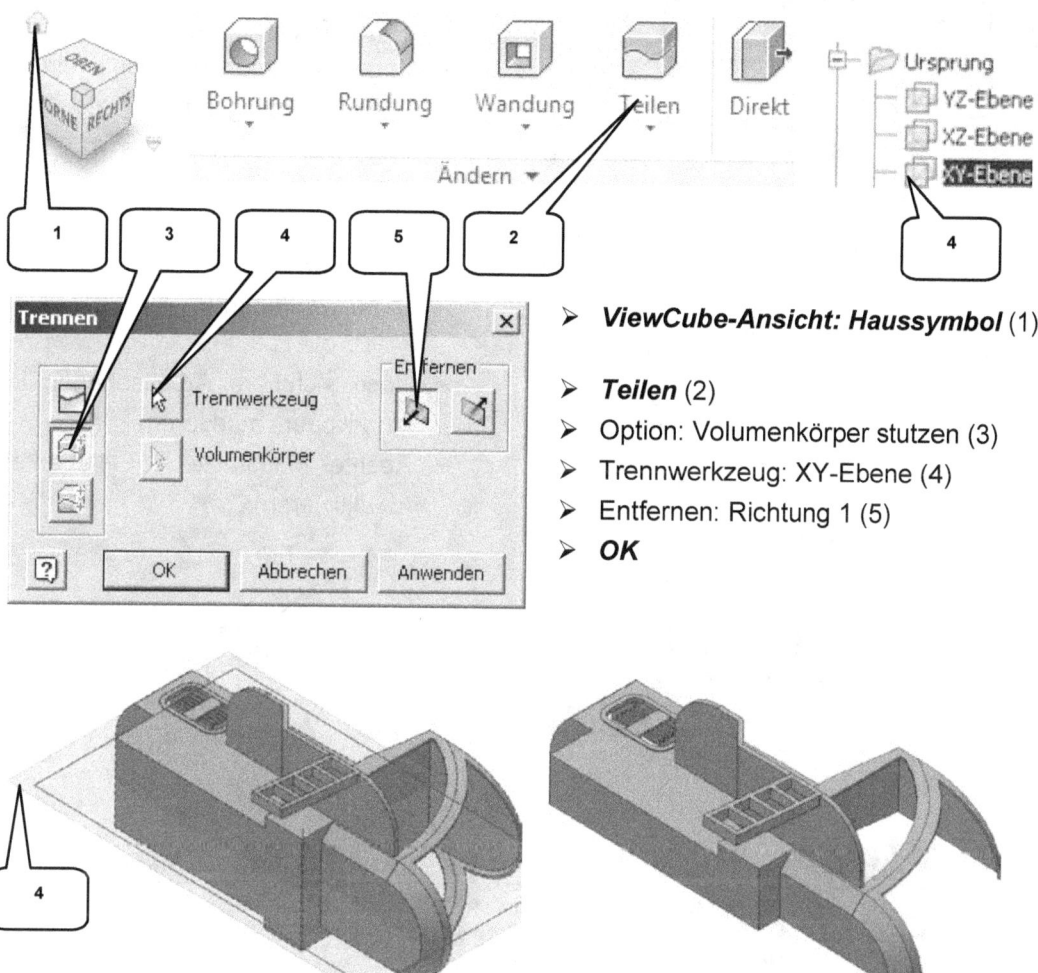

- **ViewCube-Ansicht: Haussymbol** (1)
- **Teilen** (2)
- Option: Volumenkörper stutzen (3)
- Trennwerkzeug: XY-Ebene (4)
- Entfernen: Richtung 1 (5)
- **OK**

Für diese Übung wurde die Option **Volumenkörper stutzen** verwendet, da der hintere Teil des Volumenkörpers entfernt werden soll. Um einen Volumenkörper zu trennen, jedoch beide Hälften zu behalten, kann die Option **Volumenkörper teilen** genutzt werden.

5.37 Spiegeln des Volumenkörpers

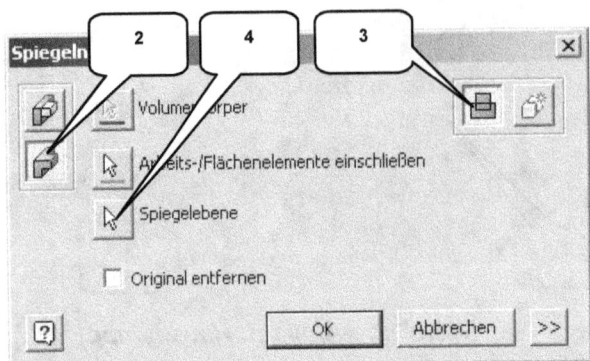

- **Spiegeln** (1)
- Option: Volumenkörper spiegeln (2)
- Option: Vereinigung (3)
- Spiegelebene: XY-Ebene (4)
- **OK**

- **Speichern** (5)
- **Datei schließen** (6)

- Noch sichtbare Arbeitsebenen im Modellbaum markieren
- Rechte Maustaste > Sichtbarkeit (deaktivieren)

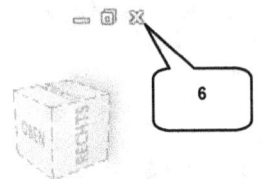

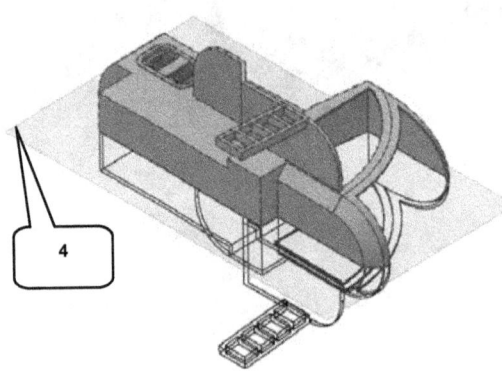

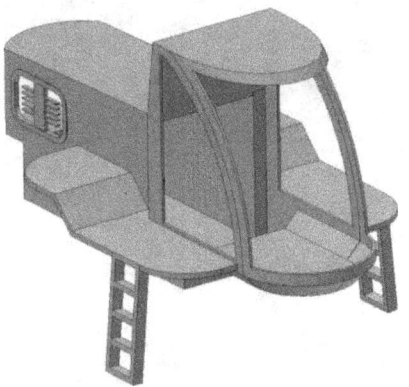

Der Volumenkörper wurde zuerst getrennt und anschließend wieder gespiegelt, um alle Modellierungen der einen Seite (Leiter, Schutzblech, Lüftungsöffnung) auch auf die andere Seite zu kopieren. Durch ein reines Spiegeln der einzelnen Elemente, könnten vereinzelt Probleme auftreten, daher das zusätzliche Trennen vorab. !

6 Bauteil: Unterwagen

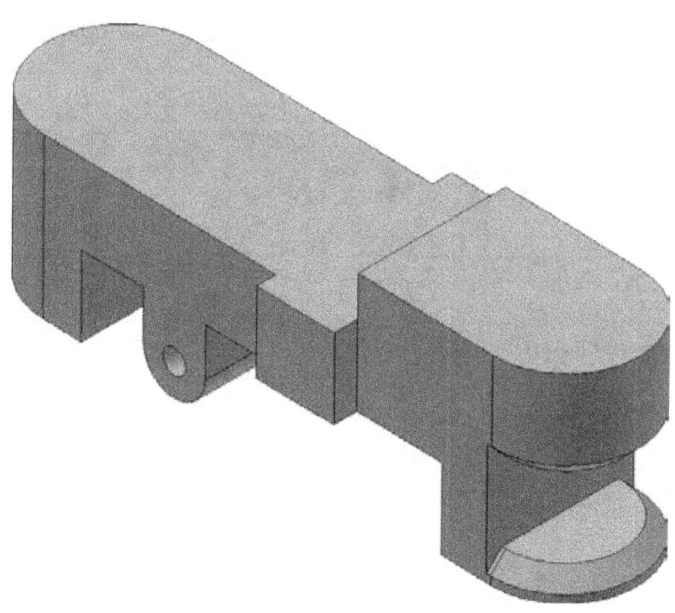

6.1 Bauteil „02-Unterwagen" erstellen

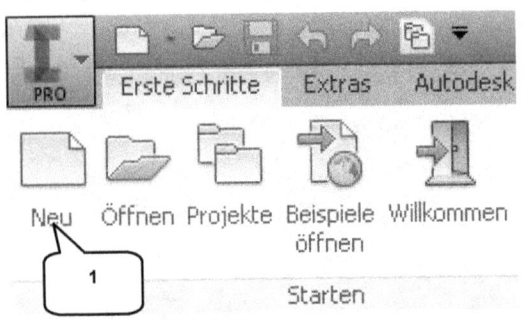

- **Neu** (1)
- Templates (2)
- Bauteil: Norm.ipt (3)
- **Erstellen** (4)

- **Speichern** (5)
- Dateiname: [02-Unterwagen] (6)
- **Speichern** (7)

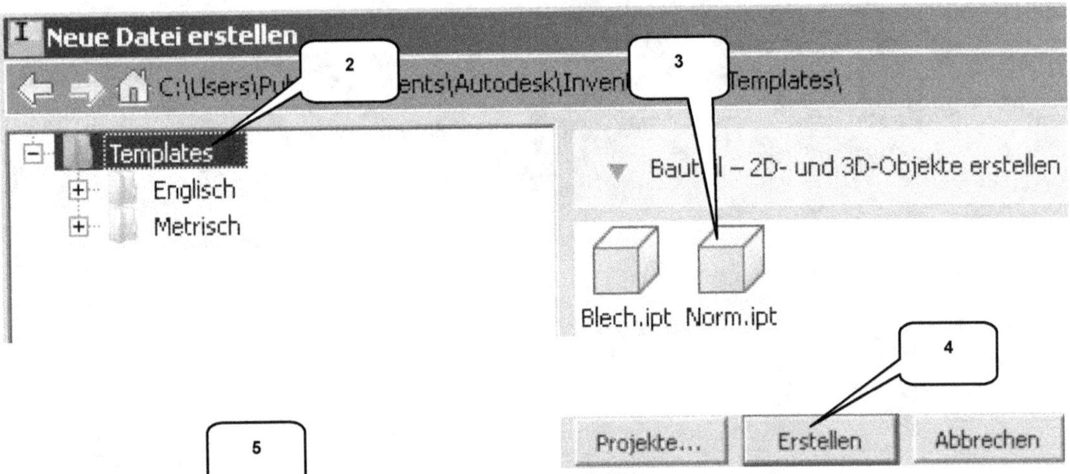

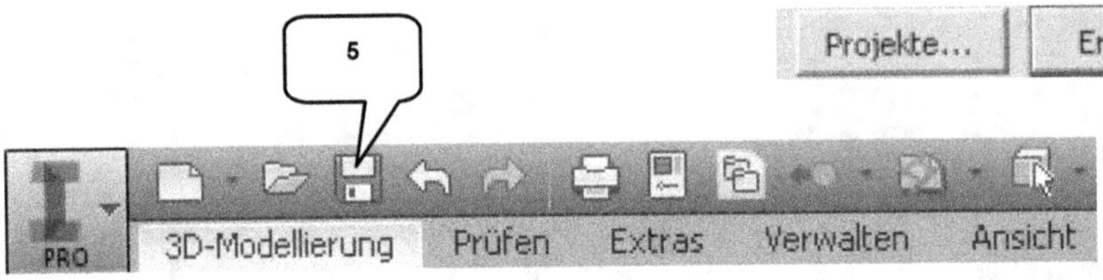

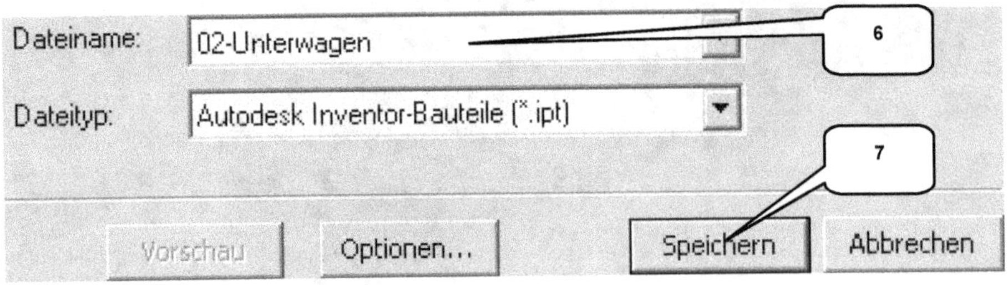

Bauteil: Unterwagen

6.2 2D-Skizze auf XY-Ebene öffnen

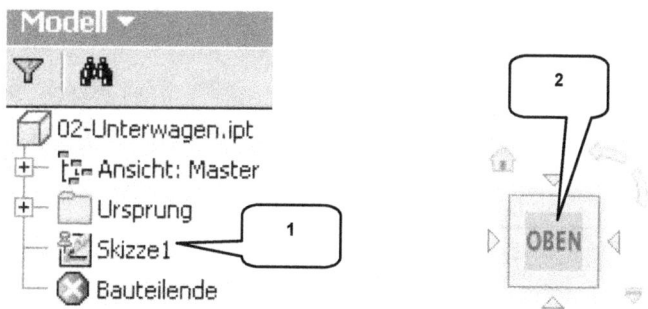

> „Skizze1" im Modellbaum doppelklicken (1)

> *ViewCube-Ansicht: OBEN* (2)

6.3 Achsen projizieren und als Konstruktionsobjekte definieren

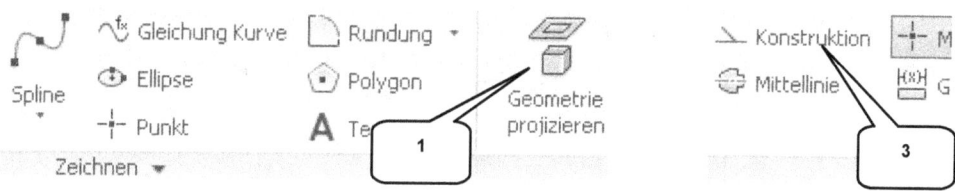

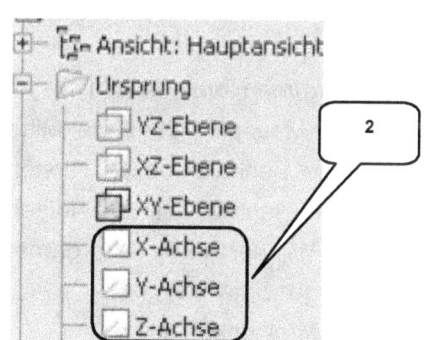

> *Geometrie projizieren* (1)
> Ordner *Ursprung* im Modellbaum aufklappen
> X-, Y-, Z-Achse nacheinander wählen (2)
> *Taste: ESC*
> Mit gedrückter linker Maustaste ein Fenster über die projizierten Achsen ziehen

> *Konstruktion* (3)
> *Taste: ESC*

Bauteil: Unterwagen

6.4 Zeichnen der Basiskontur

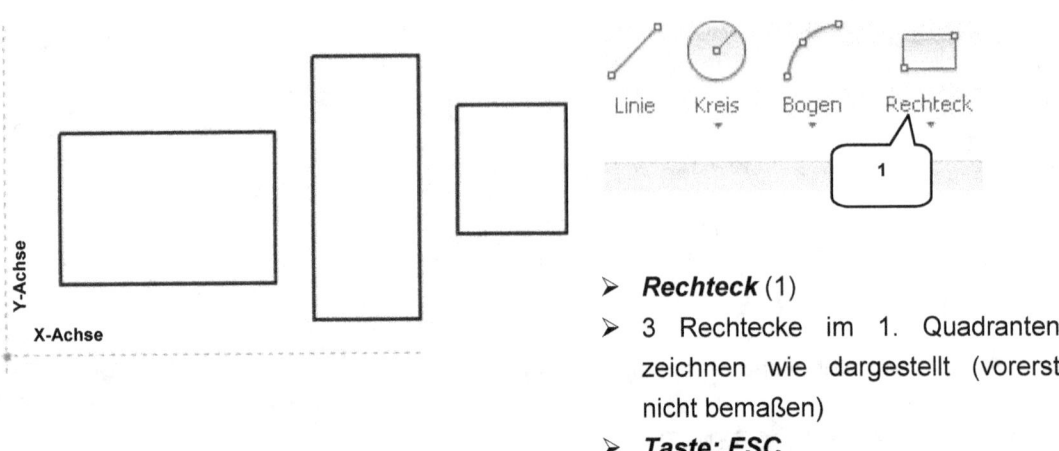

- **Rechteck** (1)
- 3 Rechtecke im 1. Quadranten zeichnen wie dargestellt (vorerst nicht bemaßen)
- **Taste: ESC**

6.5 Setzen der Abhängigkeiten

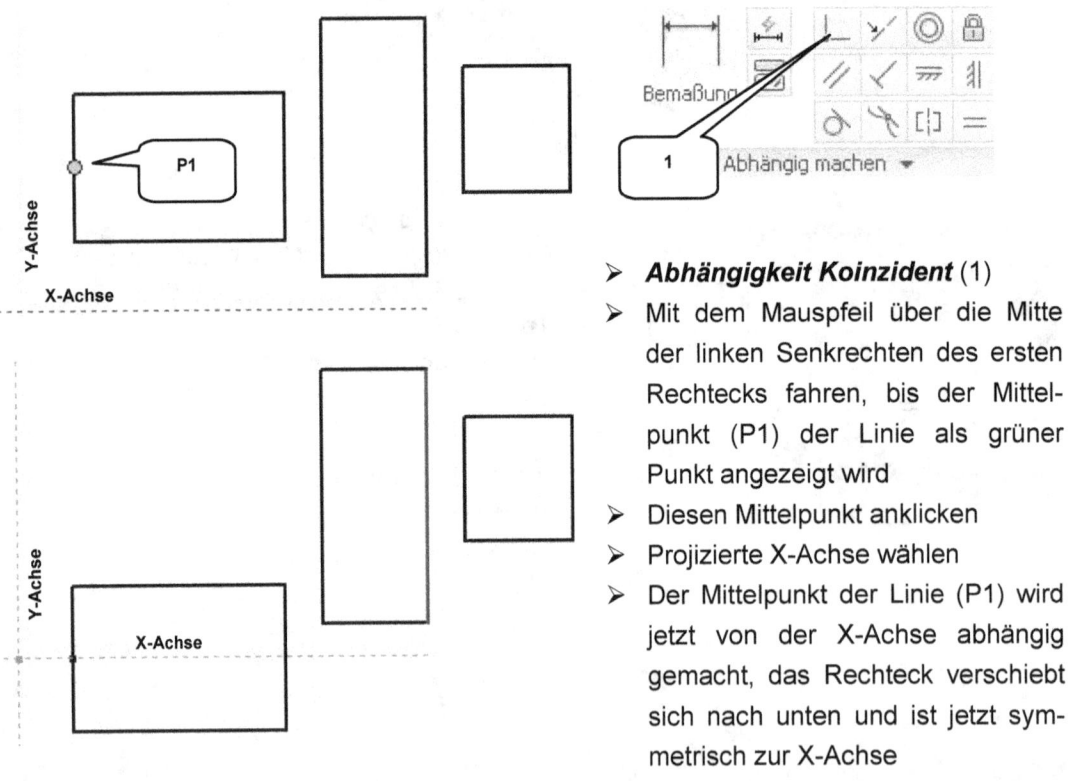

- **Abhängigkeit Koinzident** (1)
- Mit dem Mauspfeil über die Mitte der linken Senkrechten des ersten Rechtecks fahren, bis der Mittelpunkt (P1) der Linie als grüner Punkt angezeigt wird
- Diesen Mittelpunkt anklicken
- Projizierte X-Achse wählen
- Der Mittelpunkt der Linie (P1) wird jetzt von der X-Achse abhängig gemacht, das Rechteck verschiebt sich nach unten und ist jetzt symmetrisch zur X-Achse

Bauteil: Unterwagen

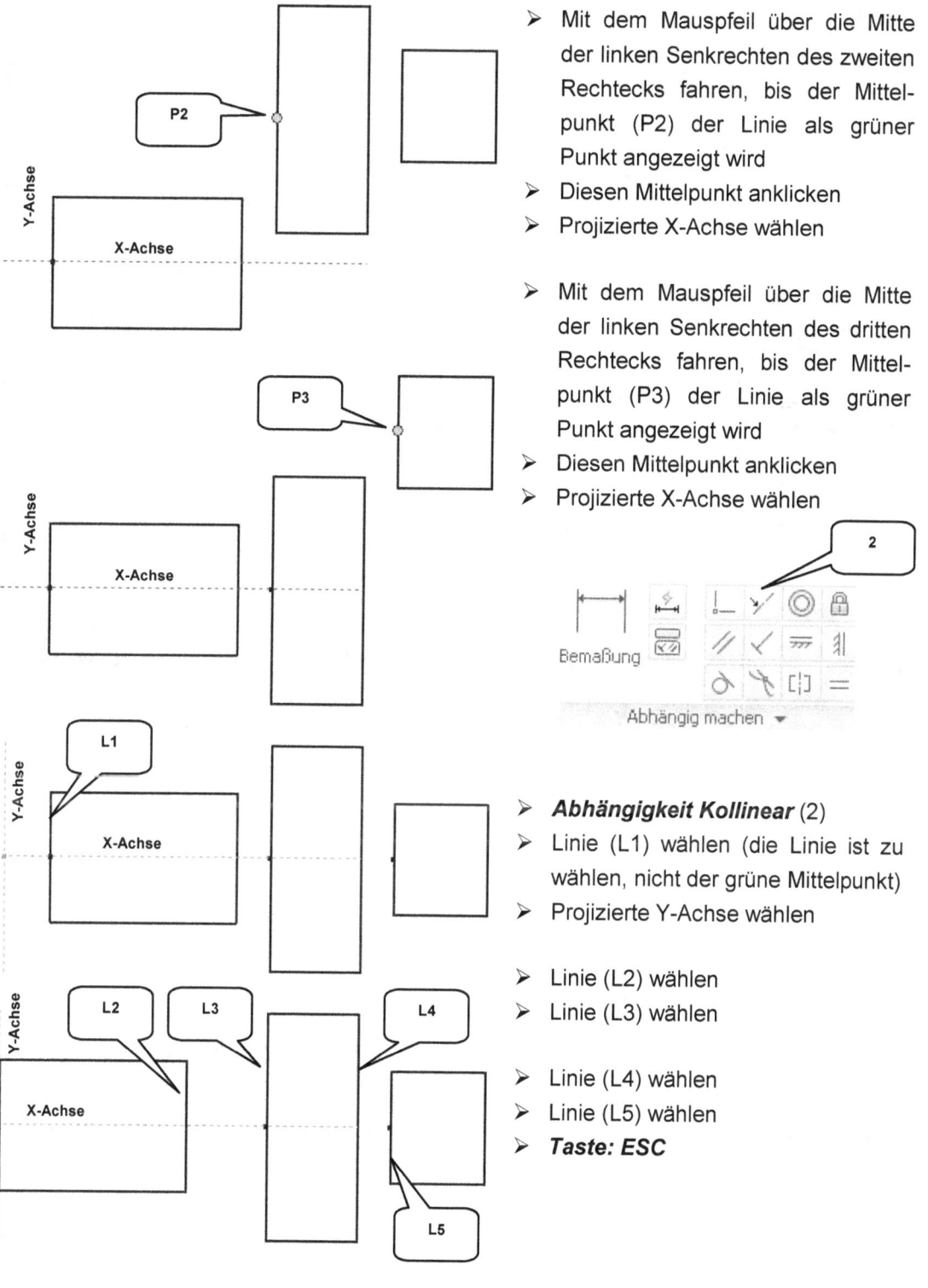

- Mit dem Mauspfeil über die Mitte der linken Senkrechten des zweiten Rechtecks fahren, bis der Mittelpunkt (P2) der Linie als grüner Punkt angezeigt wird
- Diesen Mittelpunkt anklicken
- Projizierte X-Achse wählen

- Mit dem Mauspfeil über die Mitte der linken Senkrechten des dritten Rechtecks fahren, bis der Mittelpunkt (P3) der Linie als grüner Punkt angezeigt wird
- Diesen Mittelpunkt anklicken
- Projizierte X-Achse wählen

- **Abhängigkeit Kollinear** (2)
- Linie (L1) wählen (die Linie ist zu wählen, nicht der grüne Mittelpunkt)
- Projizierte Y-Achse wählen

- Linie (L2) wählen
- Linie (L3) wählen

- Linie (L4) wählen
- Linie (L5) wählen
- **Taste: ESC**

6.6 Bemaßen der Linienabstände

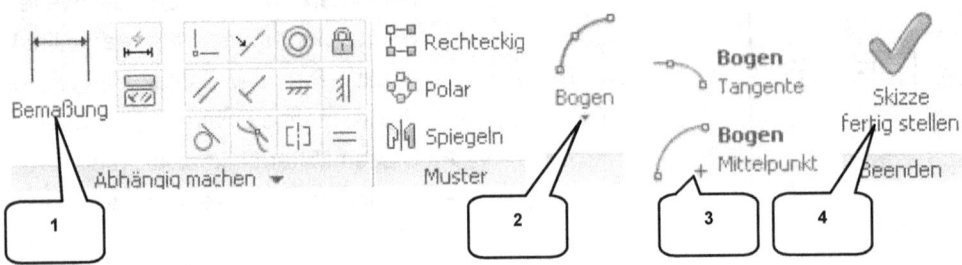

- **Bemaßung** (1)

- 1. Schritt:
- Linie (L1) wählen
- Linie (L4) wählen
- Bemaßung ablegen
- Wert: [40] mm

- 2. Schritt:
- Linie (L2) wählen
- Linie (L3) wählen
- Bemaßung ablegen
- Wert: [20] mm

- 3. Schritt:
- Linie (L4) wählen
- Linie (L9) wählen
- Bemaßung ablegen
- Wert: [10] mm

- 4. Schritt:
- Linie (L5) wählen
- Linie (L6) wählen
- Wert: [25] mm

- 5. Schritt:
- Linie (L8) wählen
- Linie (L9) wählen
- Bemaßung ablegen
- Wert: [17,5] mm

- 6. Schritt:
- Linie (L7) wählen
- Linie (L10) wählen
- Bemaßung ablegen
- Wert: [19] mm

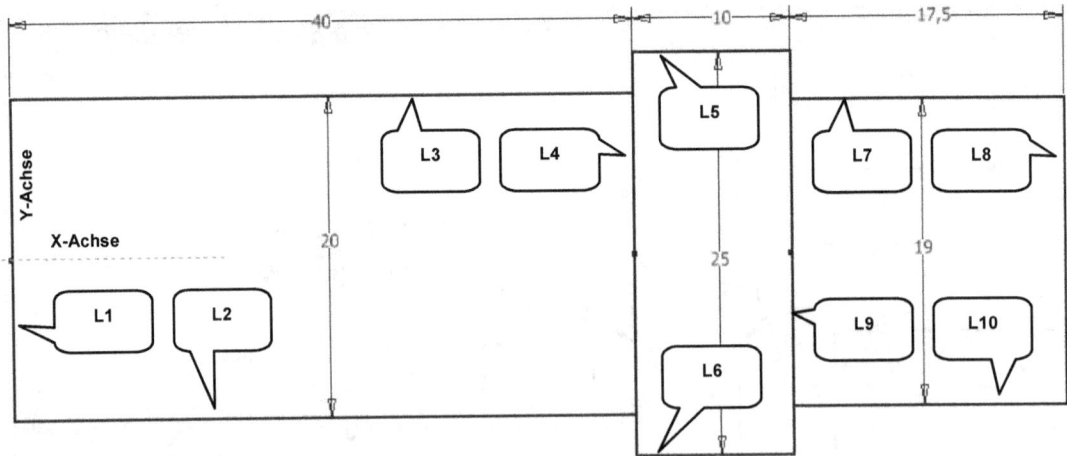

- **Taste: ESC**

Bauteil: Unterwagen

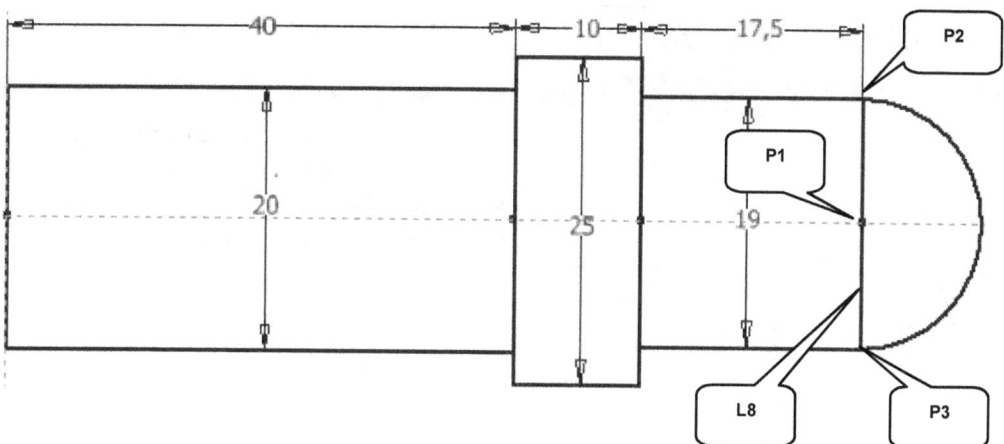

- Befehlsgruppe **Bogen** erweitern (2)
- **Bogen (Mittelpunkt)** (3)
- 1. Punkt: Mittelpunkt (P1) der Linie (L8) wählen
- 2. Punkt: Startpunkt (P2) der Linie (L8) wählen

- Kreisbogen mit der Maus im Uhrzeigersinn um den Mittelpunkt (P1) bis zum Punkt (P3) drehen
- 3. Punkt: Endpunkt (P3) der Linie (L8) wählen
- **Taste: ESC**
- **Skizze fertig stellen** (4)

Beim Befehl **Bogen (Mittelpunkt)** kommt es darauf an, in welcher Drehrichtung der Mauspfeil um den Mittelpunkt (P1) herumgeführt wird. Nachdem der Startpunkt (P2) gesetzt wurde, kann die Maus entweder im Uhrzeigersinn um den Mittelpunkt (P1) gedreht werden oder umgekehrt. Das Programm zeigt eine Vorschau des aufgespannten Bogens, worauf geachtet werden sollte.

6.7 Extrudieren der Basiskontur

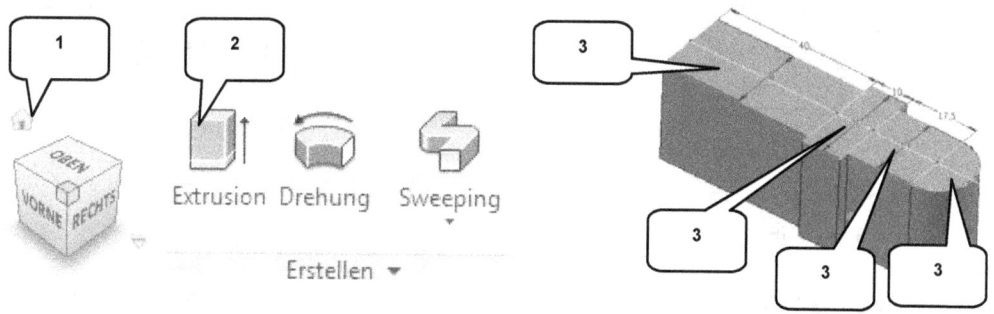

Bauteil: Unterwagen

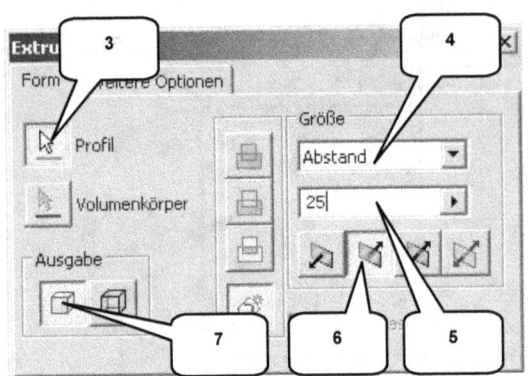

- **ViewCube-Ansicht: Haussymbol** (1)

- **Extrusion** (2)
- Profil: Alle vier Konturen wählen (3)
- Größe: Abstand (4)
- Wert: [25] mm (5)
- Richtung: Richtung 2 (6)
- Ausgabe: Volumenkörper (7)
- **OK**

6.8 2D-Skizze auf XZ-Ebene erzeugen

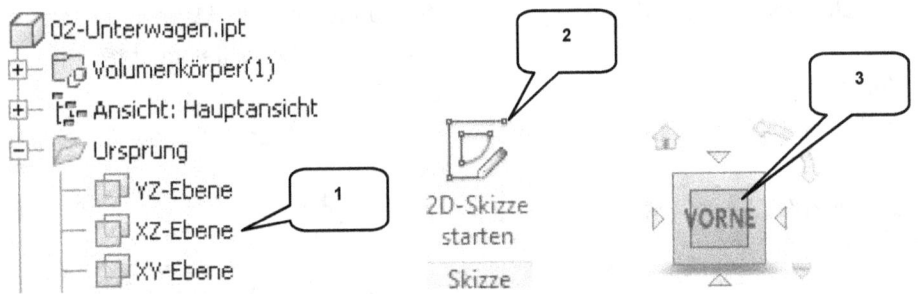

- Ordner **Ursprung** im Modellbaum erweitern
- „XZ-Ebene" im Modellbaum markieren (linke Maustaste) (1)

- **2D-Skizze starten** (2)
- **ViewCube-Ansicht: VORNE** (3)

6.9 Achsen projizieren und als Konstruktionsobjekte definieren

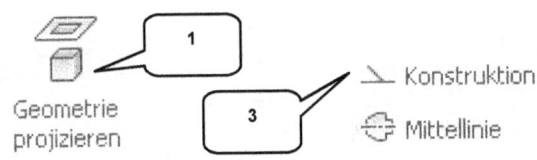   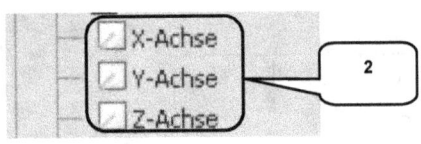

- **Geometrie projizieren** (1)
- X-, Y-, Z-Achse wählen (2)
- **Taste: ESC**
- Mit gedrückter linker Maustaste ein Fenster über die projizierten Achsen ziehen

- **Konstruktion** (3)
- **Taste: ESC**

- **Taste: F7** (Skizze freischneiden)

Bauteil: Unterwagen

6.10 Zeichnen der Schnittmengenkontur

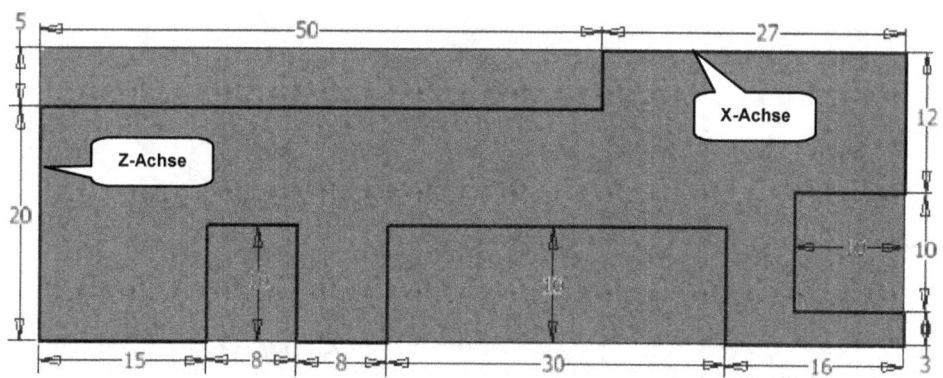

- **Linie** (1)
- Zeichnen der geschlossenen Kontur aus insgesamt 18 zusammenhängenden Linien
- **Taste: ESC**

- **Bemaßung** (2)
- Linienkontur bemaßen wie dargestellt
- **Taste: ESC**

- **Skizze fertig stellen** (3)

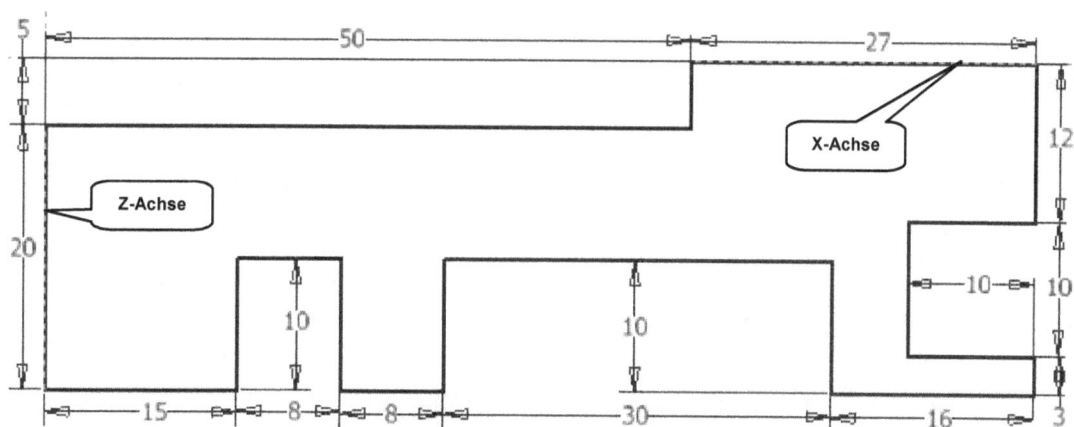

Zur besseren Darstellung wurde der Volumenkörper in der unteren Abb. ausgeblendet. Die Kontur muss geschlossen sein.

Bauteil: Unterwagen

6.11 Extrudieren der Schnittmengenkontur

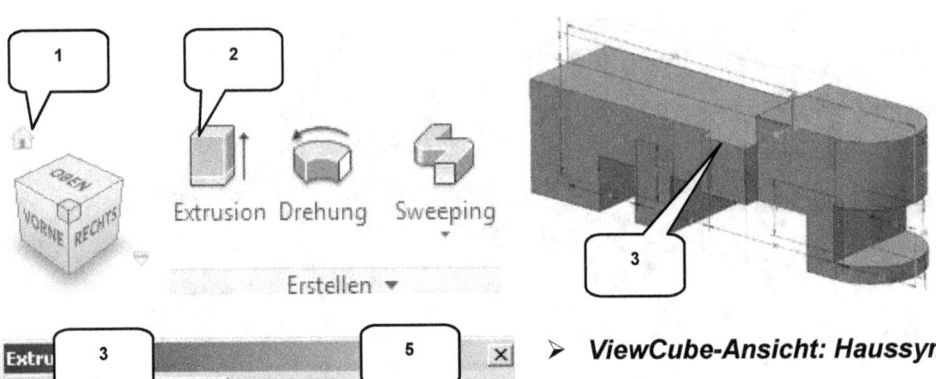

- **ViewCube-Ansicht: Haussymbol** (1)

- **Extrusion** (2)
- Profil: Kontur (3)
- Verfahren: Schnittmenge (4)
- Größe: Alle (5)
- Richtung: Symmetrisch (6)
- Ausgabe: Volumenkörper (7)
- **OK**

6.12 Fasen des vorderen Bereiches

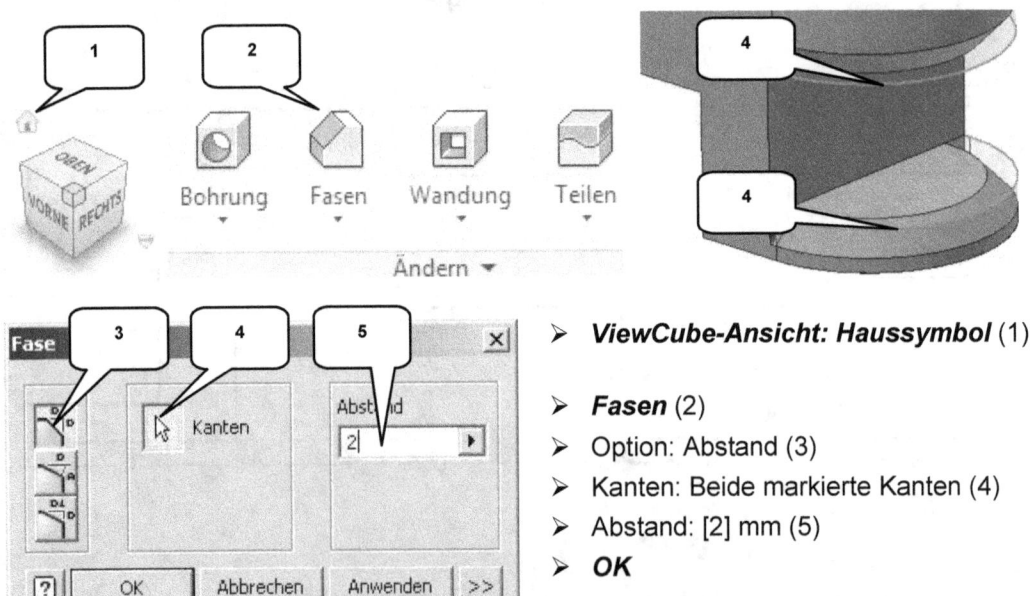

- **ViewCube-Ansicht: Haussymbol** (1)

- **Fasen** (2)
- Option: Abstand (3)
- Kanten: Beide markierte Kanten (4)
- Abstand: [2] mm (5)
- **OK**

6.13 Runden des hinteren Bereiches

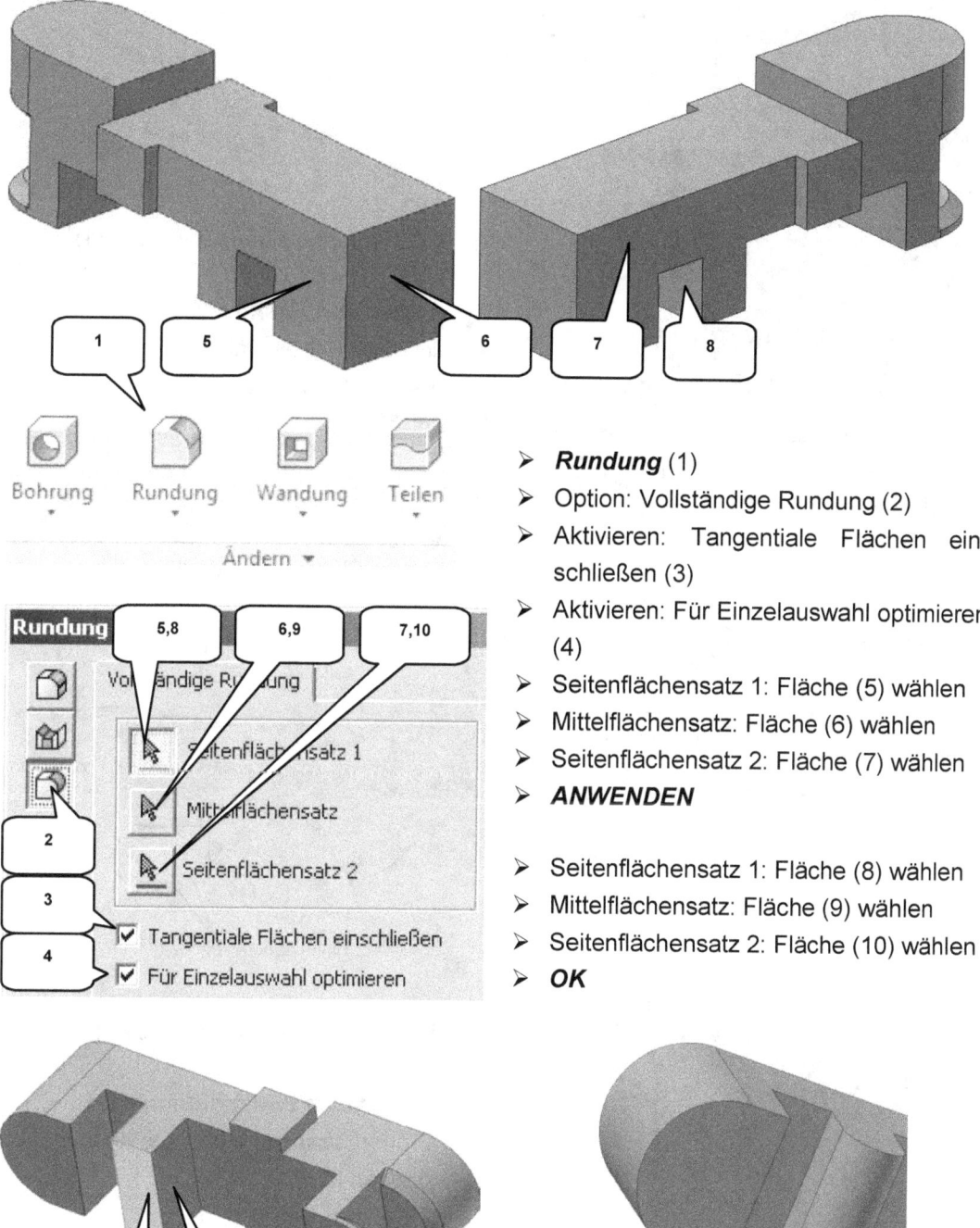

- **Rundung** (1)
- Option: Vollständige Rundung (2)
- Aktivieren: Tangentiale Flächen einschließen (3)
- Aktivieren: Für Einzelauswahl optimieren (4)
- Seitenflächensatz 1: Fläche (5) wählen
- Mittelflächensatz: Fläche (6) wählen
- Seitenflächensatz 2: Fläche (7) wählen
- **ANWENDEN**

- Seitenflächensatz 1: Fläche (8) wählen
- Mittelflächensatz: Fläche (9) wählen
- Seitenflächensatz 2: Fläche (10) wählen
- **OK**

6.14 Erzeugen einer Ebene mit Versatz

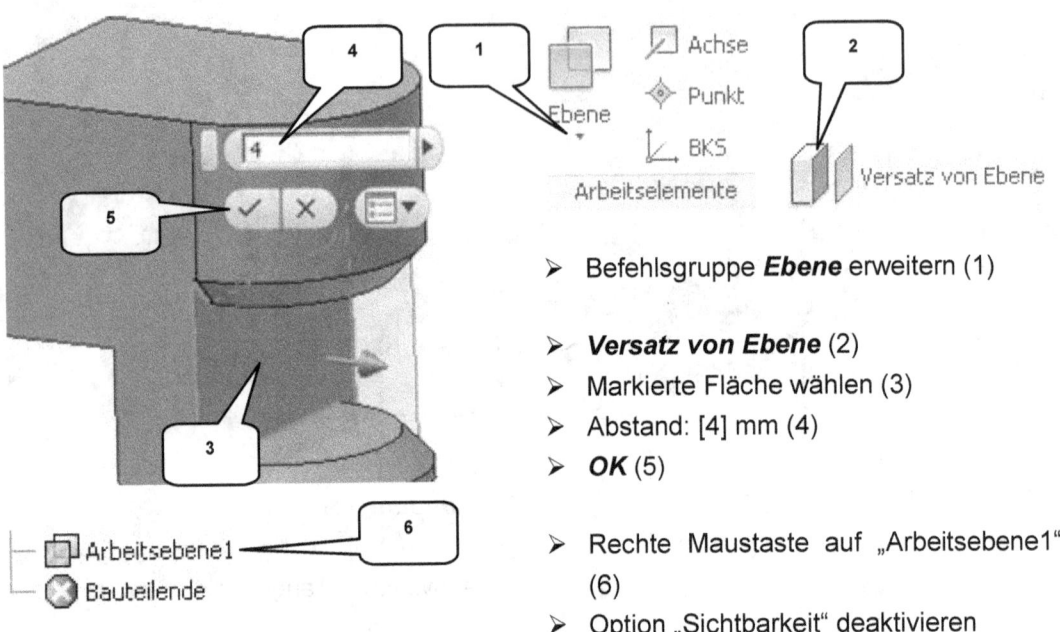

- Befehlsgruppe *Ebene* erweitern (1)
- ***Versatz von Ebene*** (2)
- Markierte Fläche wählen (3)
- Abstand: [4] mm (4)
- ***OK*** (5)
- Rechte Maustaste auf „Arbeitsebene1" (6)
- Option „Sichtbarkeit" deaktivieren

6.15 Erzeugen einer Achse als Schnittlinie zweier Ebenen

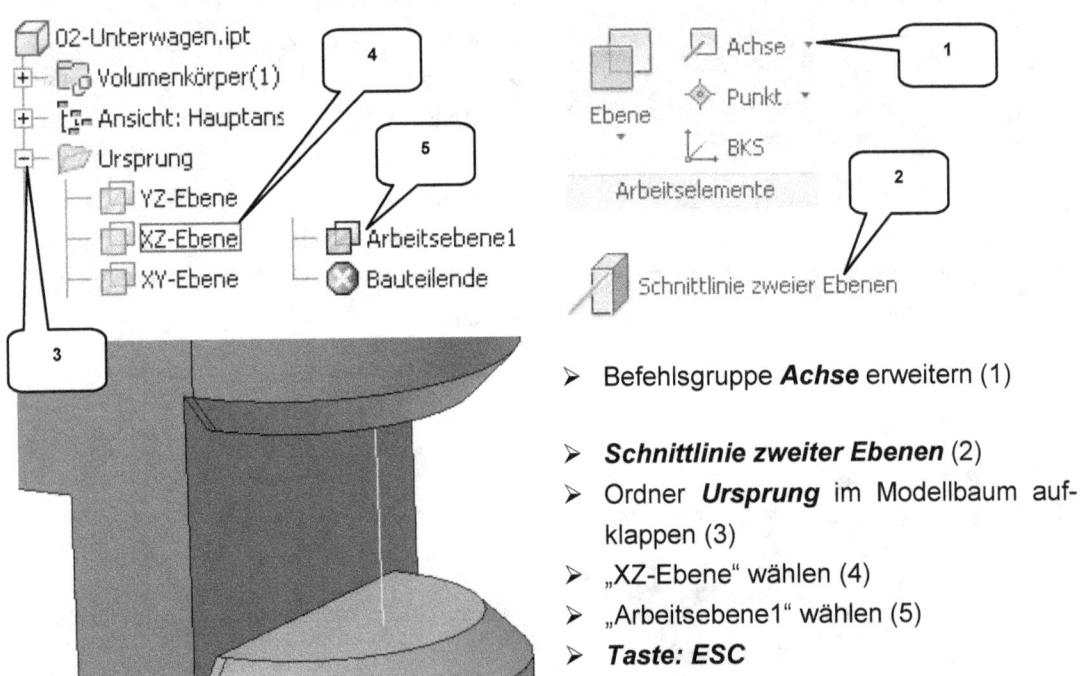

- Befehlsgruppe *Achse* erweitern (1)
- ***Schnittlinie zweier Ebenen*** (2)
- Ordner *Ursprung* im Modellbaum aufklappen (3)
- „XZ-Ebene" wählen (4)
- „Arbeitsebene1" wählen (5)
- ***Taste: ESC***

Bauteil: Unterwagen

6.16 Bohren der hinteren Antriebswellenlagerung

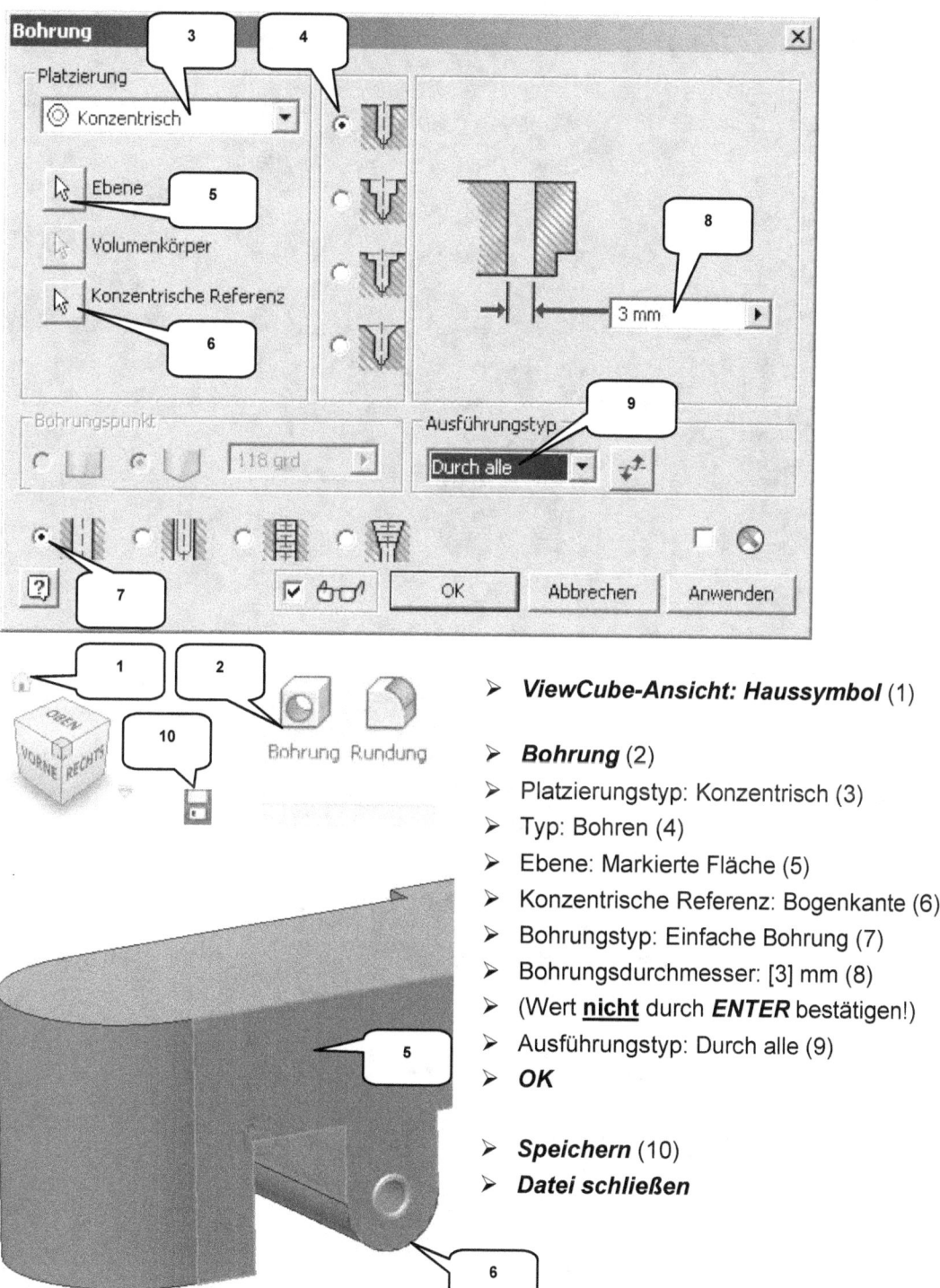

- ➢ **ViewCube-Ansicht: Haussymbol** (1)

- ➢ **Bohrung** (2)
- ➢ Platzierungstyp: Konzentrisch (3)
- ➢ Typ: Bohren (4)
- ➢ Ebene: Markierte Fläche (5)
- ➢ Konzentrische Referenz: Bogenkante (6)
- ➢ Bohrungstyp: Einfache Bohrung (7)
- ➢ Bohrungsdurchmesser: [3] mm (8)
- ➢ (Wert **nicht** durch **ENTER** bestätigen!)
- ➢ Ausführungstyp: Durch alle (9)
- ➢ **OK**

- ➢ **Speichern** (10)
- ➢ **Datei schließen**

7 Bauteil: Hubgestell

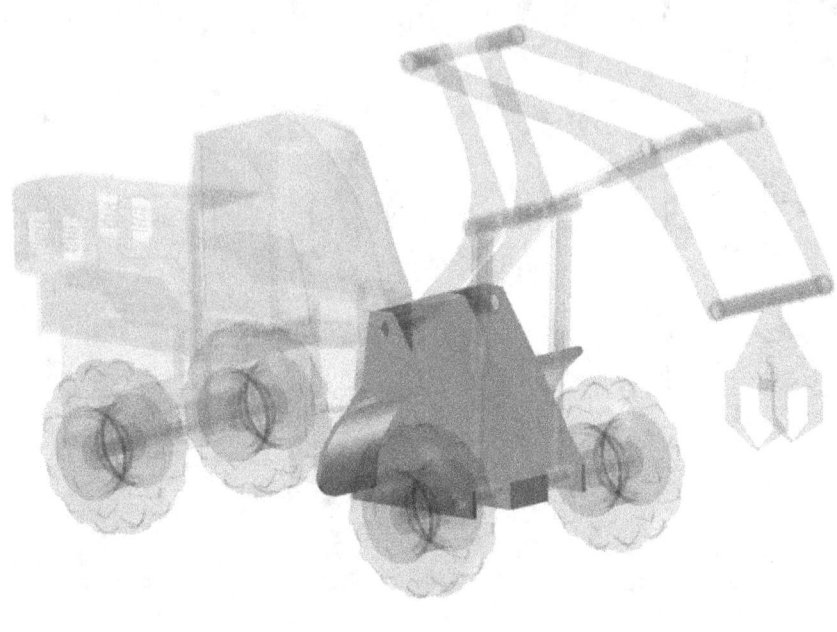

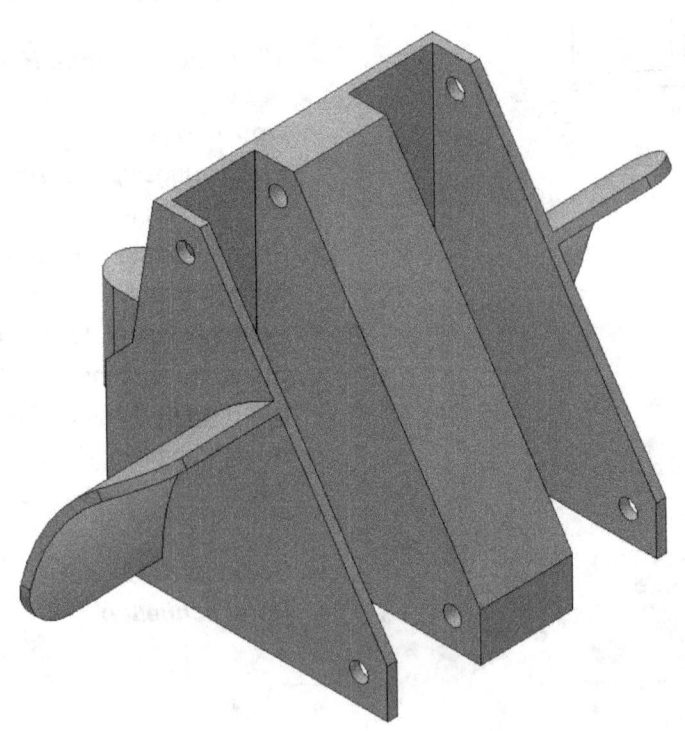

7.1 Bauteil „03-Hubgestell" erstellen

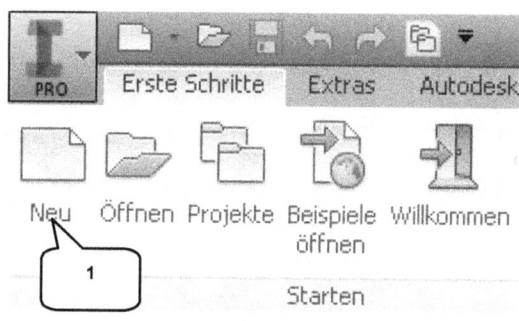

- **Neu** (1)
- Templates (2)
- Bauteil: Norm.ipt (3)
- **Erstellen** (4)

- **Speichern** (5)
- Dateiname: [03-Hubgestell] (6)
- **Speichern** (7)

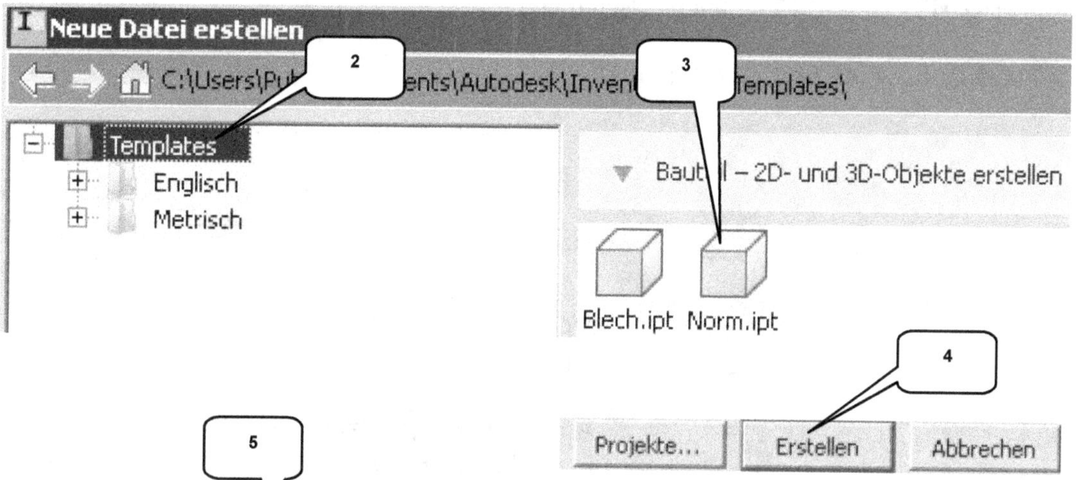

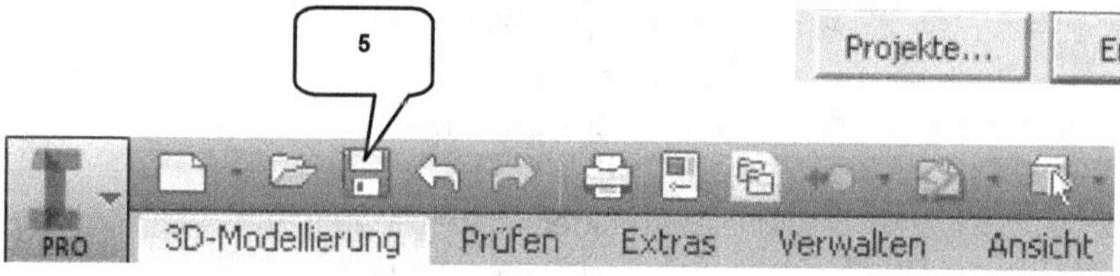

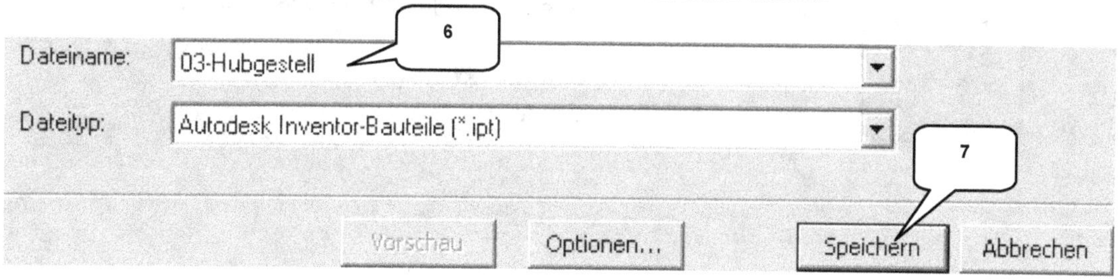

7.2 2D-Skizze auf XY-Ebene öffnen

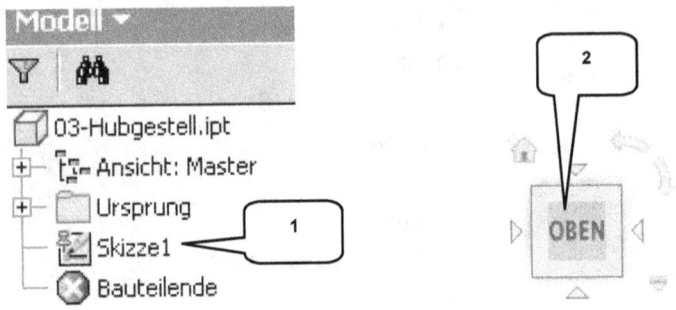

- „Skizze1" im Modellbaum doppelklicken (1)
- **ViewCube-Ansicht: OBEN** (2)

7.3 Achsen projizieren und als Konstruktionsobjekte definieren

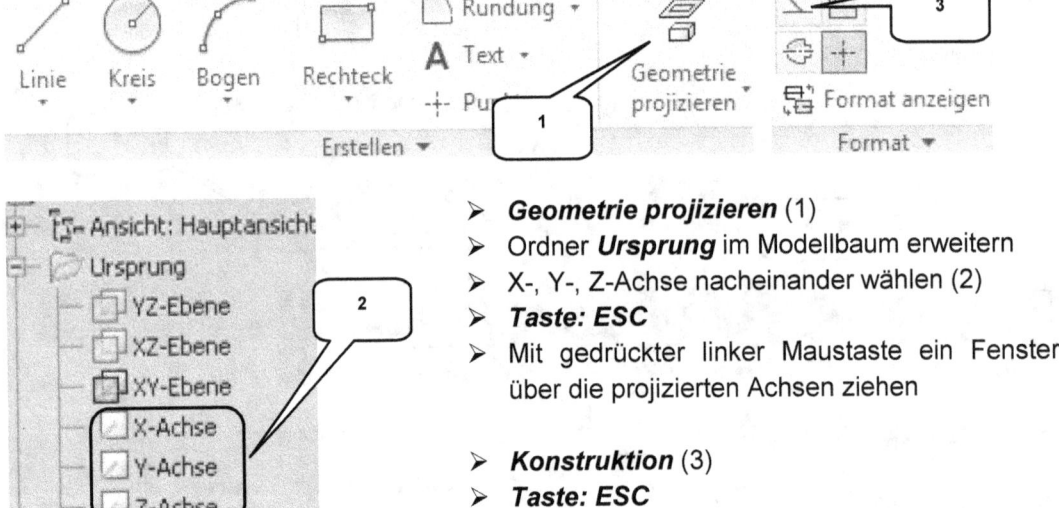

- **Geometrie projizieren** (1)
- Ordner **Ursprung** im Modellbaum erweitern
- X-, Y-, Z-Achse nacheinander wählen (2)
- **Taste: ESC**
- Mit gedrückter linker Maustaste ein Fenster über die projizierten Achsen ziehen

- **Konstruktion** (3)
- **Taste: ESC**

Bauteil: Hubgestell

7.4 Zeichnen der Basiskontur

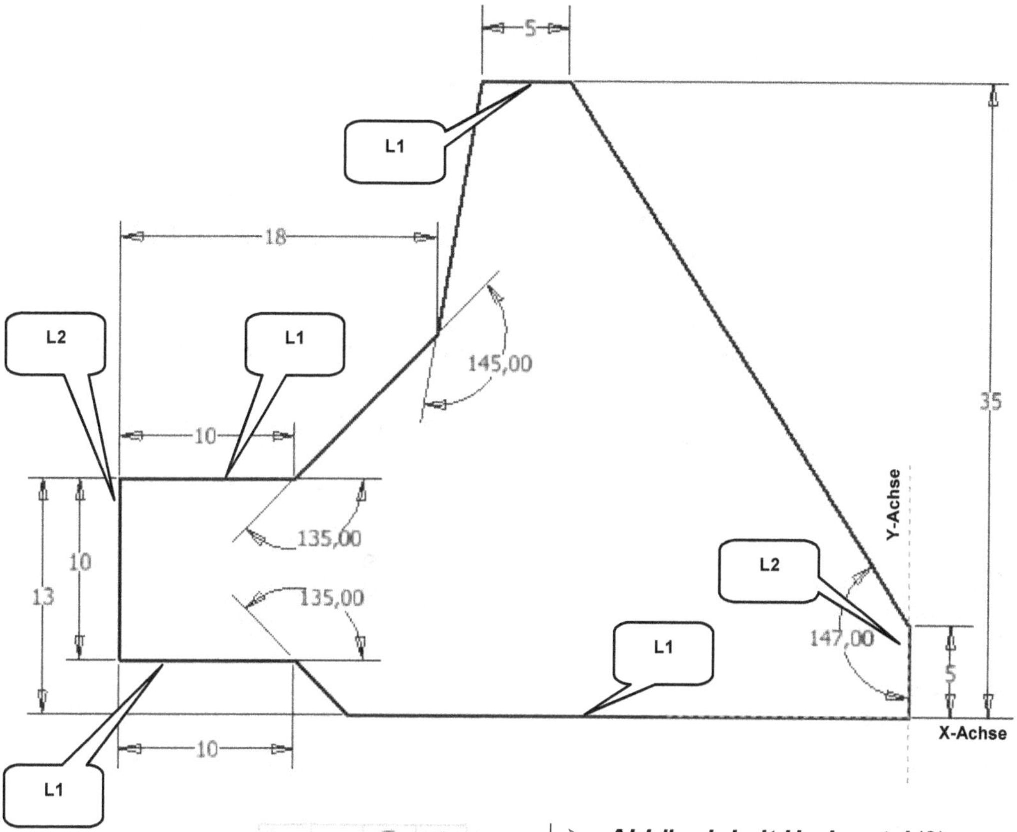

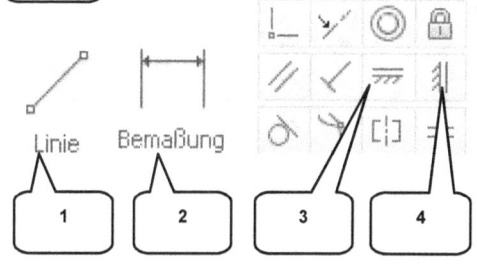

- ➢ **Linie** (1)
- ➢ Die dargestellte geschlossene Linienkontur aus insgesamt 10 zusammenhängenden Linien zeichnen
- ➢ Kontur oberhalb der X-Achse und links neben der Y-Achse zeichnen
- ➢ **Taste: ESC**

- ➢ **Abhängigkeit Horizontal** (3)
- ➢ Alle mit (L1) gekennzeichneten Linien nacheinander wählen
- ➢ **Taste: ESC**

- ➢ **Abhängigkeit Vertikal** (4)
- ➢ Alle mit (L2) gekennzeichneten Linien nacheinander wählen
- ➢ **Taste: ESC**

- ➢ **Bemaßung** (2)
- ➢ Alle Bemaßungen (Längen, Abstände, Winkel) wie dargestellt übernehmen
- ➢ **Taste: ESC**

- ➢ **Skizze fertig stellen**

7.5 Extrudieren der Basiskontur

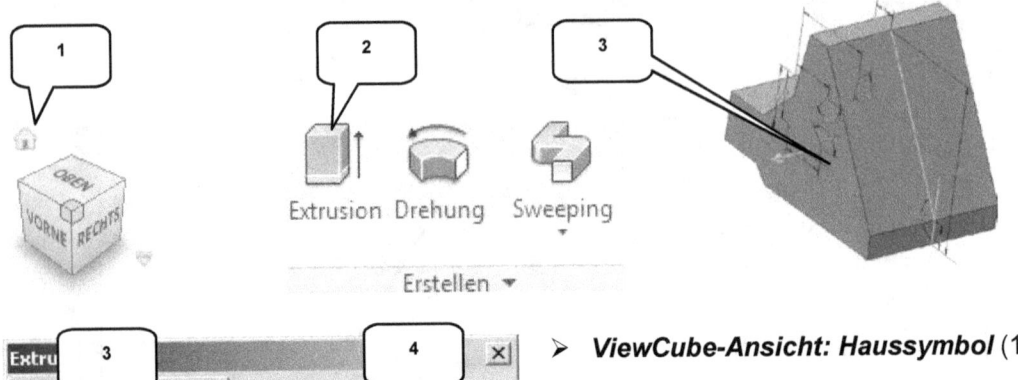

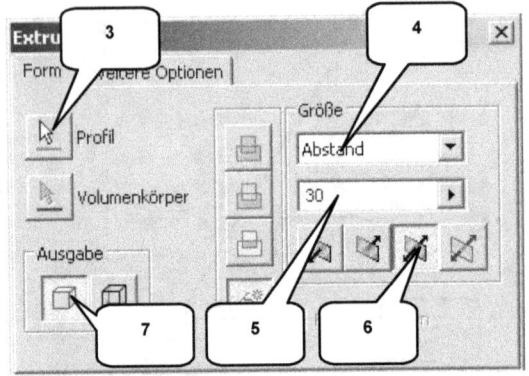

- ➢ **ViewCube-Ansicht: Haussymbol** (1)

- ➢ **Extrusion** (2)
- ➢ Profil: Kontur (3)
- ➢ Größe: Abstand (4)
- ➢ Wert: [30] mm (5)
- ➢ Richtung: Symmetrisch (6)
- ➢ Ausgabe: Volumenkörper (7)
- ➢ **OK**

7.6 2D-Skizze auf XZ-Ebene erzeugen

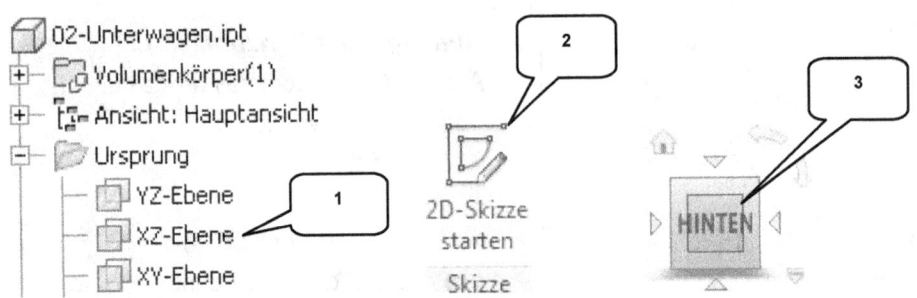

- ➢ Ordner **Ursprung** im Modellbaum erweitern
- ➢ „XZ-Ebene" im Modellbaum markieren (linke Maustaste) (1)

- ➢ **2D-Skizze starten** (2)
- ➢ **ViewCube-Ansicht: HINTEN** (3)

7.7 Achsen projizieren und als Konstruktionsobjekte definieren

- **Geometrie projizieren** (1)
- X-, Y-, Z-Achse wählen (2)
- **Taste: ESC**
- Mit gedrückter linker Maustaste ein Fenster über die projizierten Achsen ziehen

- **Konstruktion** (3)
- **Taste: ESC**
- **Taste: F7** (Skizze freischneiden)

7.8 Zeichnen der Schnittmengengeometrie

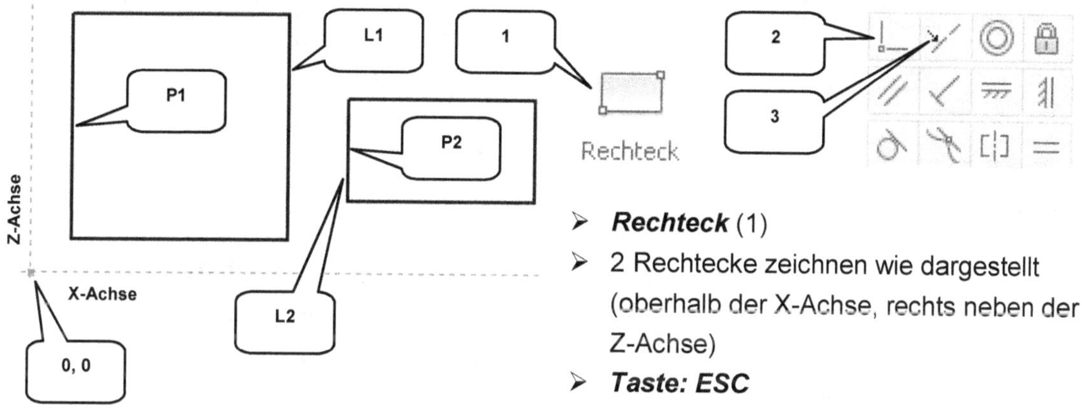

- **Rechteck** (1)
- 2 Rechtecke zeichnen wie dargestellt (oberhalb der X-Achse, rechts neben der Z-Achse)
- **Taste: ESC**

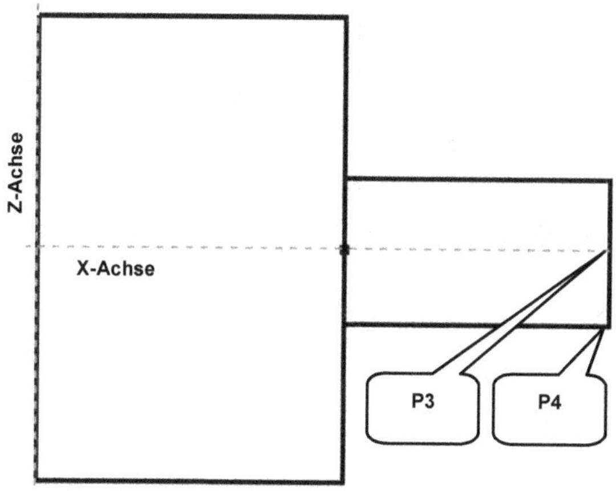

- **Abhängigkeit Koinzident** (2)
- Linienmittelpunkt (P1) wählen
- Koordinatenursprung (0, 0) wählen
- Linienmittelpunkt (P2) wählen
- Projizierte X-Achse wählen
- **Taste: ESC**

- **Abhängigkeit Kollinear** (3)
- Linie (L1) wählen
- Linie (L2) wählen
- **Taste: ESC**

Bauteil: Hubgestell

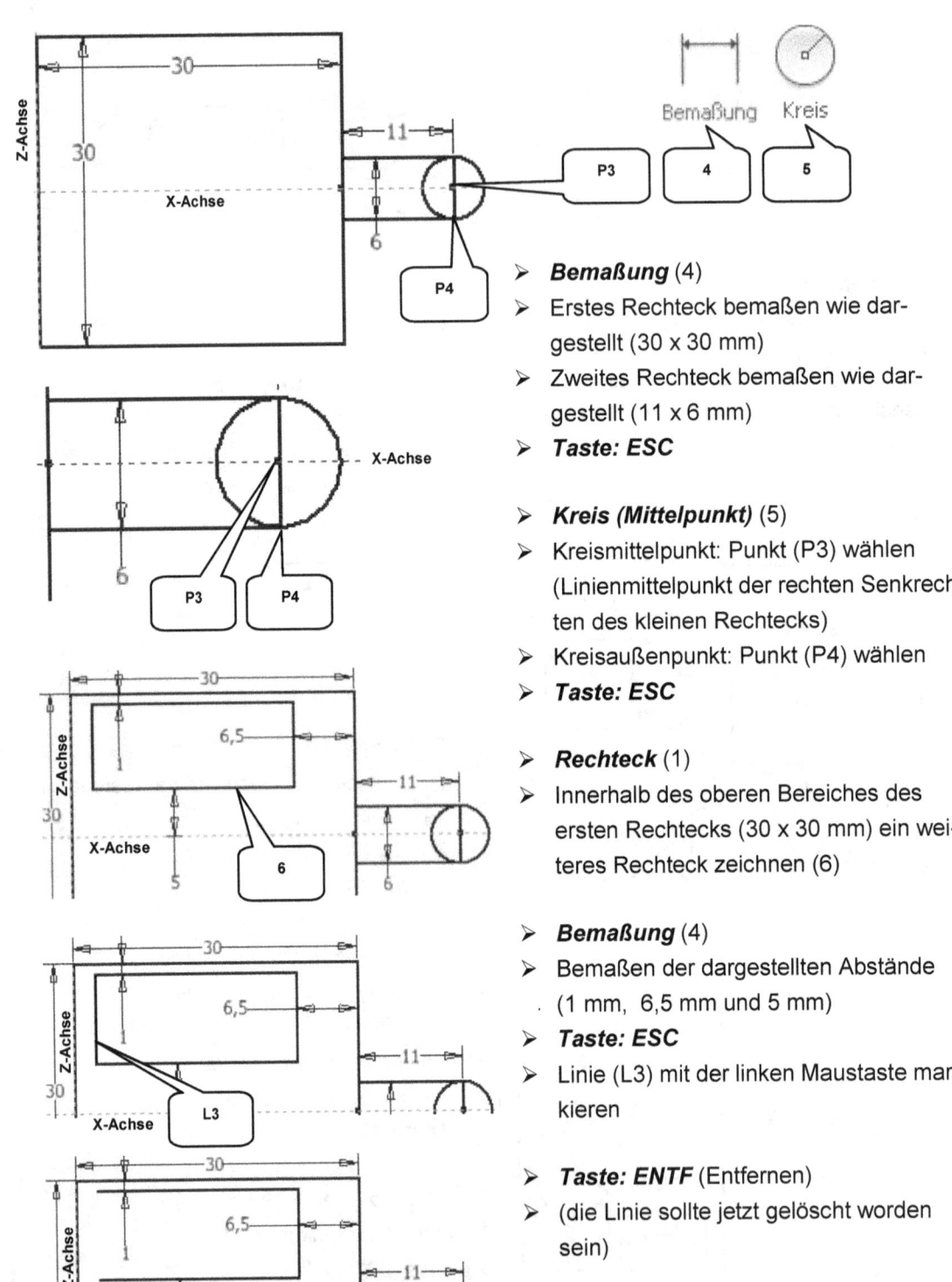

- ➤ **Bemaßung** (4)
- ➤ Erstes Rechteck bemaßen wie dargestellt (30 x 30 mm)
- ➤ Zweites Rechteck bemaßen wie dargestellt (11 x 6 mm)
- ➤ **Taste: ESC**

- ➤ **Kreis (Mittelpunkt)** (5)
- ➤ Kreismittelpunkt: Punkt (P3) wählen (Linienmittelpunkt der rechten Senkrechten des kleinen Rechtecks)
- ➤ Kreisaußenpunkt: Punkt (P4) wählen
- ➤ **Taste: ESC**

- ➤ **Rechteck** (1)
- ➤ Innerhalb des oberen Bereiches des ersten Rechtecks (30 x 30 mm) ein weiteres Rechteck zeichnen (6)

- ➤ **Bemaßung** (4)
- ➤ Bemaßen der dargestellten Abstände (1 mm, 6,5 mm und 5 mm)
- ➤ **Taste: ESC**
- ➤ Linie (L3) mit der linken Maustaste markieren

- ➤ **Taste: ENTF** (Entfernen)
- ➤ (die Linie sollte jetzt gelöscht worden sein)

Bauteil: Hubgestell

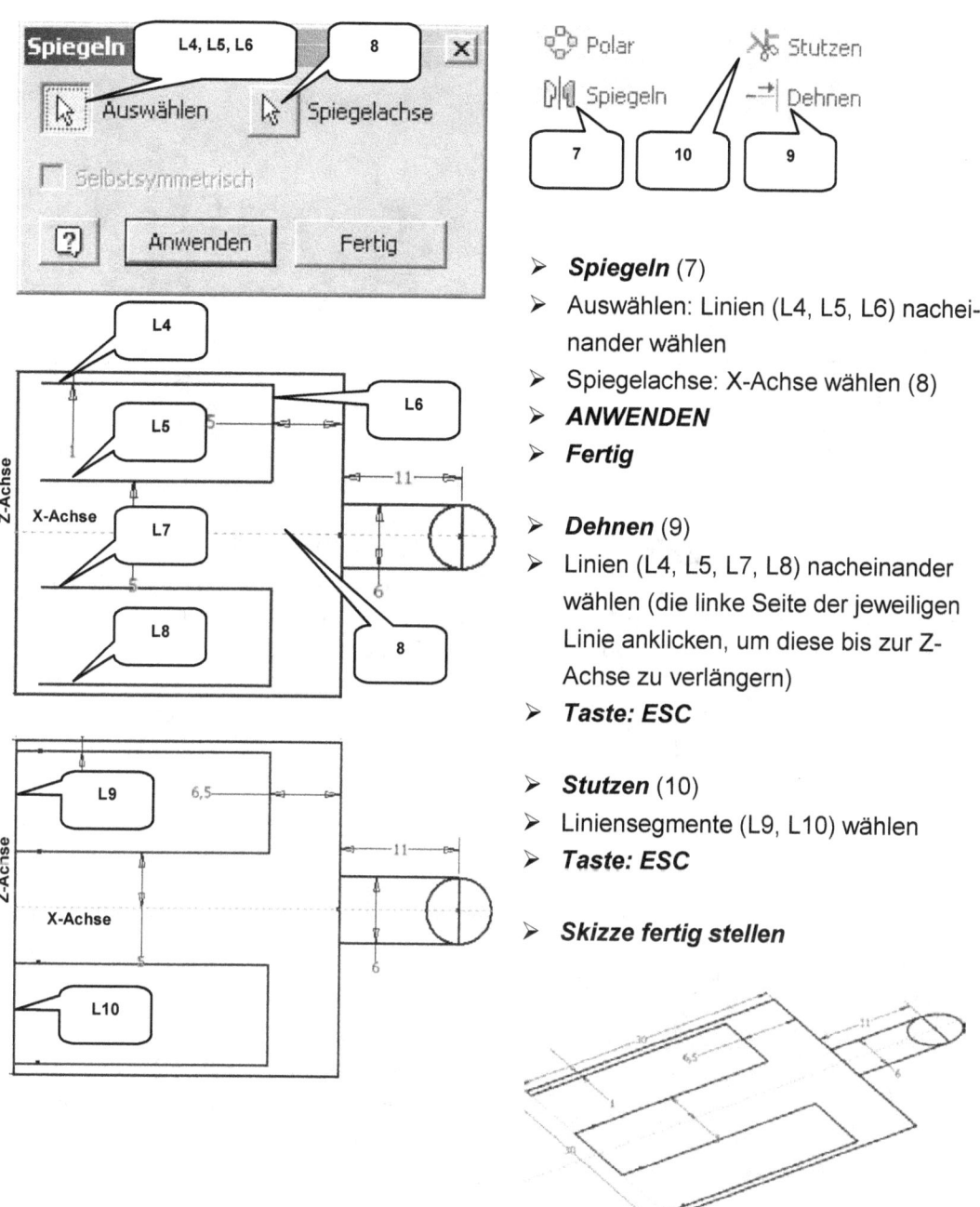

- **Spiegeln** (7)
- Auswählen: Linien (L4, L5, L6) nacheinander wählen
- Spiegelachse: X-Achse wählen (8)
- **ANWENDEN**
- **Fertig**

- **Dehnen** (9)
- Linien (L4, L5, L7, L8) nacheinander wählen (die linke Seite der jeweiligen Linie anklicken, um diese bis zur Z-Achse zu verlängern)
- **Taste: ESC**

- **Stutzen** (10)
- Liniensegmente (L9, L10) wählen
- **Taste: ESC**

- **Skizze fertig stellen**

*Der Befehl **Dehnen** verlängert eine Linie in eine Richtung bis zur nächsten Linie. Hierbei kommt es darauf an, die Linie an der richtigen Seite anzuwählen. Das Programm zeigt vor dem Verlängern eine Vorschau.*

7.9 Extrudieren der Schnittmengenkontur

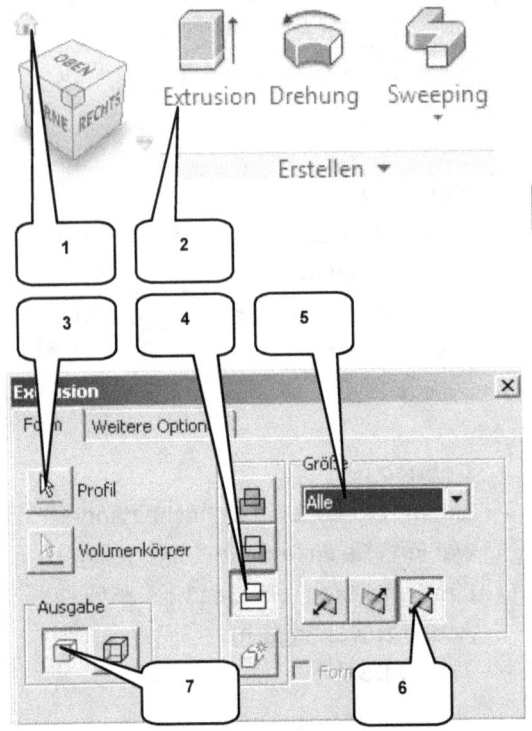
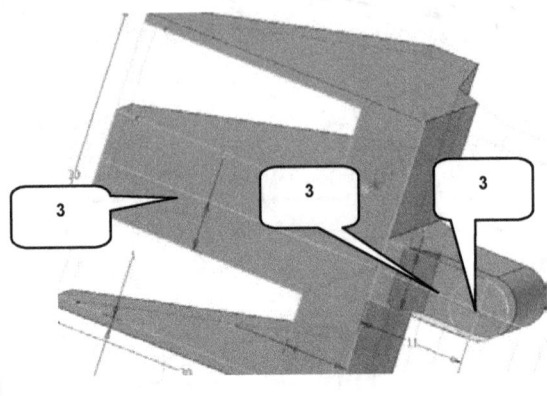

- **ViewCube-Ansicht: Haussymbol** (1)
- **Extrusion** (2)
- Profil: Kontur, Kreis und Rechteck (3)
- Verfahren: Schnittmenge (4)
- Größe: Alle (5)
- Richtung: Symmetrisch (6)
- Ausgabe: Volumenkörper (7)
- **OK**

7.10 Befestigungsbohrungen für die Zylinderbolzen einfügen

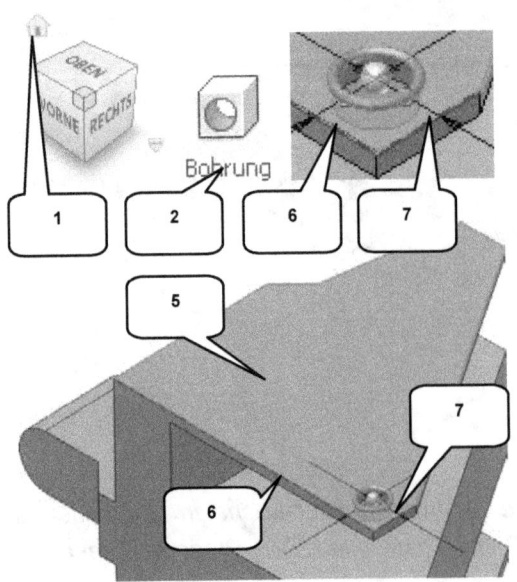

- **ViewCube-Ansicht: Haussymbol** (1)
- **Bohrung** (2)
- Platzierungstyp: Linear (3)
- Typ: Bohren (4)
- Ebene: Markierte Fläche (5)
- Referenz 1: Kante (6) (Abstand [3] mm)
- Referenz 2: Kante (7) (Abstand [3] mm)
- Bohrungstyp: Einfache Bohrung (8)
- Bohrungsdurchmesser: [3] mm (9)
- (Wert **nicht** durch **ENTER** bestätigen!)
- Ausführungstyp: Durch alle (10)
- **ANWENDEN**

Bauteil: Hubgestell

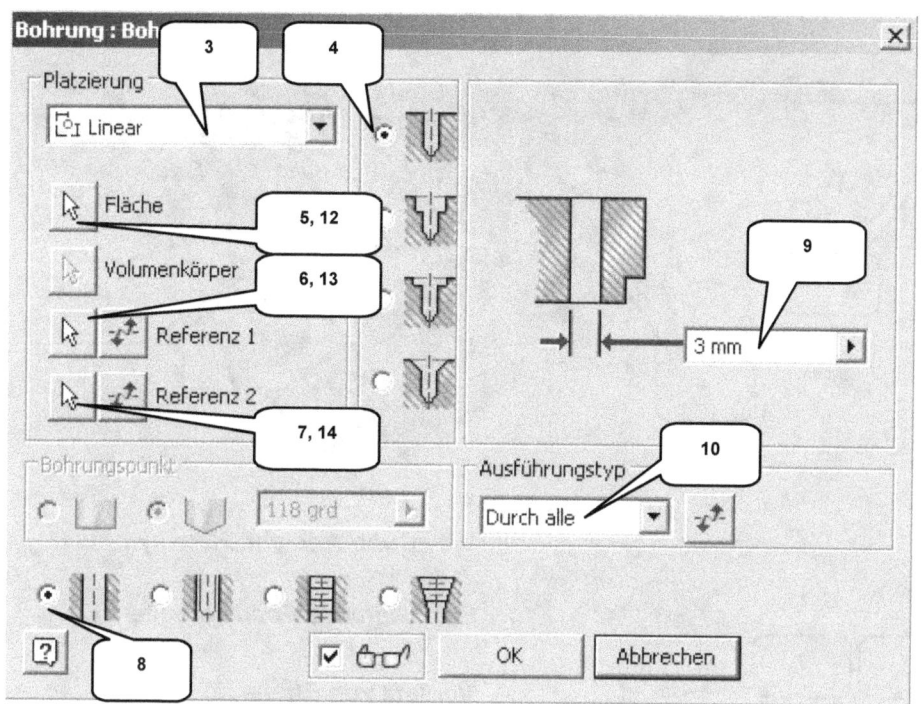

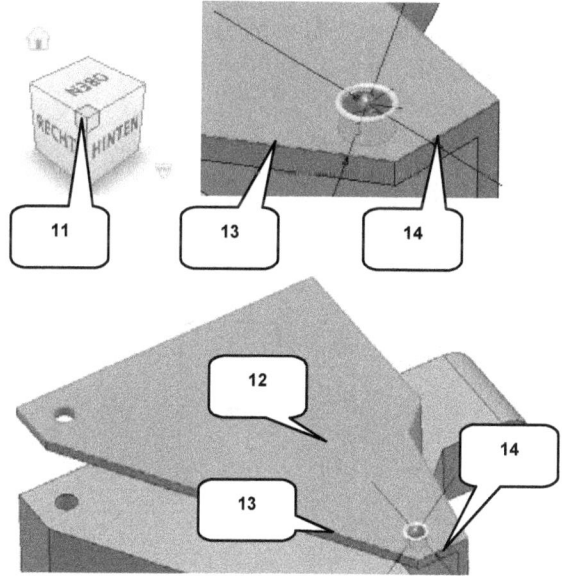

- **ViewCube-Ansicht:** *Ecke* zwischen den Flächen **OBEN, RECHTS, HINTEN** (11)
- **Bohrung** (2)
- Platzierungstyp: Linear (3)
- Typ: Bohren (4)
- Ebene: Markierte Fläche (12)
- Referenz 1: Kante (13) (Abstand [3] mm)
- Referenz 2: Kante (14) (Abstand [3] mm)
- Bohrungstyp: Einfache Bohrung (8)
- Bohrungsdurchmesser: [3] mm (9)
- (Wert **nicht** durch **ENTER** bestätigen!)
- Ausführungstyp: Durch alle (10)
- **OK**

7.11 Erzeugen einer versetzten Ebene

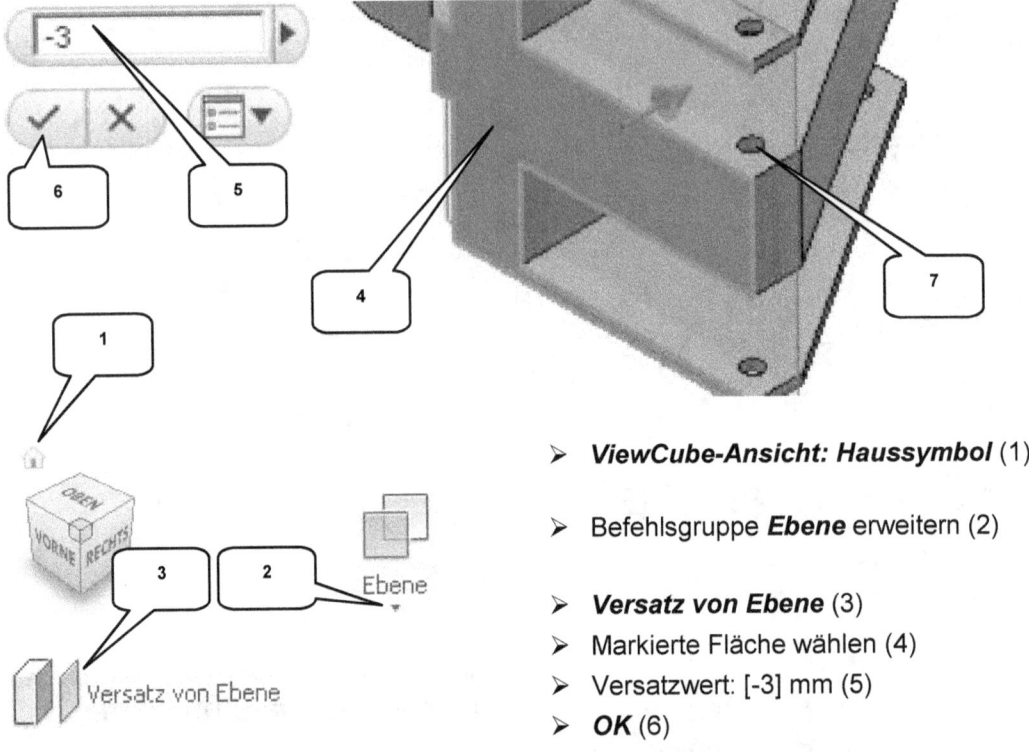

- **ViewCube-Ansicht: Haussymbol** (1)
- Befehlsgruppe **Ebene** erweitern (2)
- **Versatz von Ebene** (3)
- Markierte Fläche wählen (4)
- Versatzwert: [-3] mm (5)
- **OK** (6)

Die neue Ebene sollte in Richtung des Bauteils erzeugt worden sein und die im ersten Schritt erzeugte **Bohrung1** schneiden (7).

7.12 2D-Skizze auf neuer Ebene erstellen

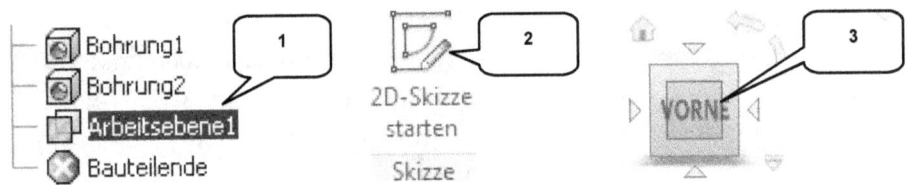

- „Arbeitsebene1" im Modellbaum markieren (linke Maustaste) (1)

- **2D-Skizze starten** (2)
- **ViewCube-Ansicht: VORNE** (3)

- **Taste: F7** (Skizze freischneiden)

Bauteil: Hubgestell

7.13 Kanten projizieren, Basiskontur des Schutzblechs zeichnen

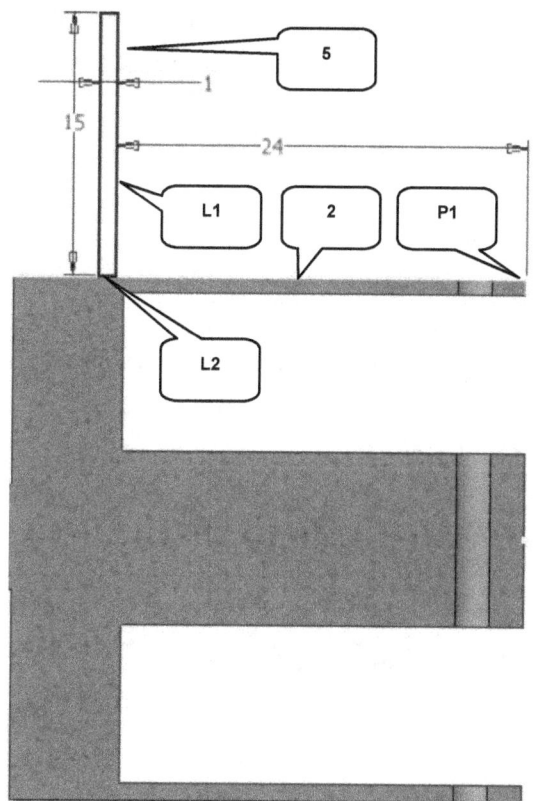

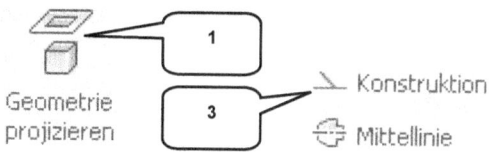

- ➤ **Geometrie projizieren** (1)
- ➤ Markierte Kante wählen (2)
- ➤ *Taste: ESC*
- ➤ Projizierte Kante markieren

- ➤ **Konstruktion** (3)
- ➤ *Taste: ESC*

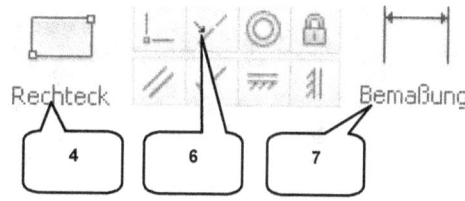

- ➤ **Rechteck** (4)
- ➤ Rechteck oberhalb der projizierten Kante zeichnen (5)
- ➤ *Taste: ESC*

- ➤ **Abhängigkeit Kollinear** (6)
- ➤ Projizierte Linie wählen (2)
- ➤ Untere waagerechte Linie des Rechtecks wählen (L2)
- ➤ *Taste: ESC*

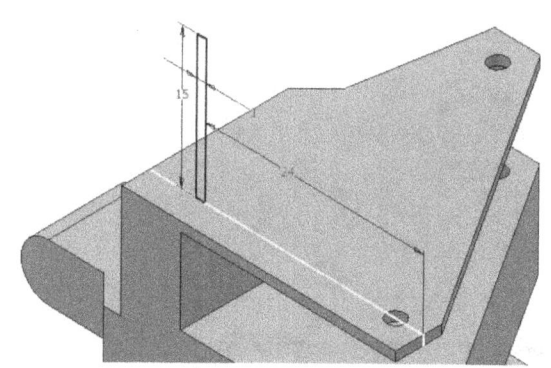

- ➤ **Bemaßung** (7)
- ➤ Rechteck bemaßen (1 x 15 mm)
- ➤ Abstand der Linie (L1) zum Endpunkt der projizierten Linie (P1) bemaßen (24 mm)
- ➤ *Taste: ESC*

- ➤ **Skizze fertig stellen**

7.14 Erzeugen einer Arbeitsachse

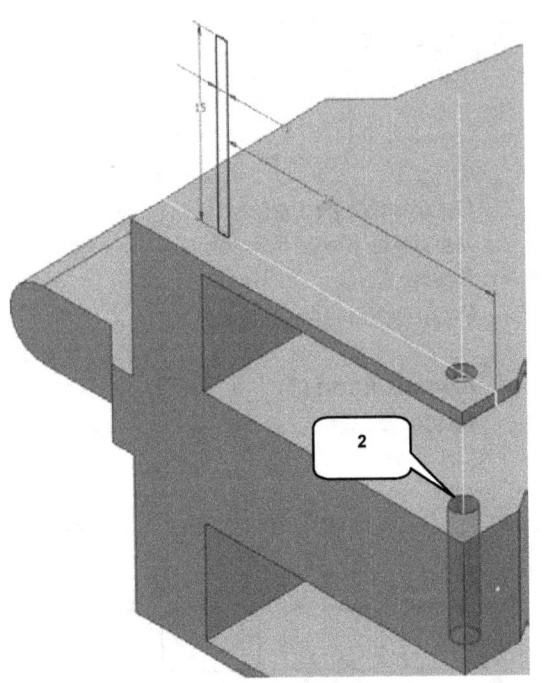

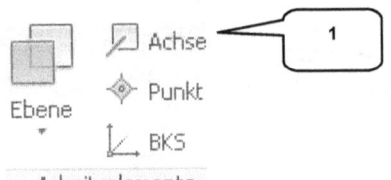

- **Arbeitsachse** (1)
- Zylindrische Fläche der „Bohrung1" wählen (2)
- (Hierfür sollte ausreichend nah herangezoomt werden)
- **Taste: ESC**

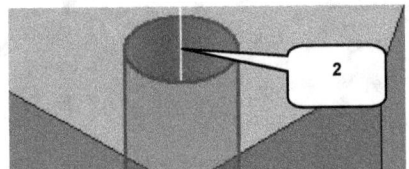

7.15 Drehen der Skizzenkontur um die neu erzeugte Arbeitsachse

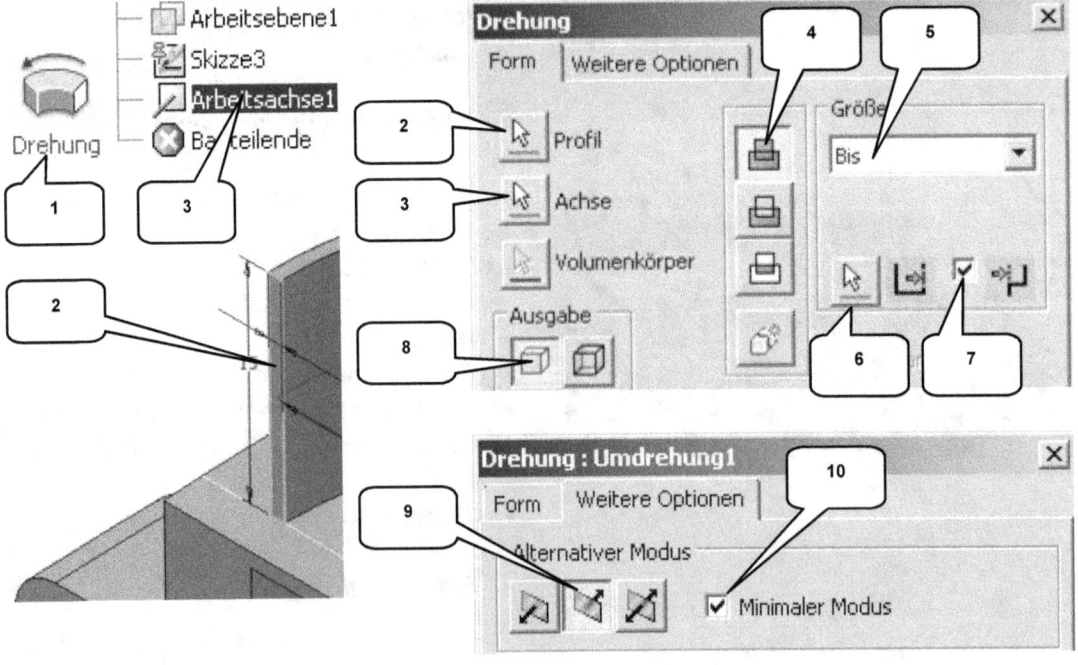

Bauteil: Hubgestell

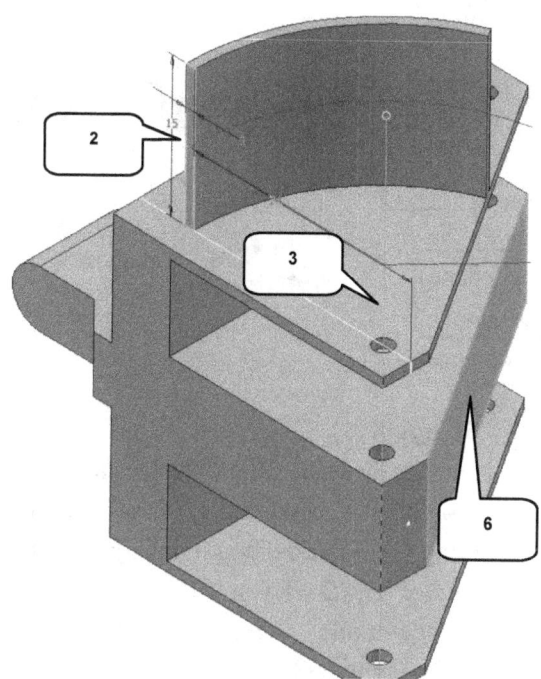

> **Drehung** (1)

> Reiter: Form
> Profil: Rechteck (2) wählen
> Achse: „Arbeitsachse1" im Modellbaum wählen (3)
> Verfahren: Vereinigung (4)
> Größe: Bis (5)
> Referenz: Markierte Fläche (6)
> Aktivieren: Drehelement endet ... (7)
> Ausgabe: Volumenkörper (8)

> Reiter: Weitere Optionen
> Richtung: Richtung 2 (9)
> Aktivieren: Minimaler Modus (10)

> **OK**

7.16 Runden des Schutzblechs

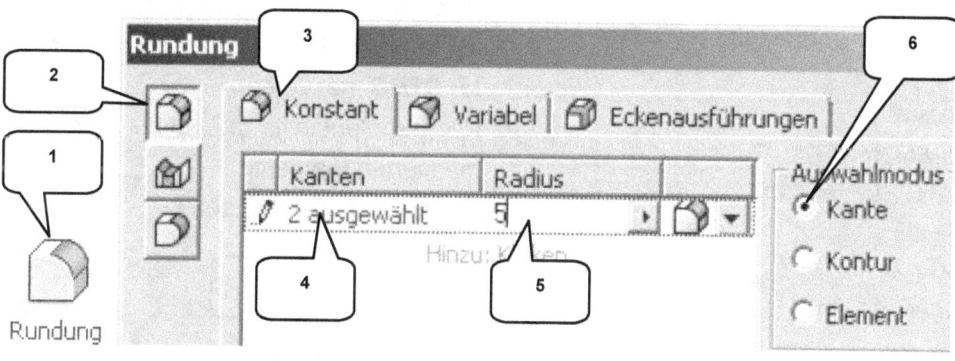

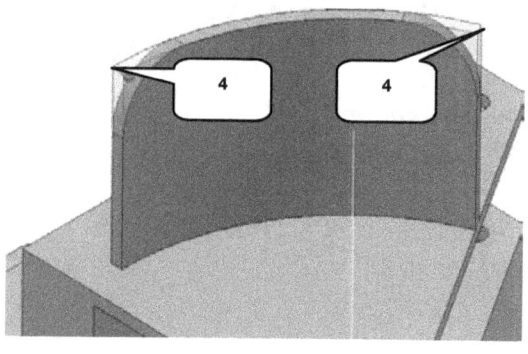

> **Rundung** (1)
> Option: Kantenabrundung (2)
> Reiter: Konstant (3)
> Kanten: 2 markierte Kanten wählen (4)
> Radius: [5] mm (5)
> Auswahlmodus: Kante (6)
> **OK**

7.17 Schutzblech spiegeln

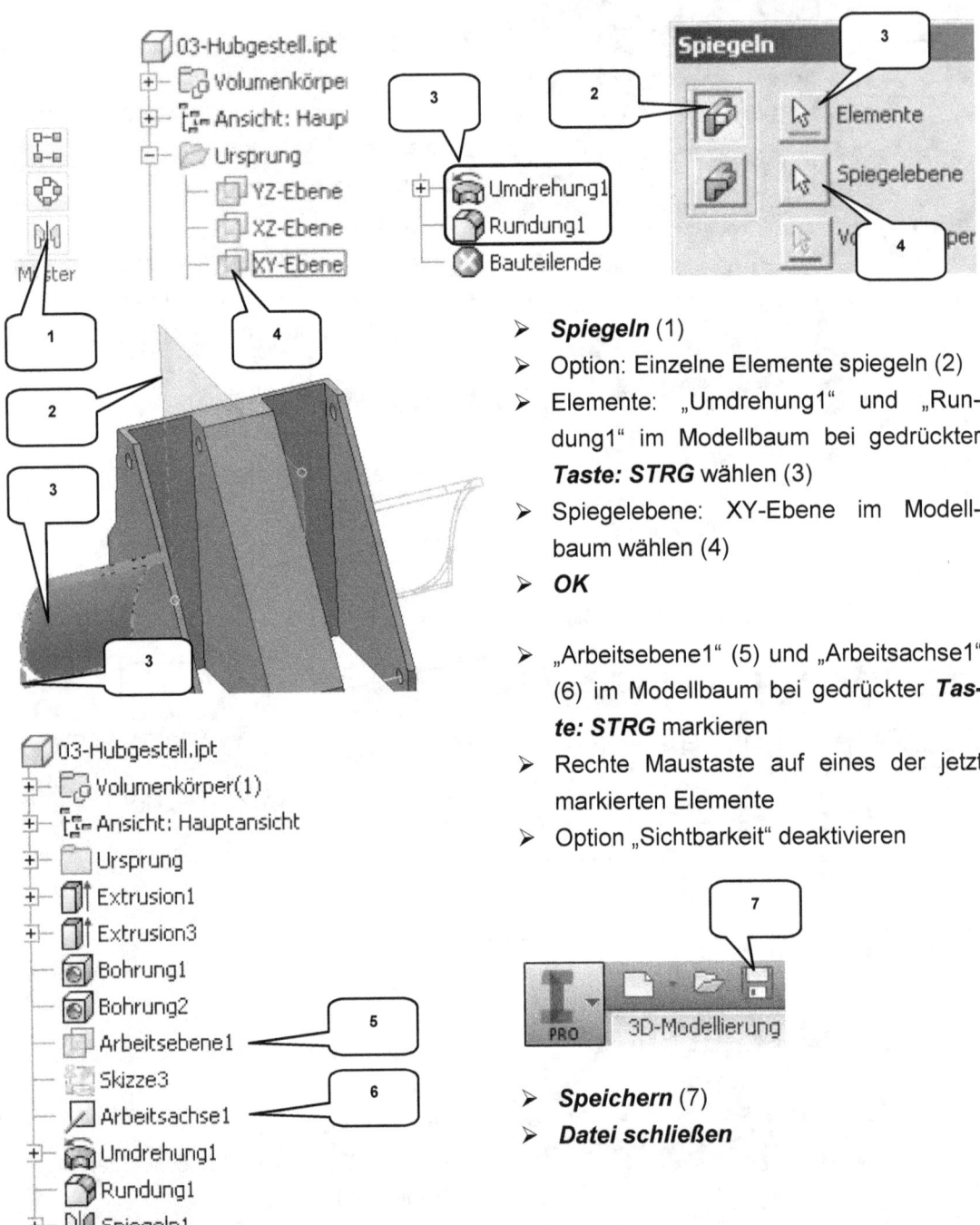

- ➢ **Spiegeln** (1)
- ➢ Option: Einzelne Elemente spiegeln (2)
- ➢ Elemente: „Umdrehung1" und „Rundung1" im Modellbaum bei gedrückter **Taste: STRG** wählen (3)
- ➢ Spiegelebene: XY-Ebene im Modellbaum wählen (4)
- ➢ **OK**

- ➢ „Arbeitsebene1" (5) und „Arbeitsachse1" (6) im Modellbaum bei gedrückter **Taste: STRG** markieren
- ➢ Rechte Maustaste auf eines der jetzt markierten Elemente
- ➢ Option „Sichtbarkeit" deaktivieren

- ➢ **Speichern** (7)
- ➢ **Datei schließen**

8 Bauteil: Ausleger

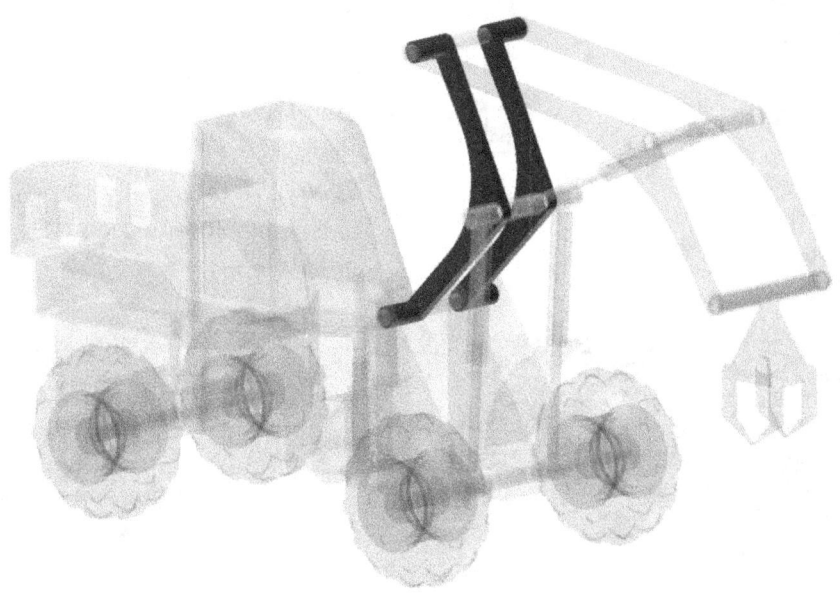

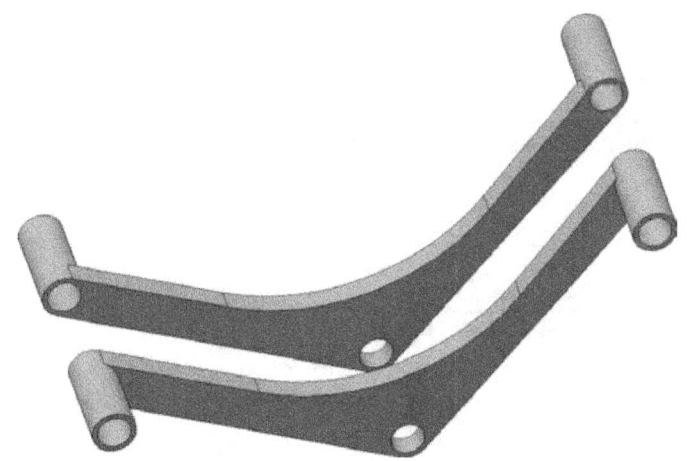

8.1 Bauteil „04-Ausleger" erstellen

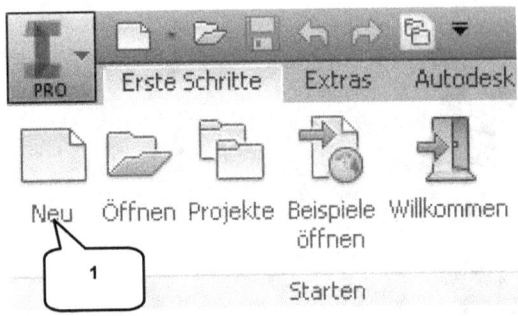

- **Neu** (1)
- Templates (2)
- Bauteil: Norm.ipt (3)
- **Erstellen** (4)

- **Speichern** (5)
- Dateiname: [04-Ausleger] (6)
- **Speichern** (7)

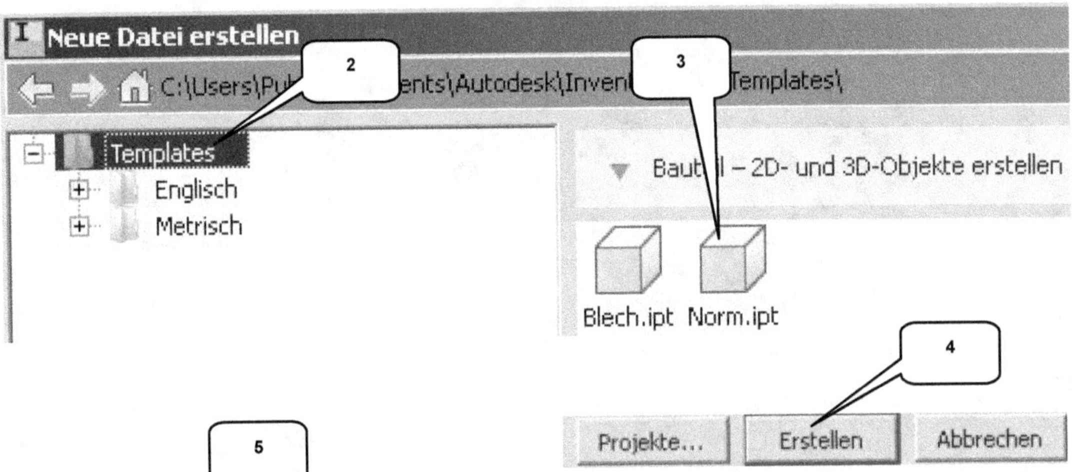

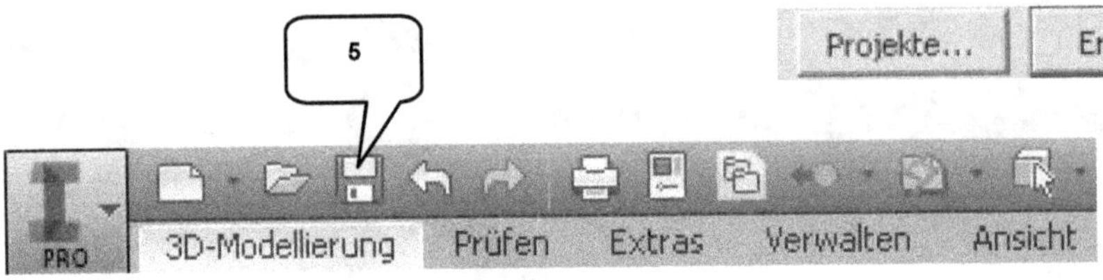

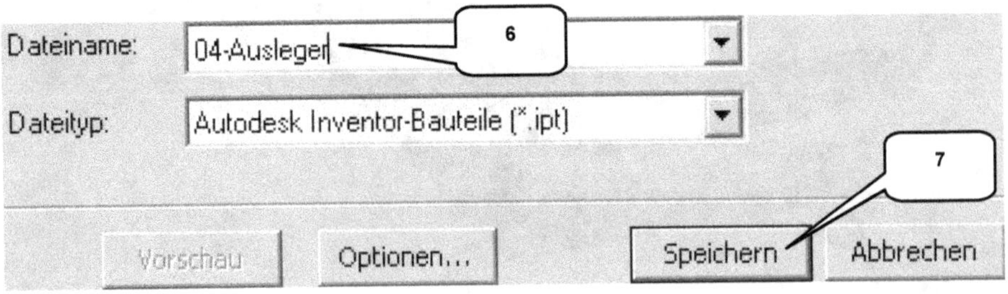

8.2 2D-Skizze auf XY-Ebene öffnen

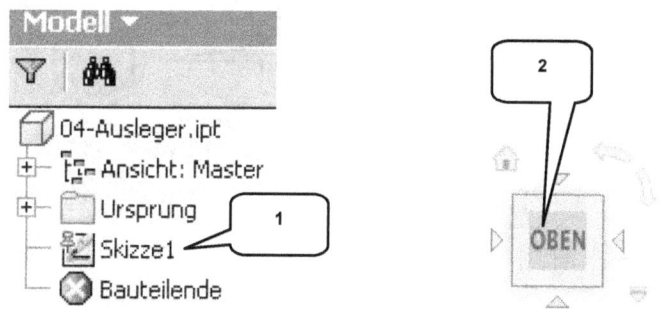

> „Skizze1" im Modellbaum doppelklicken (1)

> **ViewCube-Ansicht: OBEN** (2)

8.3 Achsen projizieren und als Konstruktionsobjekte definieren

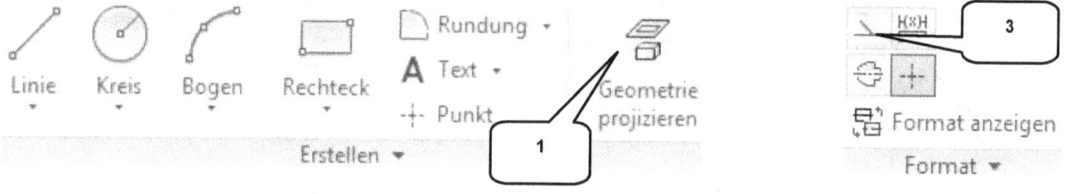

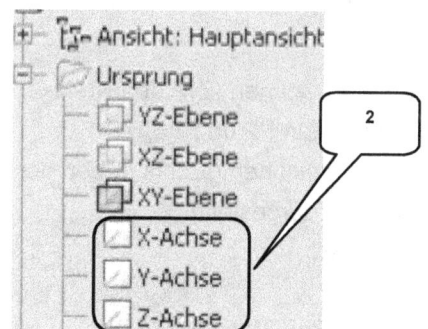

> **Geometrie projizieren** (1)
> Ordner **Ursprung** im Modellbaum aufklappen
> X-, Y-, Z-Achse nacheinander wählen (2)
> **Taste: ESC**
> Mit gedrückter linker Maustaste ein Fenster über die projizierten Achsen ziehen

> **Konstruktion** (3)
> **Taste: ESC**

Bauteil: Ausleger

8.4 Zeichnen der Basiskontur

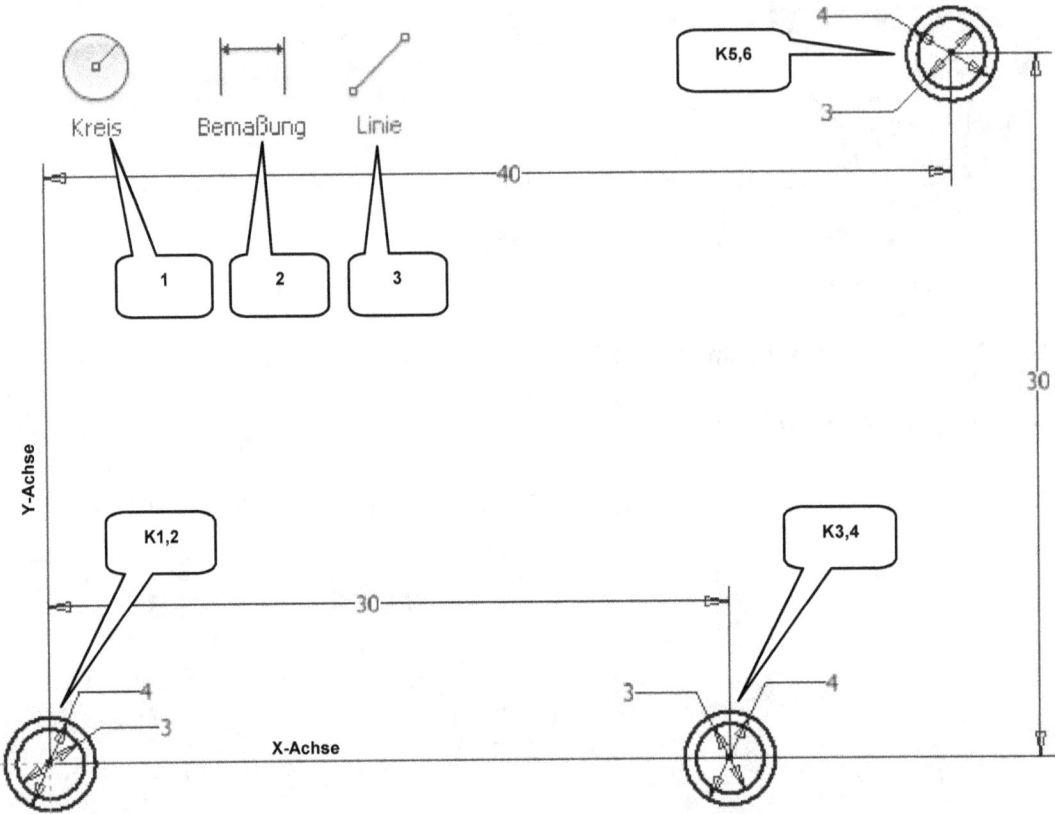

- **Kreis durch Mittelpunkt** (1)
- 6 Kreise zeichnen wie dargestellt (D1= [3] mm, D2= [4] mm) (K1...6)
- **Taste: ESC**

- **Bemaßung** (2)
- Bemaßen wie dargestellt
- **Taste: ESC**

- **Linie** (3)
- Linie (L1) zeichnen (Zw. den Kreisaußenpunkten P1 und P2)
- Linie (L2) zeichnen (Zw. den Kreisaußenpunkten P3 und P4)

- Linie (L3) zeichnen (Zw. den Kreisaußenpunkten P2 und P5)
- Linie (L4) zeichnen (rechts neben der Kontur wie dargestellt)
- **Taste: ESC**

- **Abhängigkeit Tangential** (4)
- Linie (L4) und Kreis (K4) nacheinander wählen (Kreis mit D= 4mm)
- Linie (L4) und Kreis (K6) nacheinander wählen (Kreis mit D= 4mm)
- **Taste: ESC**

Bauteil: Ausleger

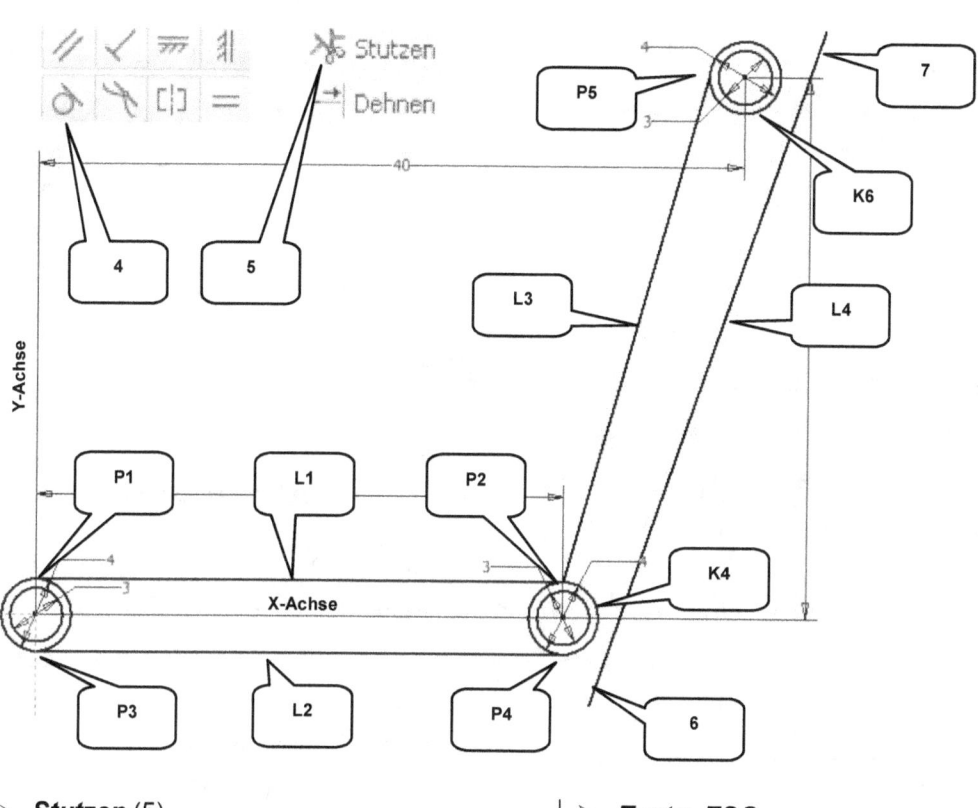

- **Stutzen** (5)
- Linienende (6) wählen
- Linienende (7) wählen

- **Taste: ESC**
- **Skizze fertig stellen**

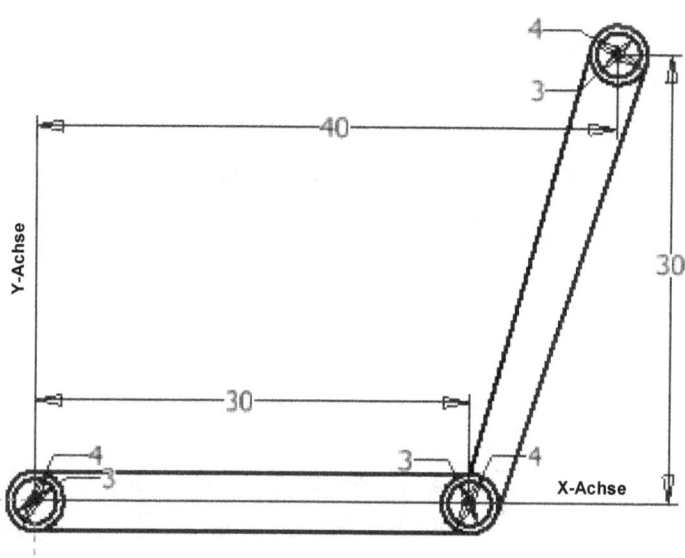

8.5 Extrudieren der beiden äußeren Kreisringe

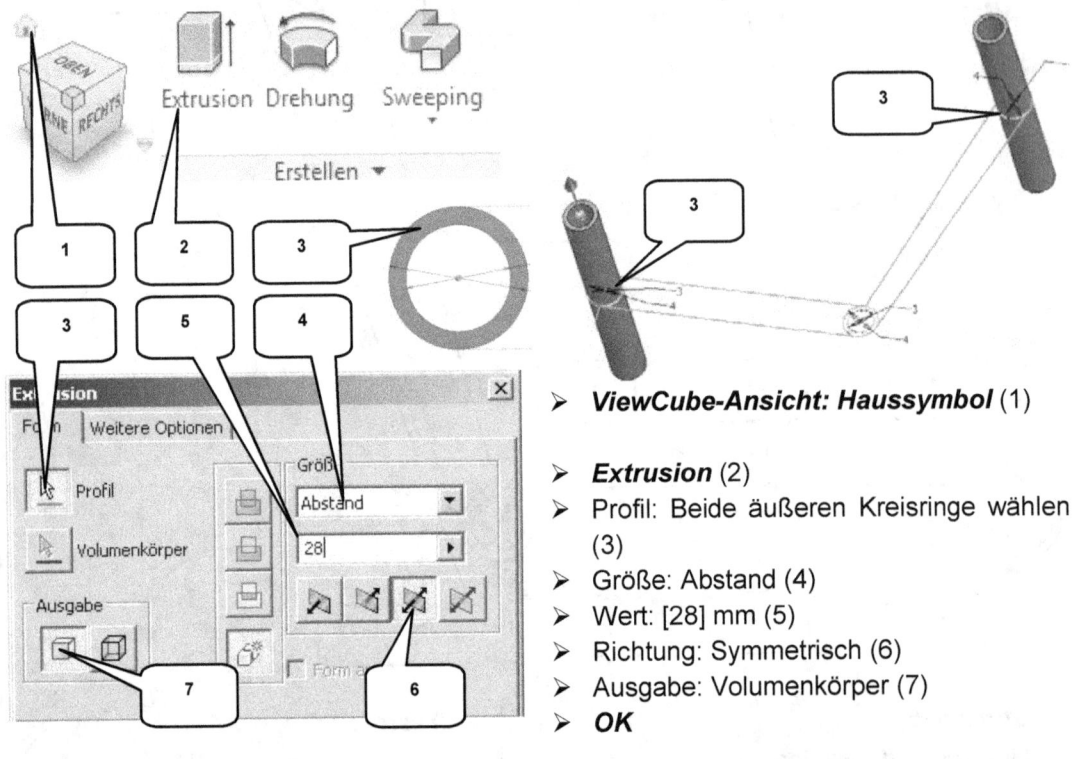

- ViewCube-Ansicht: *Haussymbol* (1)
- *Extrusion* (2)
- Profil: Beide äußeren Kreisringe wählen (3)
- Größe: Abstand (4)
- Wert: [28] mm (5)
- Richtung: Symmetrisch (6)
- Ausgabe: Volumenkörper (7)
- OK

Nur die beiden äußeren Kreisringe sollen extrudiert werden (Bereich zwischen den Kreisen D=3 mm und D=4 mm). Das Ergebnis sollten zwei Rohre der Länge 28 mm sein.

8.6 Skizze wieder verwenden

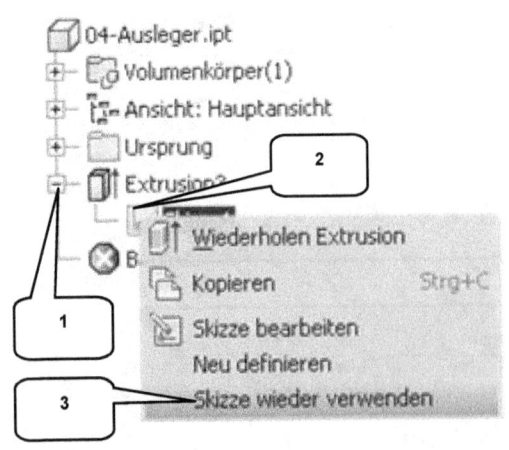

- Extrusion im Modellbaum erweitern (1)
- Rechte Maustaste auf die darin enthaltene Skizze (2)
- Option: Skizze wieder verwenden (3)

Bereits in einem 3D-Befehl verwendete Skizzen können mit diesem Befehl reaktiviert werden.

Bauteil: Ausleger

8.7 Extrudieren der Zwischenbereiche

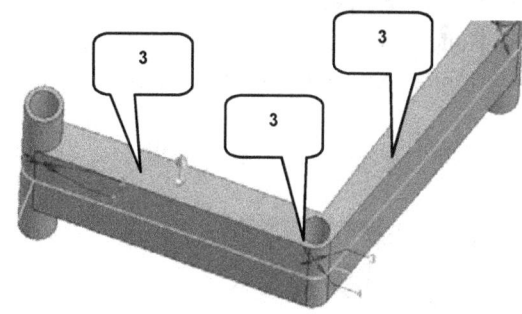

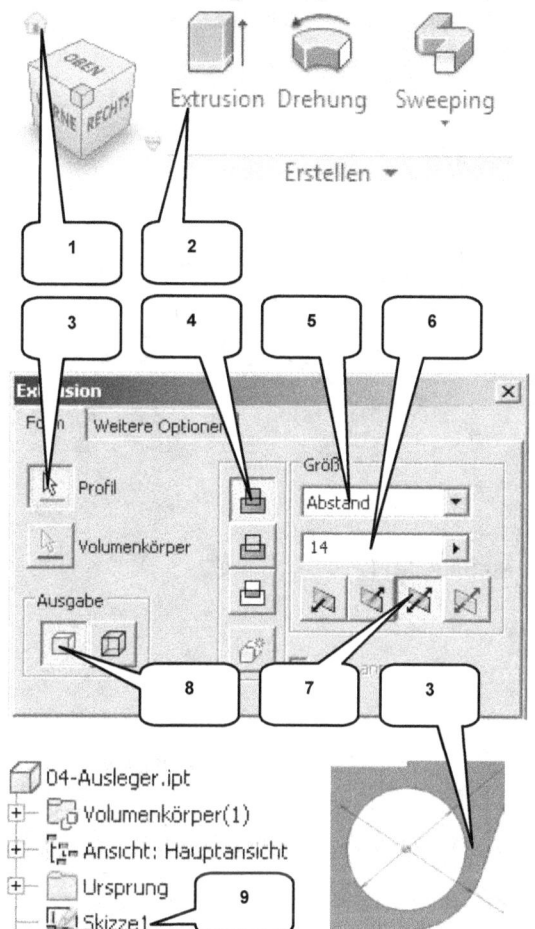

> **ViewCube-Ansicht: Haussymbol** (1)

> **Extrusion** (2)
> Profil: Mittlerer Kreisring und beide Zwischenbereiche (3)
> Verfahren: Vereinigung (4)
> Größe: Abstand (5)
> Wert: [14] mm (6)
> Richtung: Symmetrisch (7)
> Ausgabe: Volumenkörper (8)
> **OK**

> Rechte Maustaste auf die reaktivierte Skizze im Modellbaum (9)
> Option „Sichtbarkeit" deaktivieren

8.8 Runden der inneren Kante

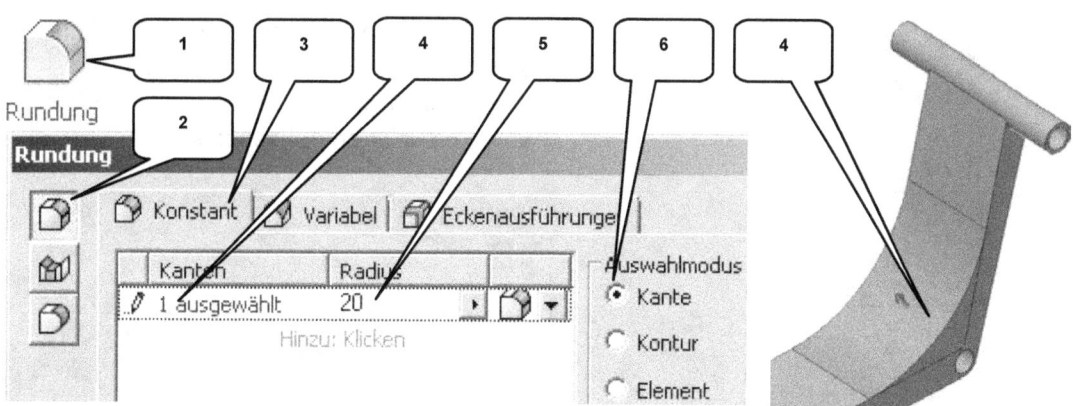

Bauteil: Ausleger

- **Rundung** (1)
- Option: Kantenabrundung (2)
- Reiter: Konstant (3)
- Kanten: Markierte Kante wählen (4)

- Radius: [20] mm (5)
- Auswahlmodus: Kante (6)
- **OK**

8.9 2D-Skizze auf der XZ-Ebene erzeugen

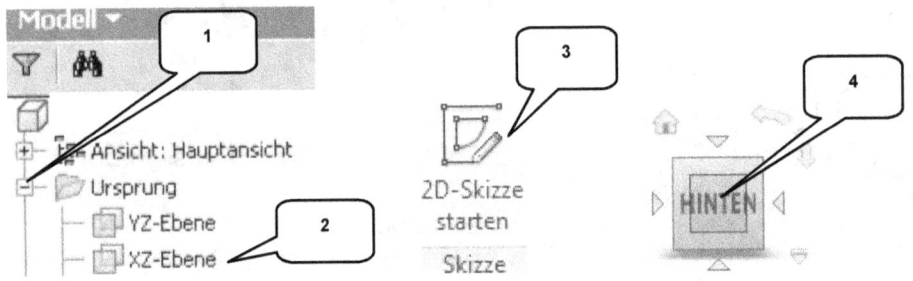

- Ordner **Ursprung** im Modellbaum erweitern (1)
- „XZ-Ebene" im Modellbaum markieren (linke Maustaste) (2)

- **2D-Skizze starten** (3)
- **ViewCube-Ansicht: HINTEN** (4)

8.10 Achsen projizieren und als Konstruktionsobjekte definieren

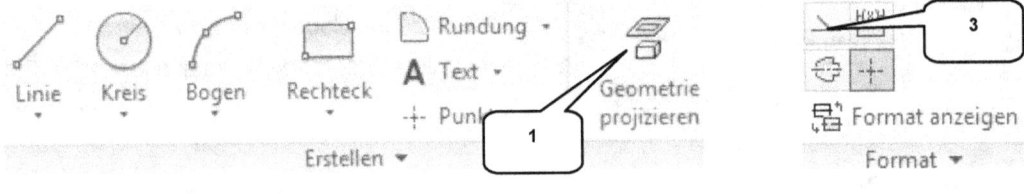

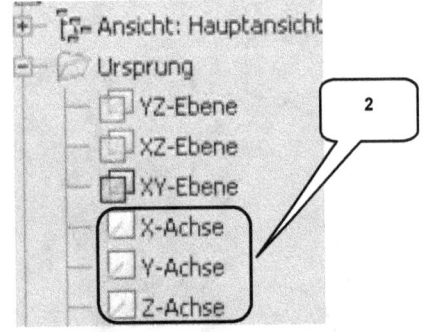

- **Geometrie projizieren** (1)
- X-, Y-, Z-Achse nacheinander wählen (2)
- **Taste: ESC**
- Mit gedrückter linker Maustaste ein Fenster über die projizierten Achsen ziehen

- **Konstruktion** (3)
- **Taste: ESC**

- **Taste: F7** (Skizze freischneiden)

8.11 Zeichnen der Subtraktionsgeometrie

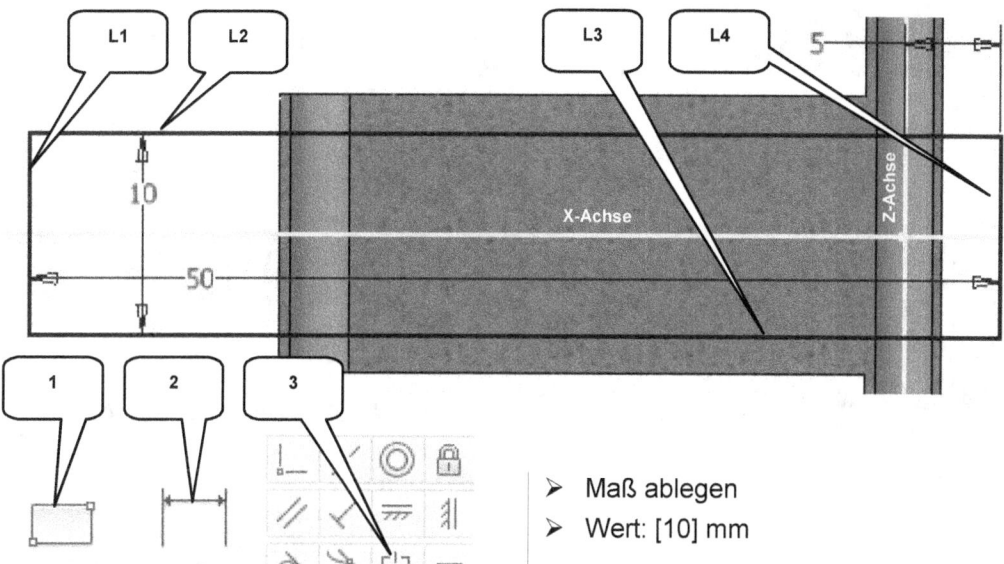

- **Rechteck** (1)
- Rechteck zeichnen wie dargestellt
- **Taste: ESC**

- **Bemaßung** (2)
- Linie (L1) wählen
- Linie (L4) wählen
- Maß ablegen
- Wert: [50] mm

- Linie (L2) wählen
- Linie (L3) wählen

- Maß ablegen
- Wert: [10] mm

- Linie (L4) wählen
- Z-Achse wählen
- Maß ablegen
- Wert: [5] mm
- **Taste: ESC**

- **Abhängigkeit Symmetrisch** (3)
- Linie (L2) wählen
- Linie (L3) wählen
- Projizierte X-Achse wählen
- **Taste: ESC**

- **Skizze fertig stellen**

*Beim Bemaßen des Abstandes zwischen Linie (L4) und der Z-Achse ist darauf zu achten, dass die Linie (L4) **rechts** neben der **Z-Achse** liegt.*

Bauteil: Ausleger

8.12 Extrudieren der Differenzkontur

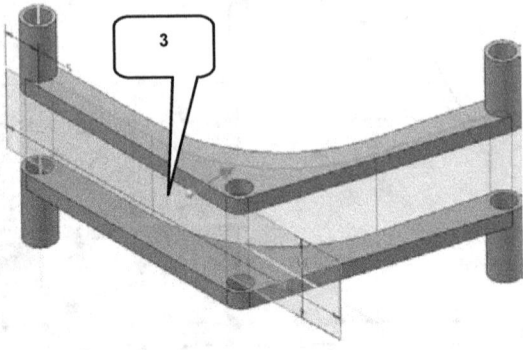

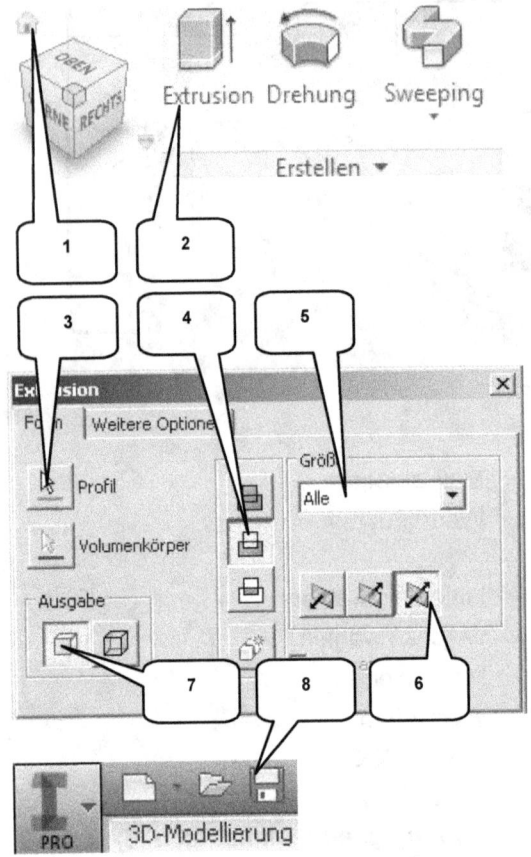

➢ **ViewCube-Ansicht: Haussymbol** (1)

➢ **Extrusion** (2)
➢ Profil: Rechteck (3)
➢ Verfahren: Differenz (4)
➢ Größe: Alle (5)
➢ Richtung: Symmetrisch (6)
➢ Ausgabe: Volumenkörper (7)
➢ **OK**

➢ **Speichern** (8)
➢ **Datei schließen**

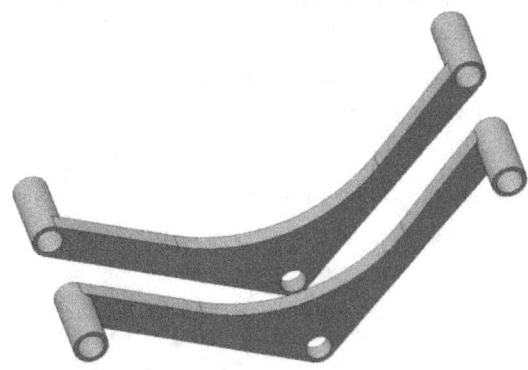

9 Bauteil: Greiferstiel

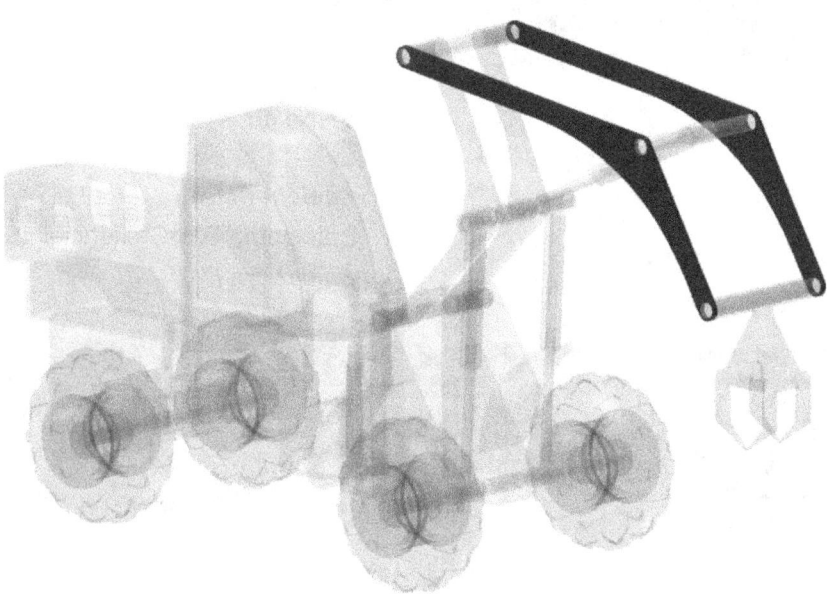

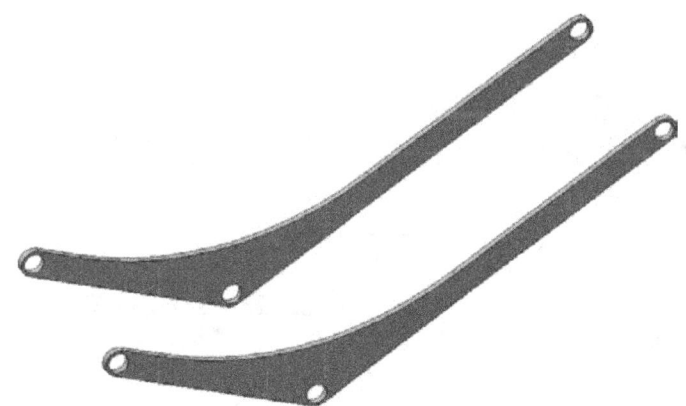

9.1 Bauteil „05-Greiferstiel" erstellen

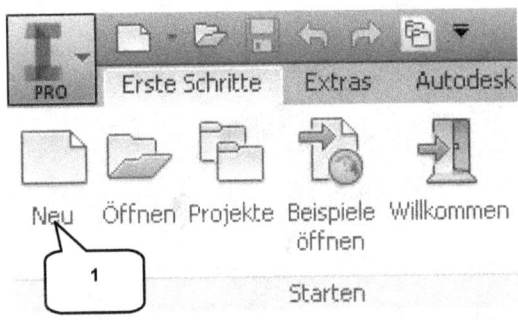

- **Neu** (1)
- Templates (2)
- Bauteil: Norm.ipt (3)
- **Erstellen** (4)

- **Speichern** (5)
- Dateiname: [05-Greiferstiel] (6)
- **Speichern** (7)

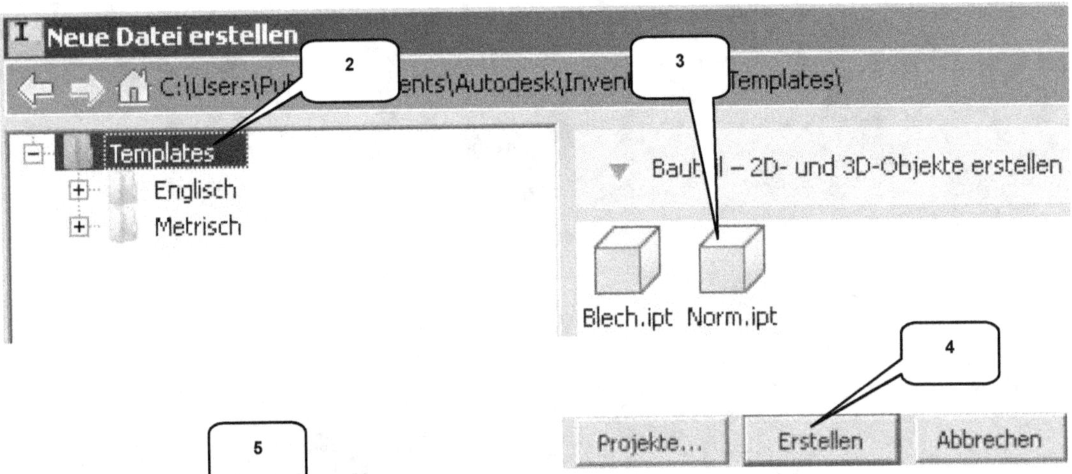

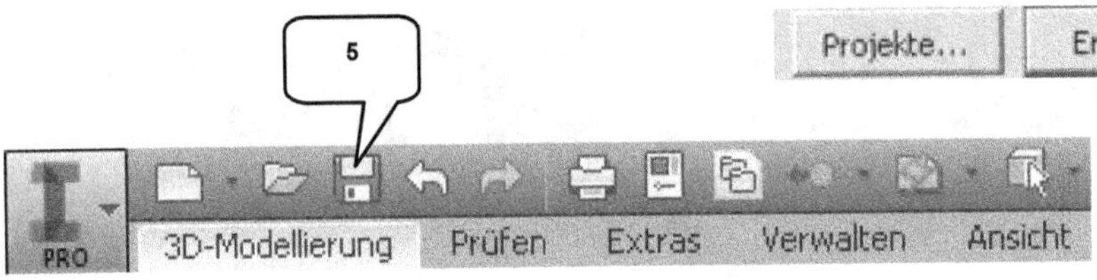

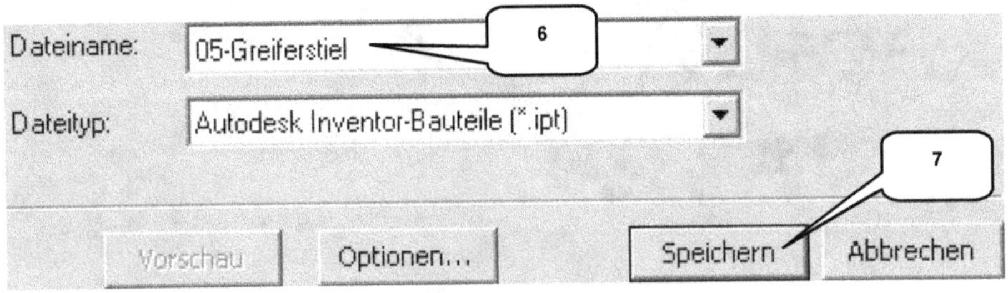

Bauteil: Greiferstiel

9.2 2D-Skizze auf XY-Ebene öffnen

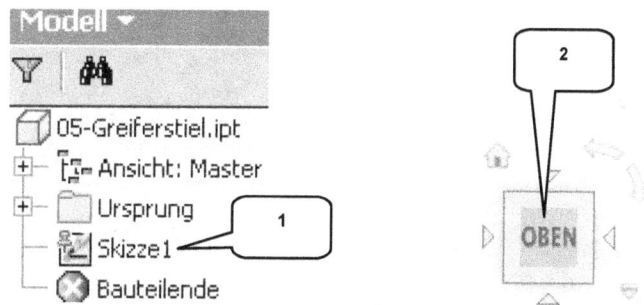

> „Skizze1" im Modellbaum doppelklicken (linke Maustaste) (1)

> **ViewCube-Ansicht: OBEN** (2)

9.3 Achsen projizieren und als Konstruktionsobjekte definieren

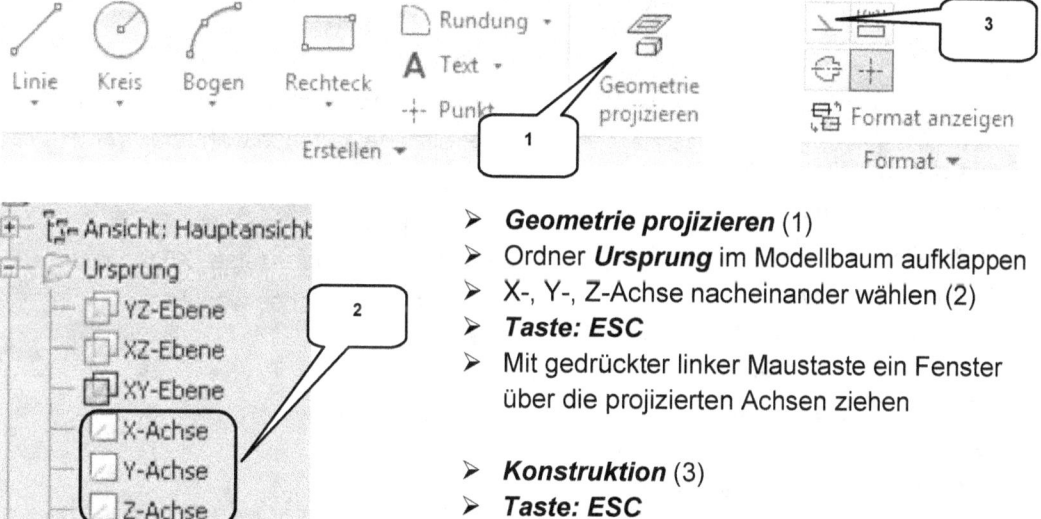

> **Geometrie projizieren** (1)
> Ordner **Ursprung** im Modellbaum aufklappen
> X-, Y-, Z-Achse nacheinander wählen (2)
> **Taste: ESC**
> Mit gedrückter linker Maustaste ein Fenster über die projizierten Achsen ziehen

> **Konstruktion** (3)
> **Taste: ESC**

Bauteil: Greiferstiel

9.4 Zeichnen der Basiskontur

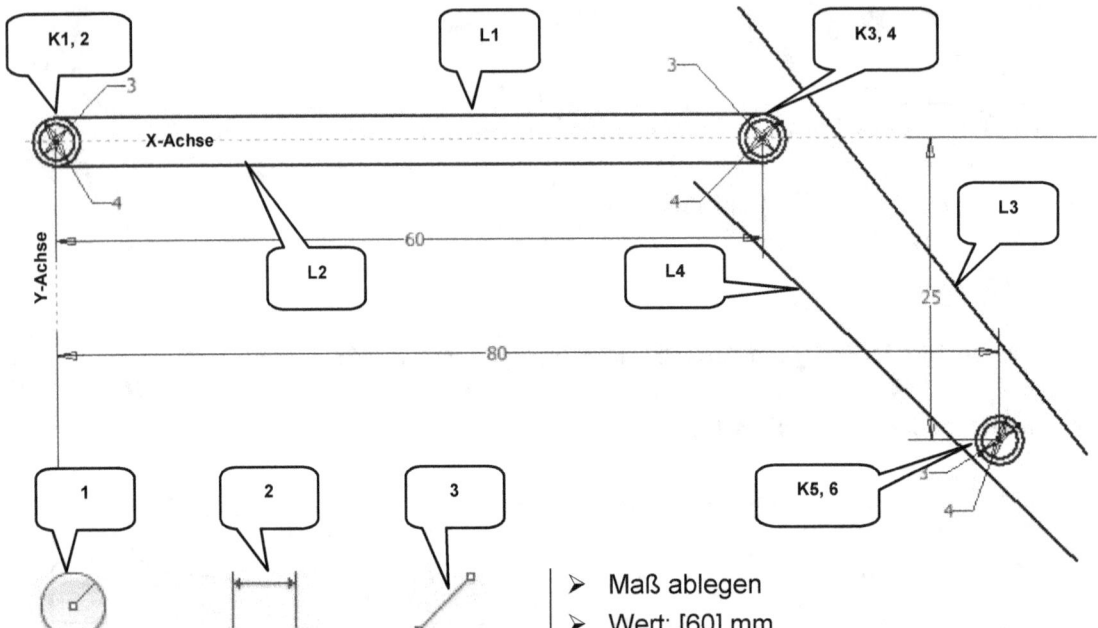

- ➤ **Kreis durch Mittelpunkt** (1)
- ➤ Zwei konzentrische Kreise im Koordinatenursprung zeichnen (D1= [3] mm, D2= [4] mm) (K1,2)
- ➤ Zwei konzentrische Kreise (D1= [3] mm, D2= [4] mm) auf der X-Achse und rechts neben der Y-Achse zeichnen (K3,4)
- ➤ Zwei konzentrische Kreise (D1= [3] mm, D2= [4] mm) unterhalb der X-Achse und rechts neben der Y-Achse zeichnen (K5,6)
- ➤ **Taste: ESC**

- ➤ **Bemaßung** (2)
- ➤ Mittelpunkte der Kreise (K3,4) wählen
- ➤ Projizierte Y-Achse wählen
- ➤ Maß ablegen
- ➤ Wert: [60] mm
- ➤ Mittelpunkte der Kreise (K5,6) wählen
- ➤ Projizierte Y-Achse wählen
- ➤ Maß ablegen
- ➤ Wert: [80] mm
- ➤ Mittelpunkte der Kreise (K5,6) wählen
- ➤ Projizierte X-Achse wählen
- ➤ Maß ablegen
- ➤ Wert: [25] mm
- ➤ **Taste: ESC**

- ➤ **Linie** (3)
- ➤ Linie (L1) zeichnen (Linie verbindet die oberen Kreispunkte von K1,2 und K3,4)
- ➤ Linie (L2) zeichnen (Linie verbindet die unteren Kreispunkte von K1,2 und K3,4)
- ➤ Eine freiliegende Linie (L3) zeichnen
- ➤ Eine freiliegende Linie (L4) zeichnen
- ➤ **Taste: ESC**

Bauteil: Greiferstiel

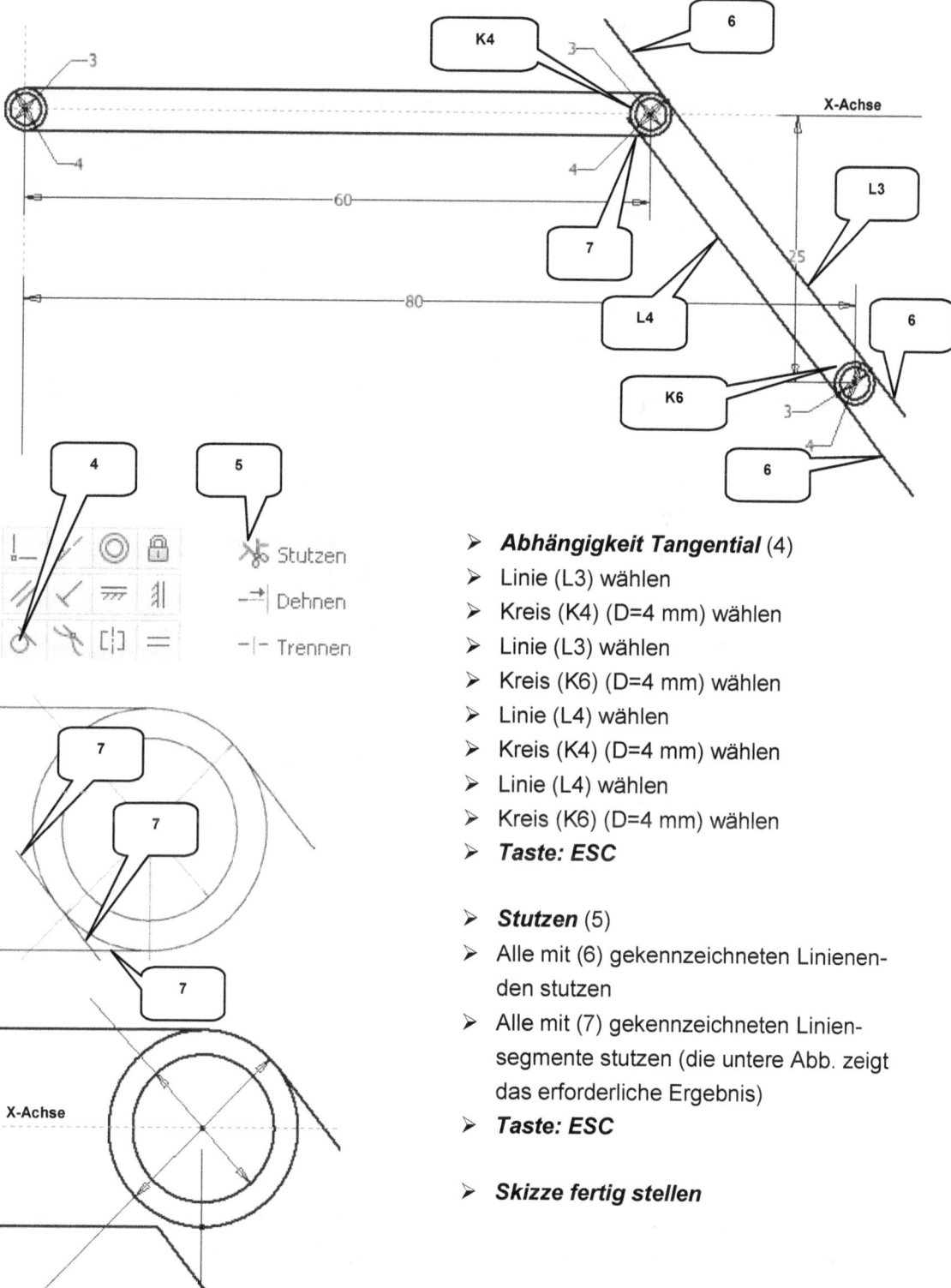

- **Abhängigkeit Tangential** (4)
- Linie (L3) wählen
- Kreis (K4) (D=4 mm) wählen
- Linie (L3) wählen
- Kreis (K6) (D=4 mm) wählen
- Linie (L4) wählen
- Kreis (K4) (D=4 mm) wählen
- Linie (L4) wählen
- Kreis (K6) (D=4 mm) wählen
- **Taste: ESC**

- **Stutzen** (5)
- Alle mit (6) gekennzeichneten Linienenden stutzen
- Alle mit (7) gekennzeichneten Liniensegmente stutzen (die untere Abb. zeigt das erforderliche Ergebnis)
- **Taste: ESC**

- **Skizze fertig stellen**

Bauteil: Greiferstiel

9.5 Extrudieren der Basiskontur

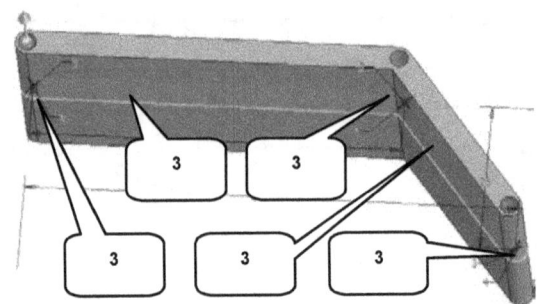

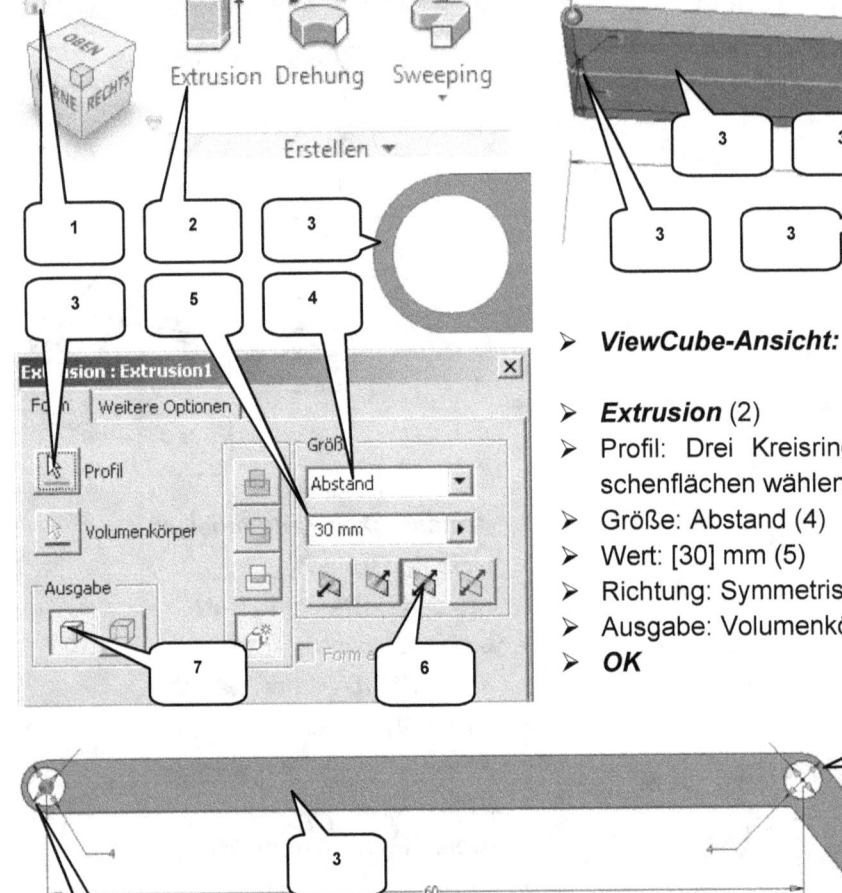

- **ViewCube-Ansicht: Haussymbol** (1)

- **Extrusion** (2)
- Profil: Drei Kreisringe und beide Zwischenflächen wählen (3)
- Größe: Abstand (4)
- Wert: [30] mm (5)
- Richtung: Symmetrisch (6)
- Ausgabe: Volumenkörper (7)
- **OK**

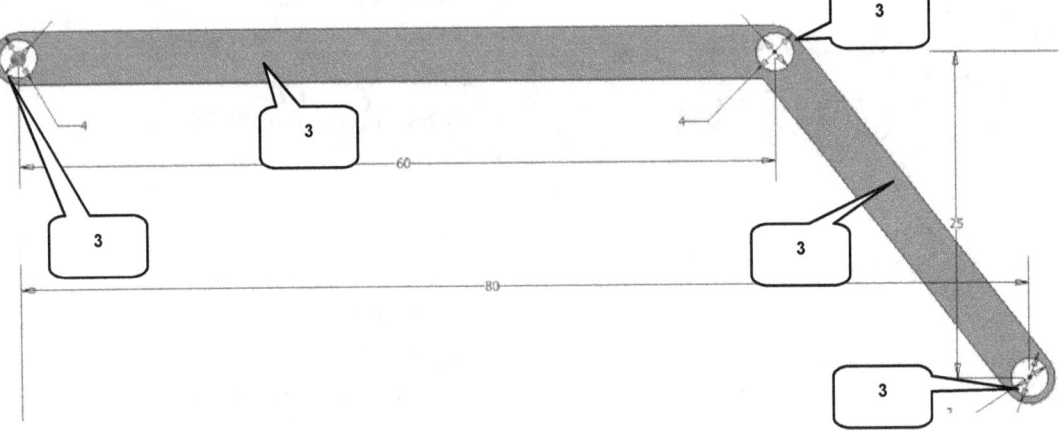

Neben den beiden großflächigen Konturen sind die 3 Kreisflächen (Bereiche zwischen den Durchmessern 3 und 4 mm) zu extrudieren. Die Bohrungen (D=3 mm) sollen nicht extrudiert werden.

Bauteil: Greiferstiel

9.6 Runden der inneren Kante

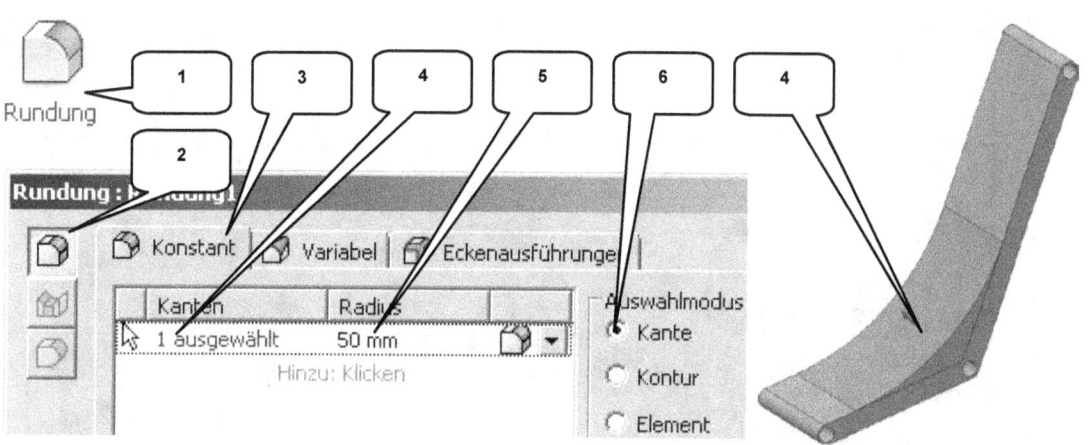

- **Rundung** (1)
- Option: Kantenabrundung (2)
- Reiter: Konstant (3)
- Kanten: Markierte Kante wählen (4)

- Radius: [50] mm (5)
- Auswahlmodus: Kante wählen (5)
- **OK**

9.7 2D-Skizze auf der XZ-Ebene erzeugen

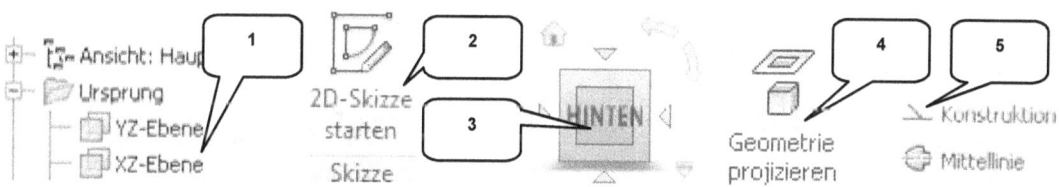

- „XZ-Ebene" im Modellbaum markieren (linke Maustaste) (1)

- **2D-Skizze starten** (2)
- **ViewCube-Ansicht: HINTEN** (3)

- **Taste: F7** (Skizze freischneiden)

- **Geometrie projizieren** (4)

- X-, Y-, Z-Achse nacheinander wählen
- **Taste: ESC**
- Mit gedrückter linker Maustaste ein Fenster über die projizierten Achsen ziehen

- **Konstruktion** (5)
- **Taste: ESC**

Bauteil: Greiferstiel

9.8 Zeichnen der Subtraktionsgeometrie

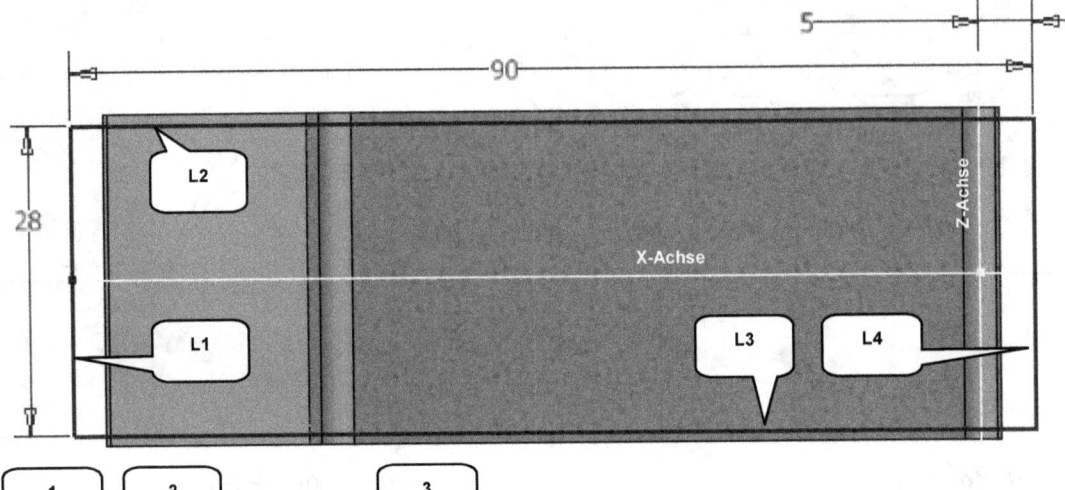

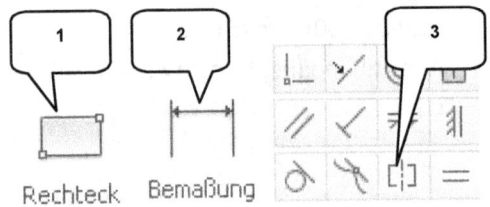

- **Rechteck** (1)
- Rechteck zeichnen wie dargestellt
- **Taste: ESC**

- **Bemaßung** (2)

- Linie (L1) wählen
- Linie (L4) wählen
- Maß ablegen
- Wert: [90] mm

- Linie (L2) wählen
- Linie (L3) wählen

- Maß ablegen
- Wert: [28] mm

- Linie (L4) wählen
- Projizierte Z-Achse wählen
- Maß ablegen
- Wert: [5] mm
- **Taste: ESC**

- **Abhängigkeit Symmetrisch** (3)
- Linie (L2) wählen
- Linie (L3) wählen
- Projizierte X-Achse wählen
- **Taste: ESC**

- **Skizze fertig stellen**

Auch bei diesem Rechteck muss die rechte Senkrechte 5 mm rechts neben der Z-Achse liegen. !

Bauteil: Greiferstiel

9.9 Extrudieren der Subtraktionsgeometrie

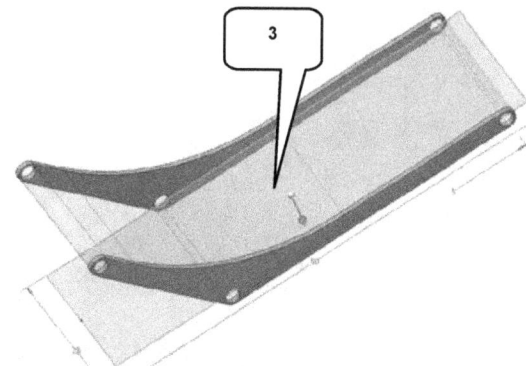

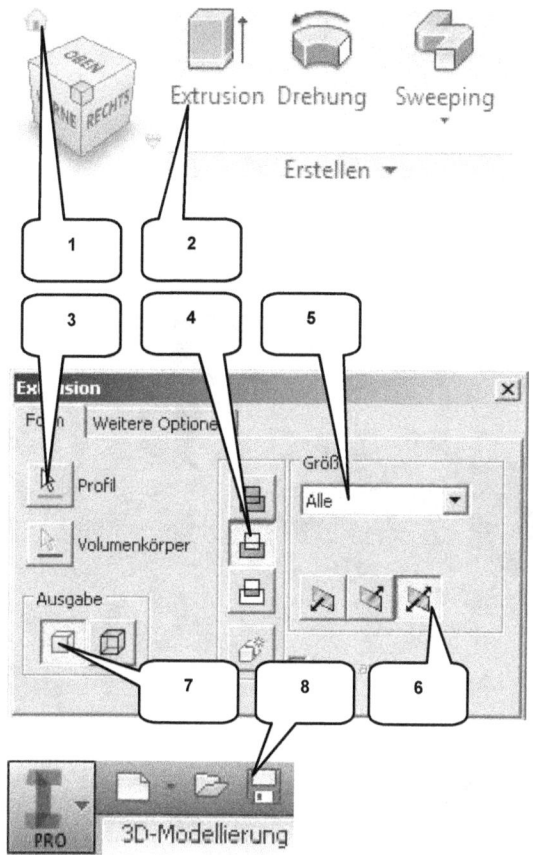

- ➢ **ViewCube-Ansicht: Haussymbol** (1)

- ➢ **Extrusion** (2)
- ➢ Profil: Rechteck (3)
- ➢ Verfahren: Differenz (4)
- ➢ Größe: Alle (5)
- ➢ Richtung: Symmetrisch (6)
- ➢ Ausgabe: Volumenkörper (7)
- ➢ **OK**

- ➢ **Speichern** (8)
- ➢ **Datei schließen**

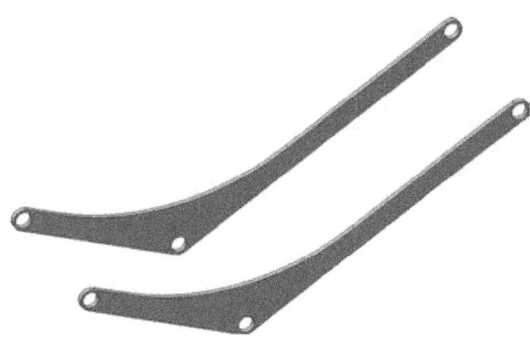

10 Bauteil: Greifer

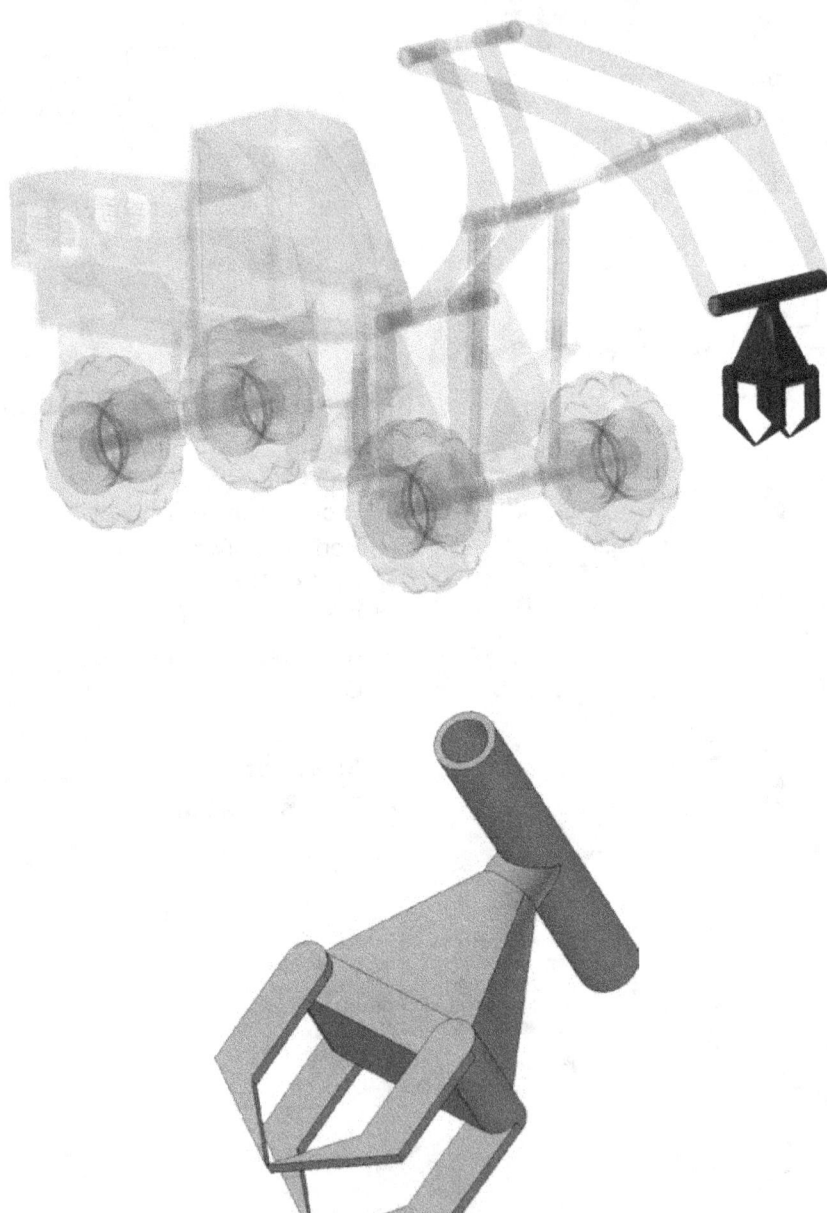

10.1 Bauteil „06-Greifer" erstellen

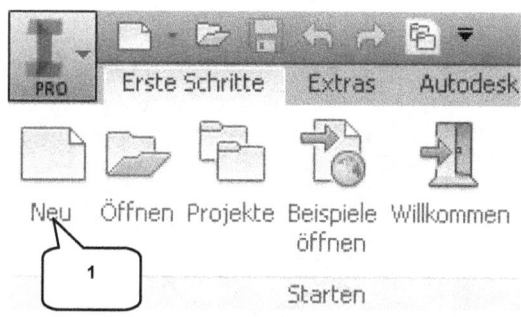

- **Neu** (1)
- Templates (2)
- Bauteil: Norm.ipt (3)
- **Erstellen** (4)
- **Speichern** (5)
- Dateiname: [06-Greifer] (6)
- **Speichern** (7)

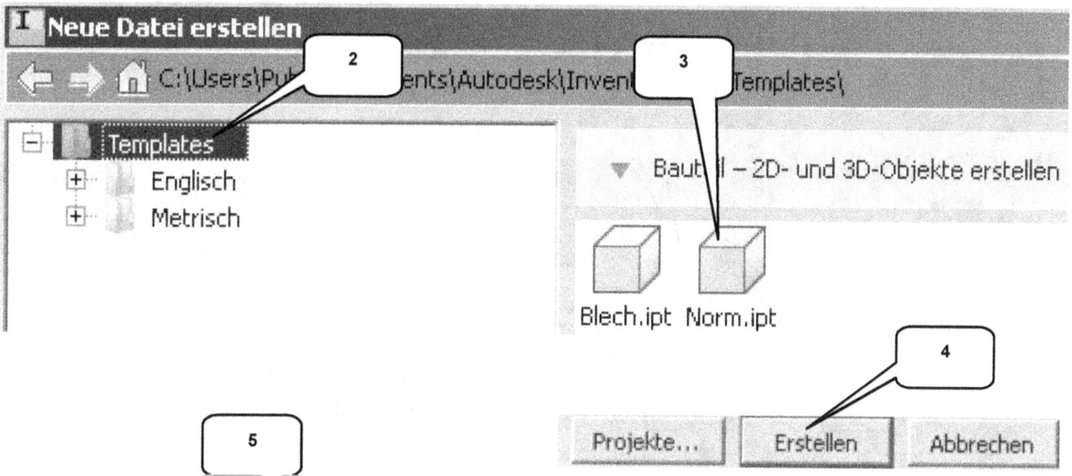

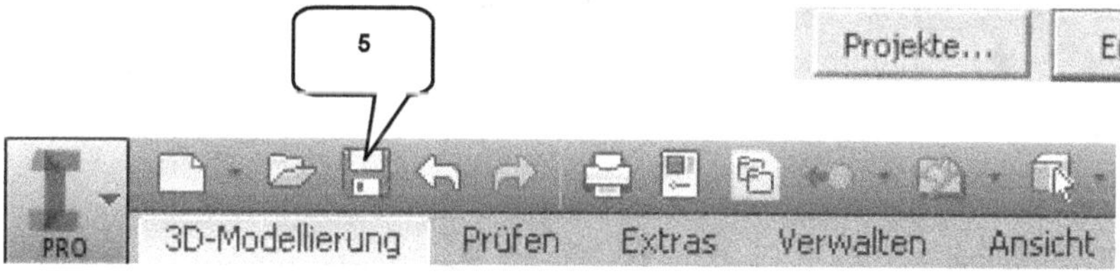

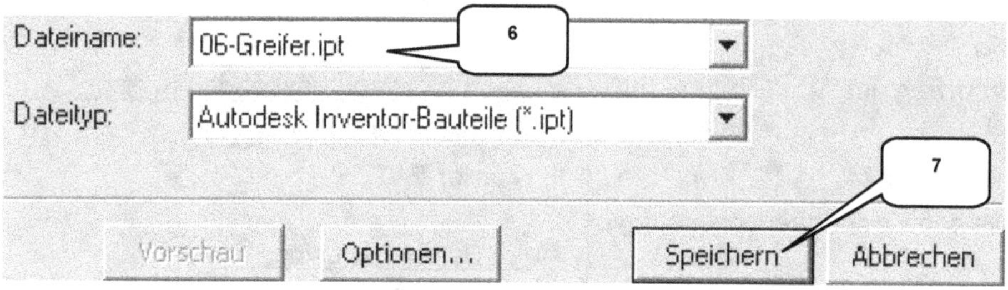

Bauteil: Greifer

10.2 Basiskontur mittels Zylinder erzeugen

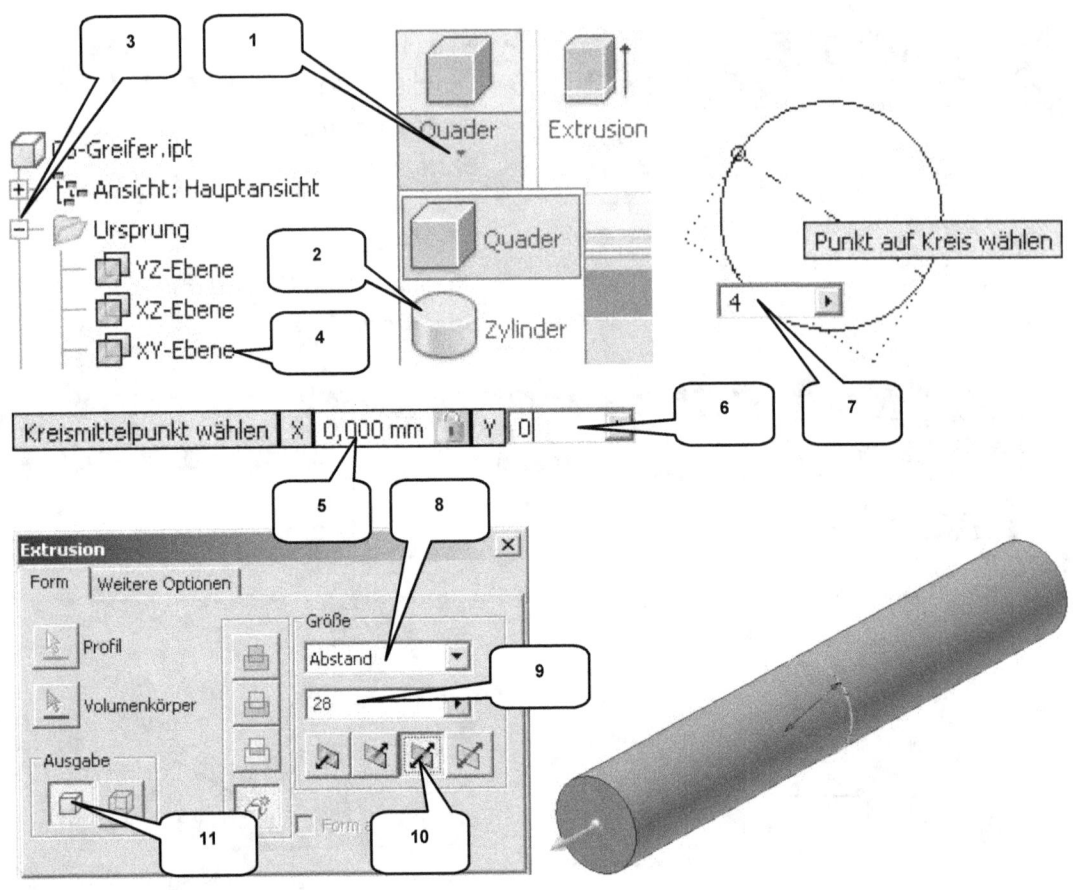

- Gruppe „Grundkörper" aufklappen (1)

- ***Zylinder** (2)*
- Ordner ***Ursprung*** im Modellbaum aufklappen (3)
- „XY-Ebene" wählen (4)
- Mauspfeil in den Zeichenbereich ziehen

- Koordinaten für Kreismittelpunkt:
- ***Taste: TAB***
- X-Wert: [0] (5)
- ***Taste: TAB***

- Y-Wert: [0] (6)
- ***Taste: ENTER***

- Wert für Durchmesser des Kreises:
- Durchmesser: [4] mm (7)
- ***Taste: ENTER***

- Im Befehl Extrusion:
- Größe: Abstand (8)
- Wert: [28] mm (9)
- Richtung: Symmetrisch (10)
- Ausgabe: Volumenkörper (11)
- ***OK***

Bauteil: Greifer

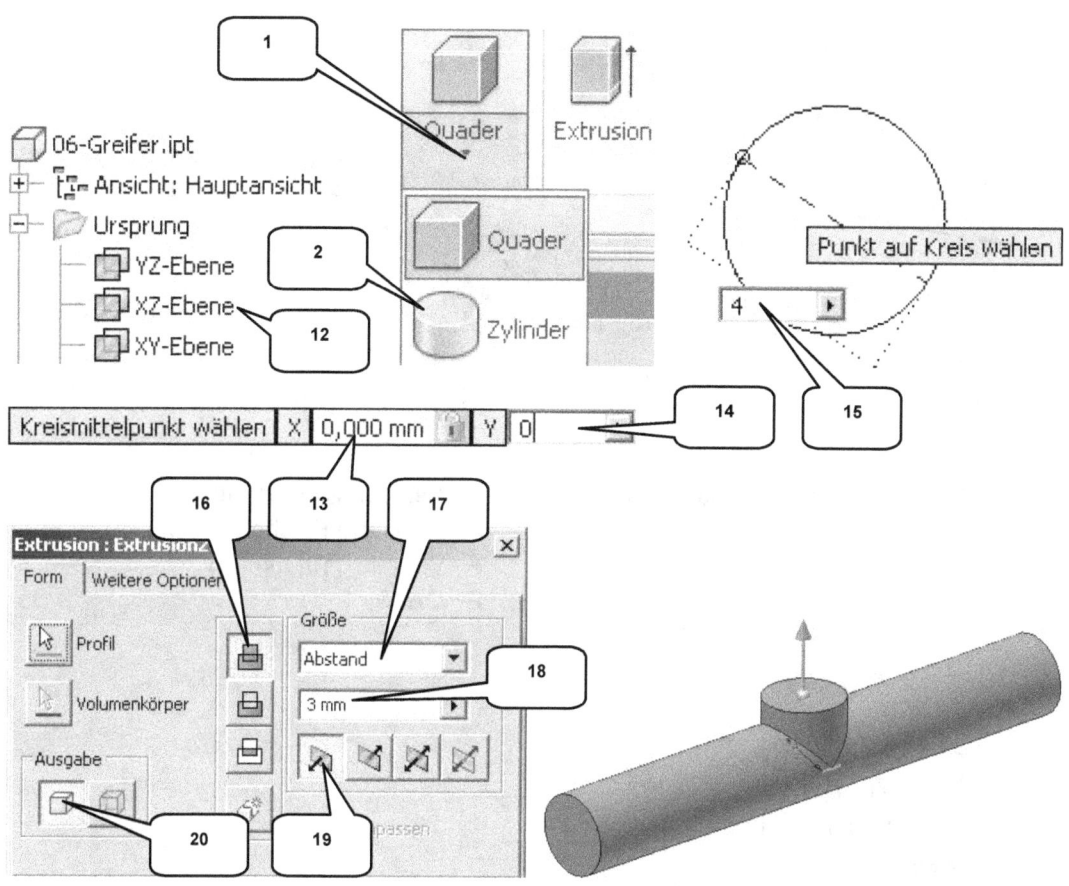

- Gruppe „Grundkörper" aufklappen (1)

- ***Zylinder*** (2)
- „XZ-Ebene" im Modellbaum wählen (12)
- Mauspfeil in den Zeichenbereich ziehen

- Koordinaten für Kreismittelpunkt:
- ***Taste: TAB***
- X-Wert: [0] (13)
- ***Taste: TAB***
- Y-Wert: [0] (14)
- ***Taste: ENTER***

- Wert für Durchmesser des Kreises:
- Durchmesser: [4] mm (15)
- ***Taste: ENTER***

- Im Befehl Extrusion:
- Verfahren: Vereinigung (16)
- Größe: Abstand (17)
- Wert: [3] mm (18)
- Richtung: Richtung 1 (19)
- Ausgabe: Volumenkörper (20)
- ***OK***

10.3 Erzeugen einer Ebene mit Versatz

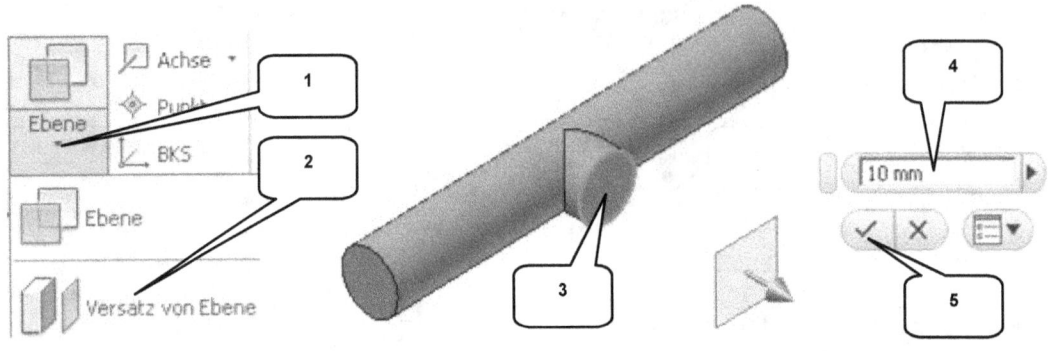

- Befehlsgruppe **Ebene** erweitern (1)
- **Versatz von Ebene** (2)
- Markierte Fläche wählen (3)
- Versatz: [10] mm (4)
- **OK** (5)

10.4 2D-Skizze auf neuer Ebene erzeugen

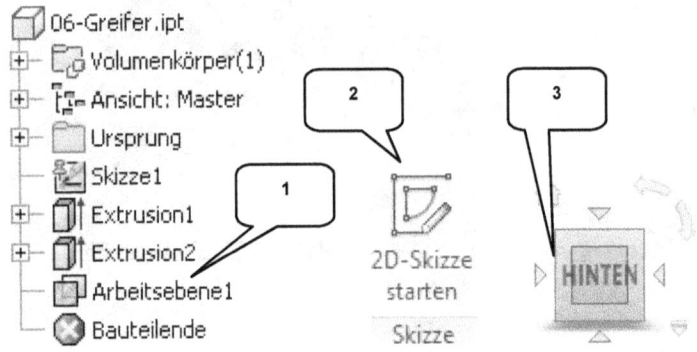

- Neue Arbeitsebene im Modellbaum markieren (linke Maustaste) (1)

- **2D-Skizze starten** (2)
- **ViewCube-Ansicht: HINTEN** (3)

10.5 Achsen projizieren und als Konstruktionsobjekte definieren

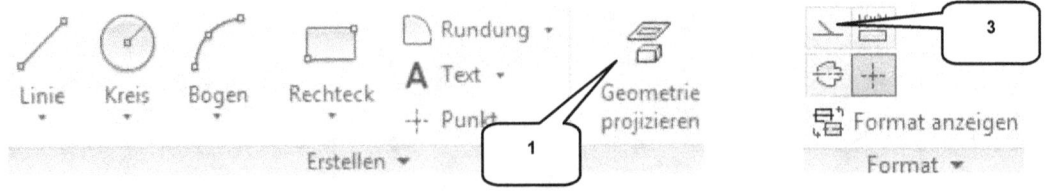

Bauteil: Greifer

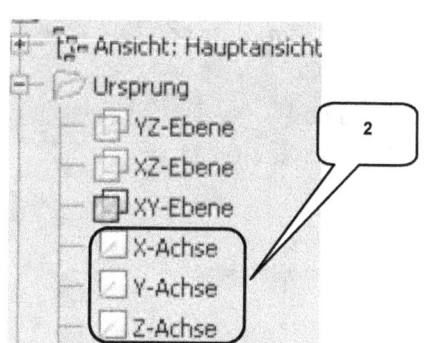

- **Geometrie projizieren** (1)
- X-, Y-, Z-Achse nacheinander wählen (2)
- **Taste: ESC**
- Mit gedrückter linker Maustaste ein Fenster über die projizierten Achsen ziehen

- **Konstruktion** (3)
- **Taste: ESC**

10.6 Zeichnen der Basiskontur

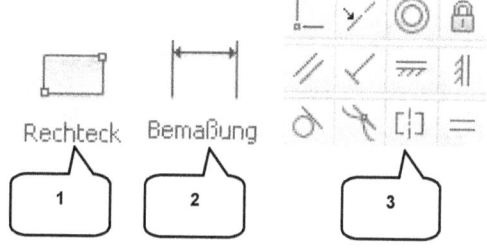

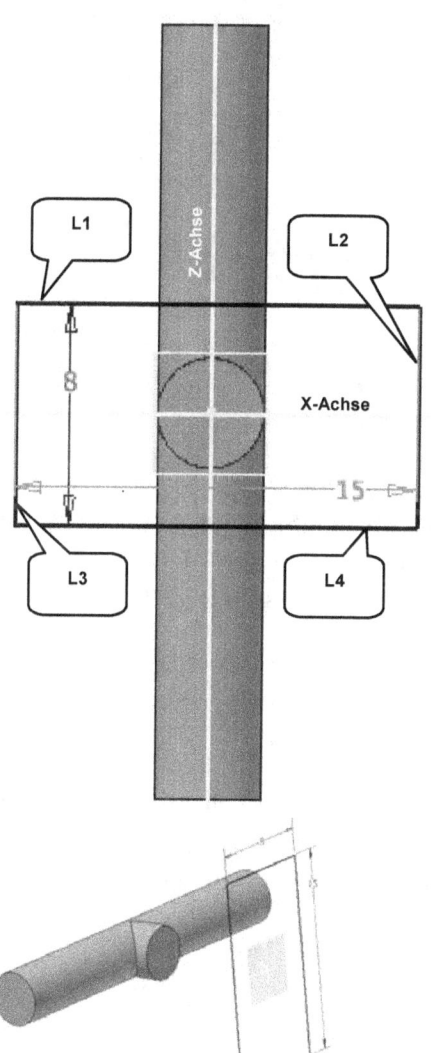

- **Rechteck** (1)
- Rechteck zeichnen wie dargestellt
- **Taste: ESC**

- **Bemaßung** (2)
- Linie (L1) wählen
- Linie (L4) wählen
- Maß ablegen
- Wert: [8] mm
- Linie (L2) wählen
- Linie (L3) wählen
- Maß ablegen
- Wert: [15] mm
- **Taste: ESC**

Bauteil: Greifer

> *Abhängigkeit Symmetrisch* (3)
> Linie (L1) wählen
> Linie (L4) wählen
> Projizierte X-Achse wählen
> *Taste: ESC*

> *Abhängigkeit Symmetrisch* (3)
> Linie (L3) wählen
> Linie (L2) wählen
> Projizierte Z-Achse wählen
> *Taste: ESC*

> *Skizze fertig stellen*

10.7 Extrudieren der Skizzengeometrie

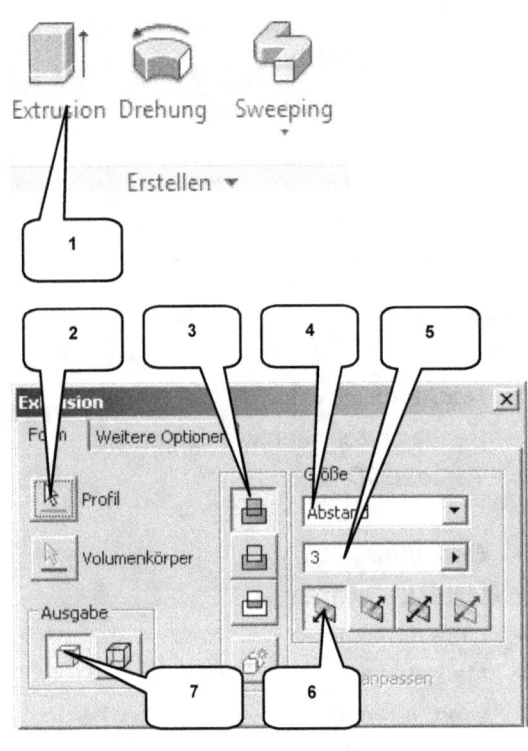

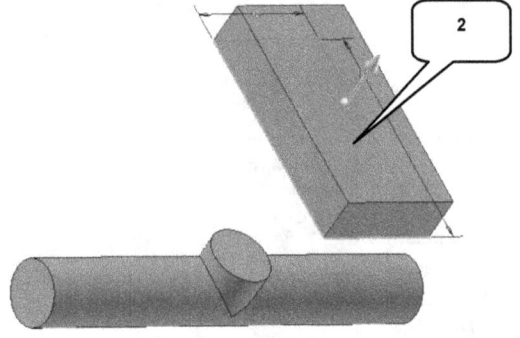

> *Extrusion* (1)
> Profil: Rechteck (2)
> Verfahren: Vereinigung (3)
> Größe: Abstand (4)
> Wert: [3] mm (5)
> Richtung: Richtung 1 (6)
> Ausgabe: Volumenkörper (7)
> *OK*

10.8 Deaktivieren der Arbeitsebene

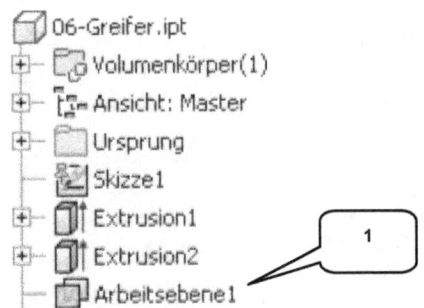

> Rechte Maustaste auf die Arbeitsebene im Modellbaum (1)
> Option „Sichtbarkeit" deaktivieren

Bauteil: Greifer

10.9 Runden der letzten Extrusion

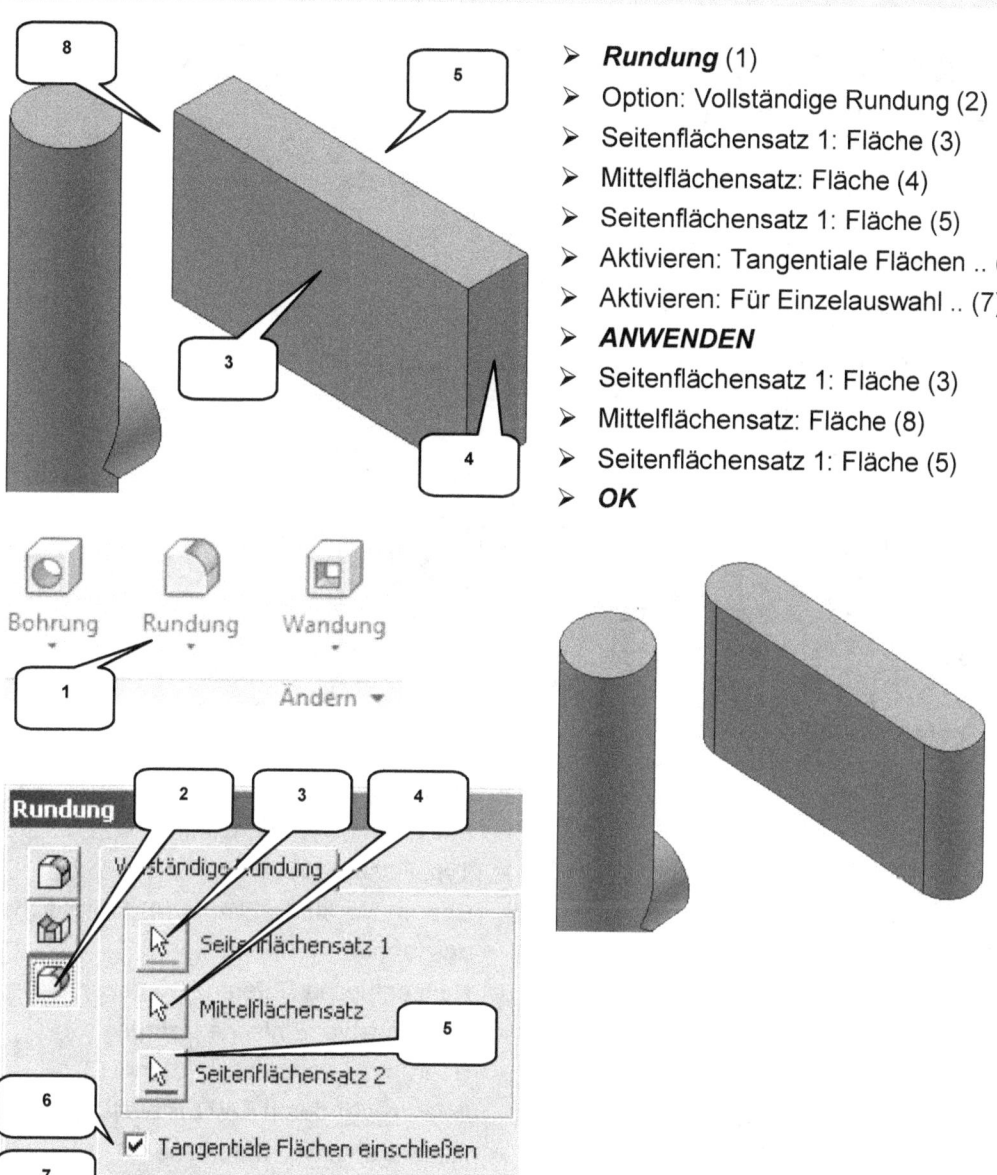

- **Rundung** (1)
- Option: Vollständige Rundung (2)
- Seitenflächensatz 1: Fläche (3)
- Mittelflächensatz: Fläche (4)
- Seitenflächensatz 1: Fläche (5)
- Aktivieren: Tangentiale Flächen .. (6)
- Aktivieren: Für Einzelauswahl .. (7)
- **ANWENDEN**
- Seitenflächensatz 1: Fläche (3)
- Mittelflächensatz: Fläche (8)
- Seitenflächensatz 1: Fläche (5)
- **OK**

Die Flächen (5) und (8) sind zwei in der oberen Abbildung nicht sichtbare (verdeckte) Flächen. Die untere Abbildung zeigt das gewünschte Ergebnis. !

Bauteil: Greifer

10.10 Bohren der Greiferführung

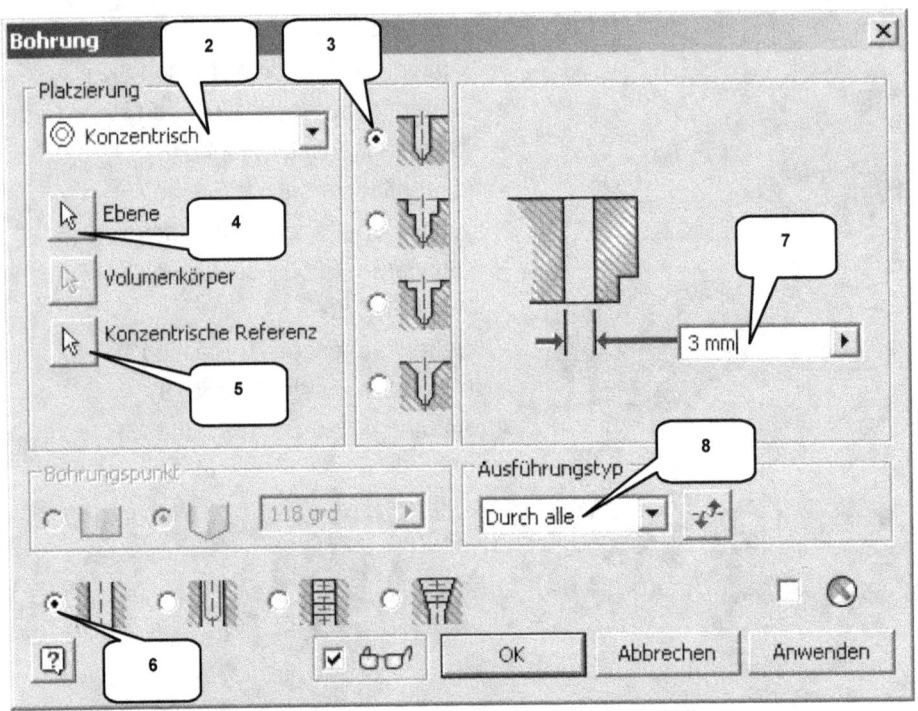

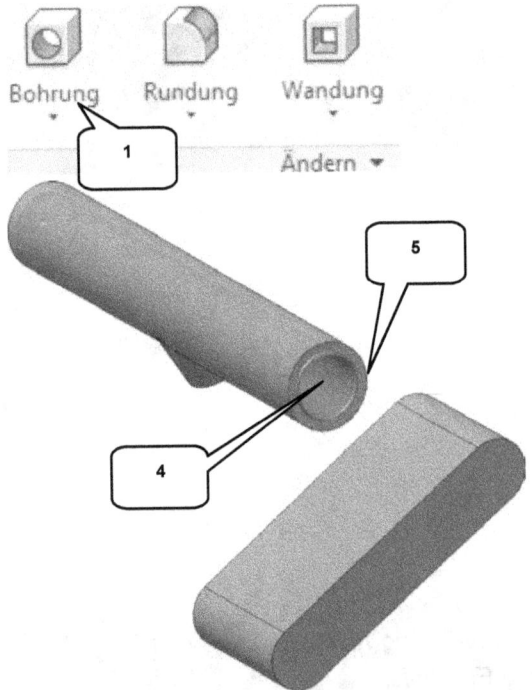

- **Bohrung** (1)
- Platzierungstyp: Konzentrisch (2)
- Typ: Bohren (3)
- Ebene: Markierte Fläche (4) (Stirnfläche des langen Zylinders)
- Konzentrische Referenz: Kreiskante (5)
- Bohrungstyp: Einfache Bohrung (6)
- Bohrungsdurchmesser: [3] mm (7)
- (Wert **nicht** durch **ENTER** bestätigen!)
- Ausführungstyp: Durch alle (8)
- **OK**

10.11 Erzeugen einer Erhebung

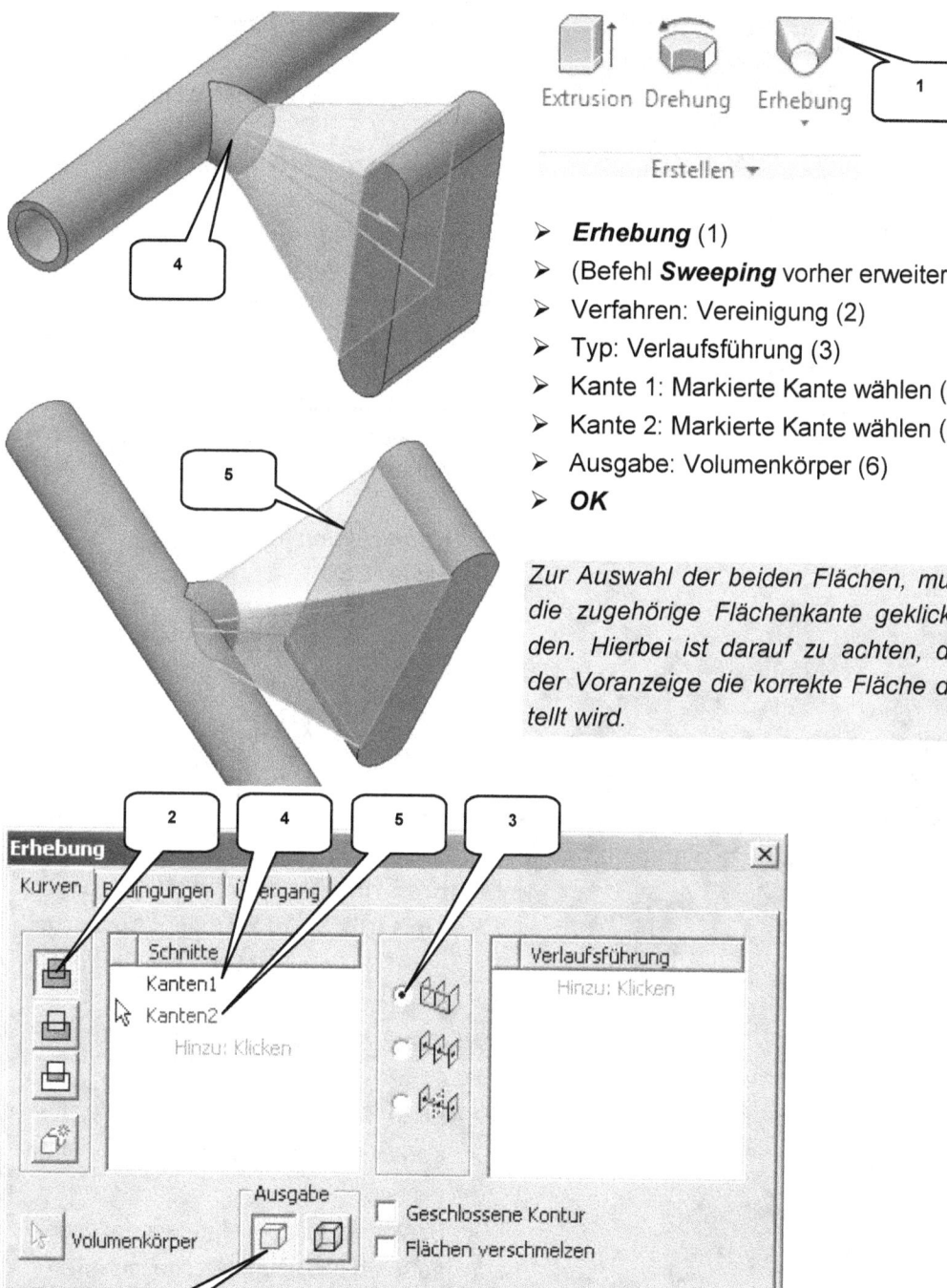

- **Erhebung** (1)
- (Befehl **Sweeping** vorher erweitern)
- Verfahren: Vereinigung (2)
- Typ: Verlaufsführung (3)
- Kante 1: Markierte Kante wählen (4)
- Kante 2: Markierte Kante wählen (5)
- Ausgabe: Volumenkörper (6)
- **OK**

Zur Auswahl der beiden Flächen, muss auf die zugehörige Flächenkante geklickt werden. Hierbei ist darauf zu achten, dass in der Voranzeige die korrekte Fläche dargestellt wird.

10.12 Erstellen einer weiteren 2D-Skizze

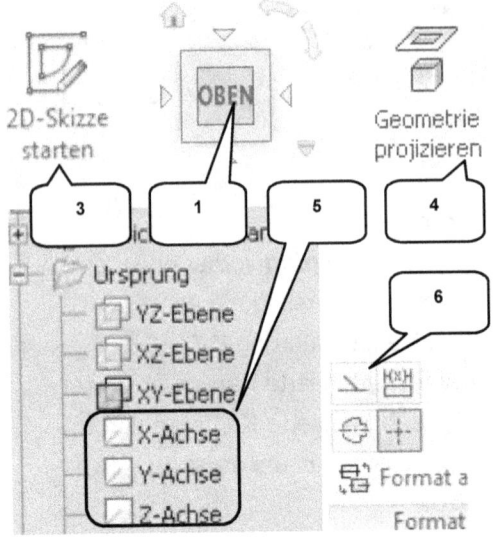

- **ViewCube-Ansicht: OBEN** (1)
- Markierte Seitenfläche wählen (2)
- **2D-Skizze starten** (3)
- **Geometrie projizieren** (4)
- X-, Y-, Z-Achse wählen (5)
- Markierte Fläche erneut wählen (2)
- **Taste: ESC**

- Mit gedrückter linker Maustaste ein Fenster über alle projizierten Elemente ziehen

- **Konstruktion** (6)
- **Taste: ESC**

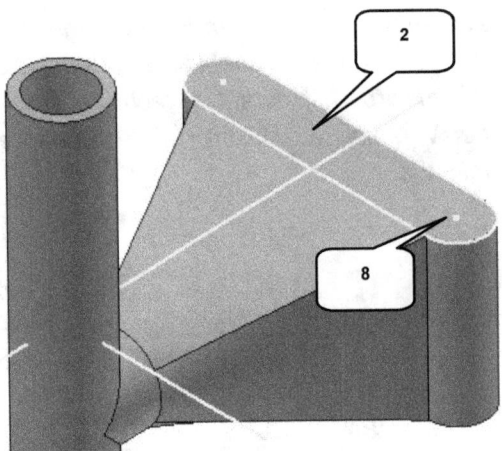

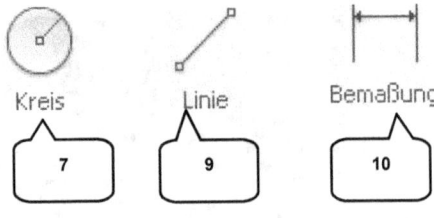

- **Kreis durch Mittelpunkt** (7)
- Kreis (D = 3mm) zeichnen (Kreismittelpunkt (8) liegt im Mittelpunkt der projizierten Kreiskante)
- **Taste: ESC**

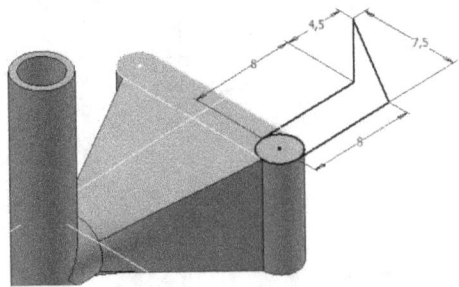

- **Linie** (9)
- Kontur aus 5 Linien zeichnen wie dargestellt
- Senkrechte Linien sind tangential an die äußeren Kreispunkte anzuschließen
- **Taste: ESC**

Bauteil: Greifer

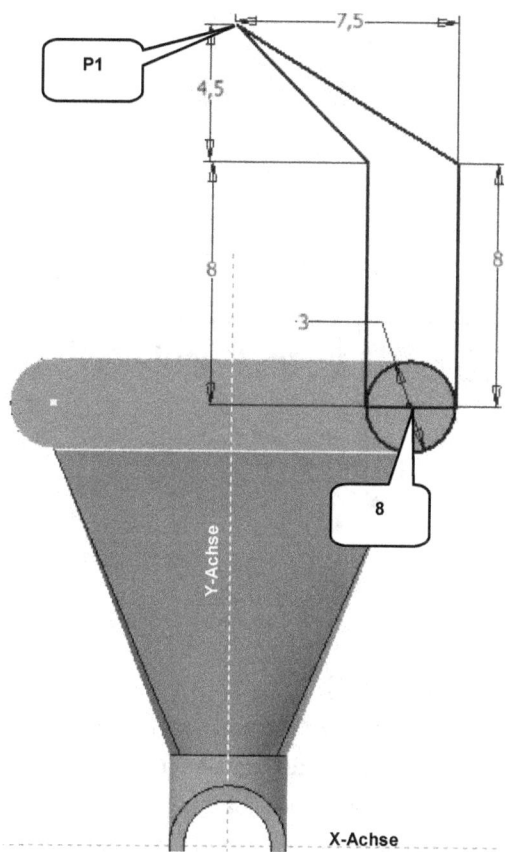

- **Bemaßung** (10)
- Linien bemaßen wie dargestellt
- **Taste: ESC**

- **Skizze fertig stellen**

> Die beiden senkrechten Linien starten jeweils an den äußeren Punkten des Kreises. An deren oberen Endpunkte schließen die beiden schrägen Linien an, welche sich dann im Punkt (P1) treffen.

10.13 Extrudieren des ersten Greiferfingers

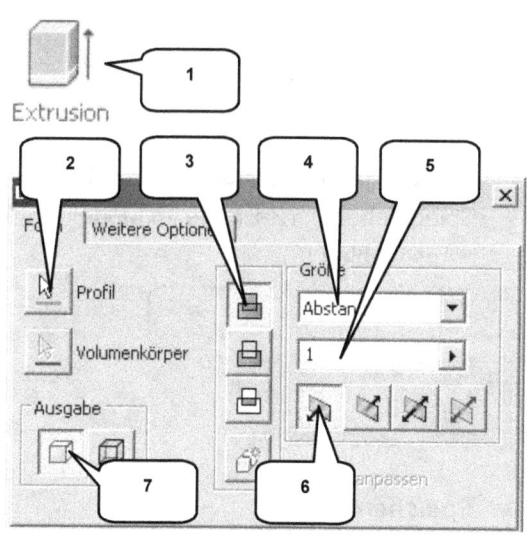
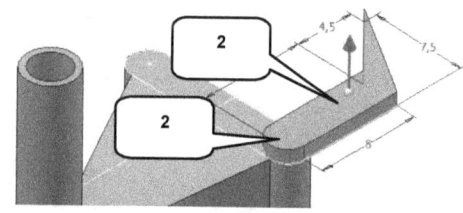

- **Extrusion** (1)
- Profil: Linienkontur und Kreis (2)
- Verfahren: Vereinigung (3)
- Größe: Abstand (4)
- Wert: [1] mm (5)
- Richtung: Richtung 1 (6)
- Ausgabe: Volumenkörper (7)
- **OK**

10.14 Spiegeln des ersten Greiferfingers

```
06-Greifer.ipt
├─ Volumenkörper(1)
├─ Ansicht: Hauptansicht
├─ Ursprung
│   ├─ YZ-Ebene          6
│   ├─ XZ-Ebene
│   ├─ XY-Ebene          4
├─ Bohrung1
├─ Erhebung3             3
├─ Extrusion5
└─ Bauteilende
```

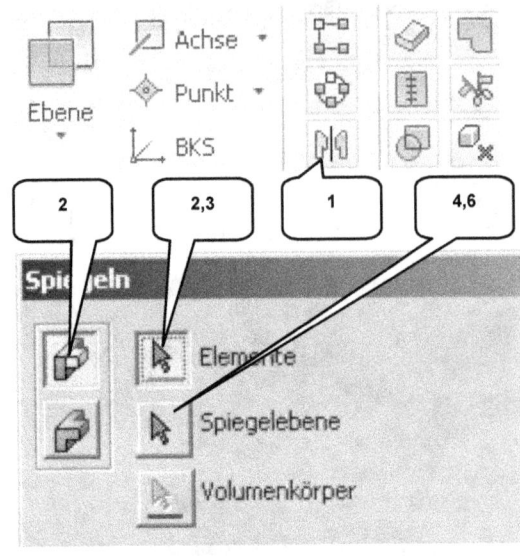

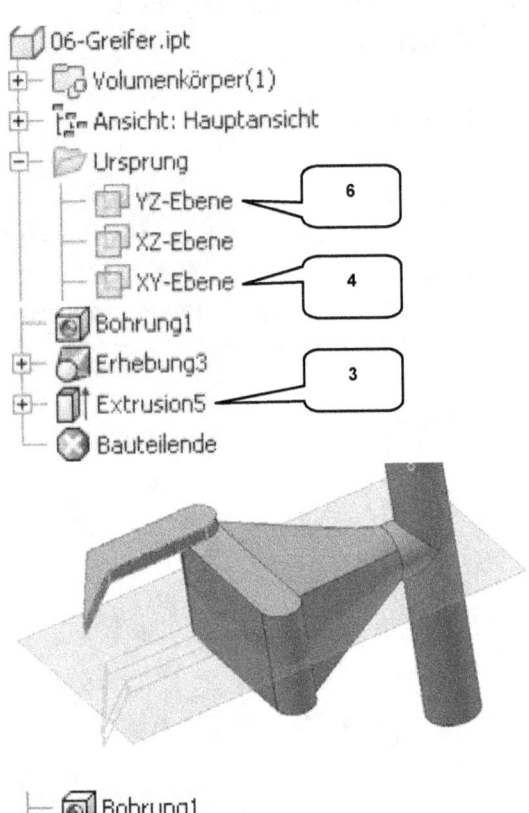

> **Spiegeln** (1)
> Option: Einzelne Elemente ... (2)
> Elemente: Letzte Extrusion (erster Greiferfinger) im Modellbaum wählen (3)
> Spiegelebene: XY-Ebene im Modellbaum wählen (4)
> **OK**

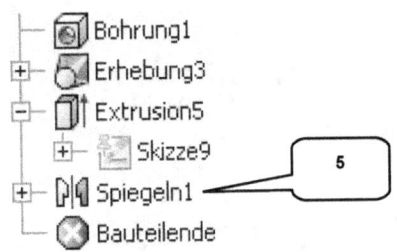

```
├─ Bohrung1
├─ Erhebung3
├─ Extrusion5
│   └─ Skizze9           5
├─ Spiegeln1
└─ Bauteilende
```

> **Spiegeln** (1)
> Option: Einzelne Elemente ... (2)
> Elemente: Zuletzt erzeugtes Spiegelelement im Modellbaum wählen (5)
> Spiegelebene: YZ-Ebene im Modellbaum wählen (6)
> **OK**

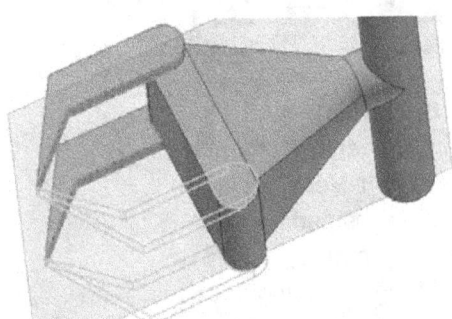

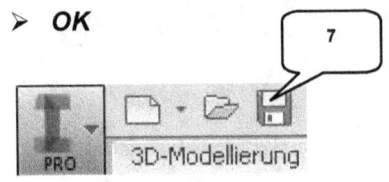

> ***Speichern*** (7)
> ***Datei schließen***

11 Unterbaugruppe: Rad

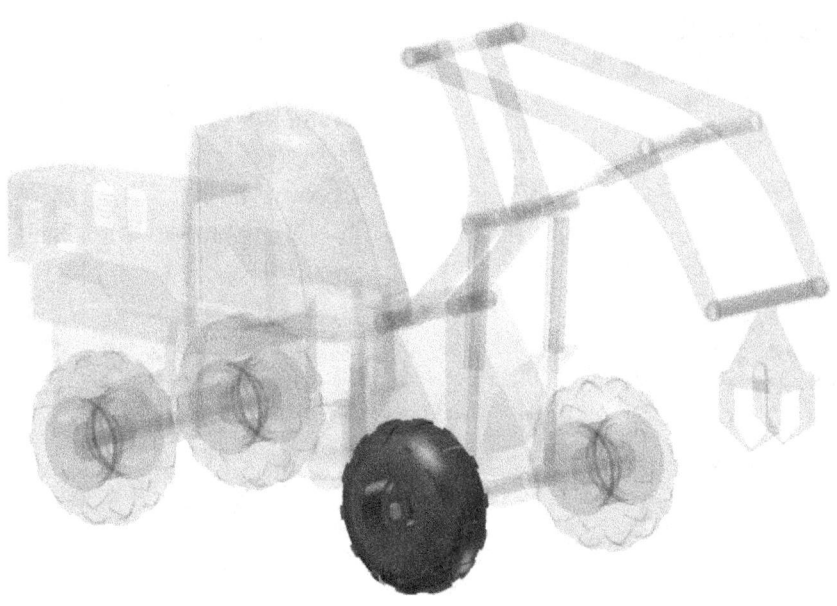

11.1 Bauteil „07-1-Rad-Basisskizze" erstellen

- ➢ **Neu** (1)
- ➢ Templates (2)
- ➢ Bauteil: Norm.ipt (3)
- ➢ **Erstellen** (4)

- ➢ **Speichern** (5)
- ➢ Dateiname: [07-01-Rad-Basisskizze] (6)
- ➢ **Speichern** (7)

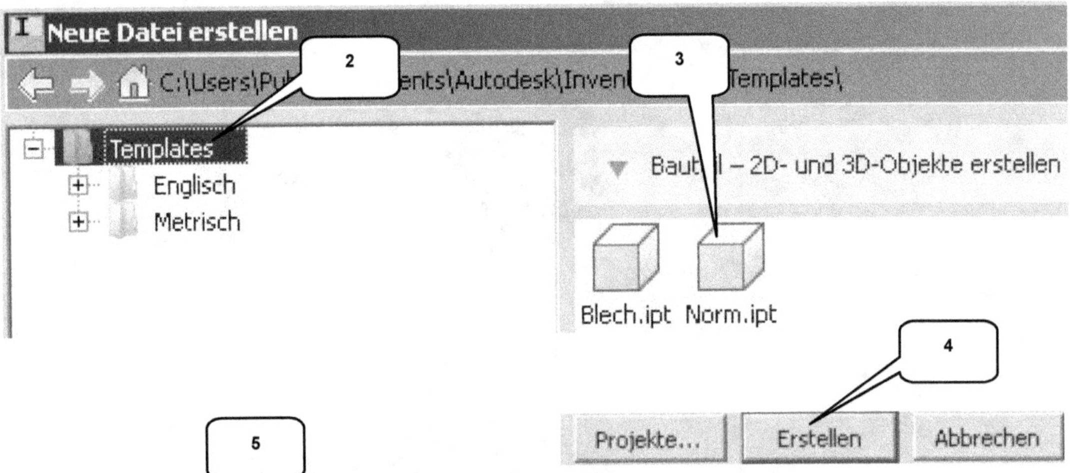

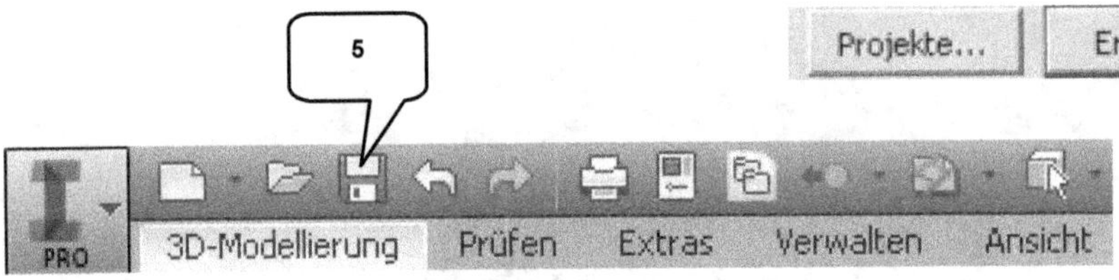

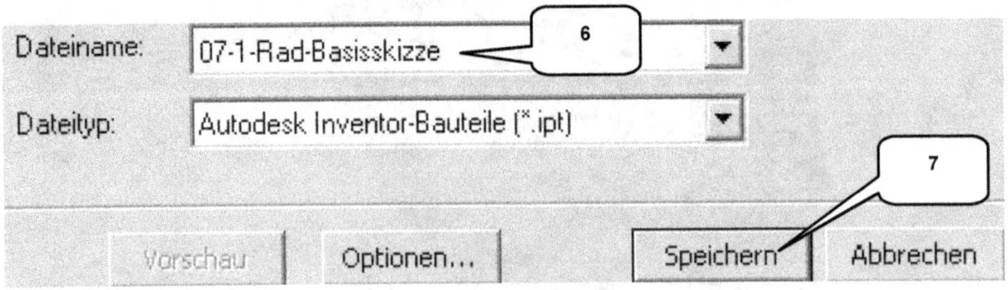

Unterbaugruppe: Rad

11.2 2D-Skizze auf XY-Ebene öffnen

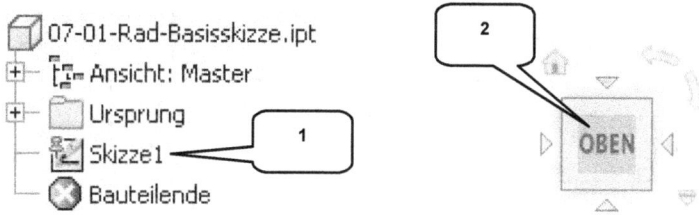

- „Skizze1" im Modellbaum doppelklicken (linke Maustaste) (1)

- *ViewCube-Ansicht: OBEN* (2)

11.3 Achsen projizieren und als Konstruktionsobjekte definieren

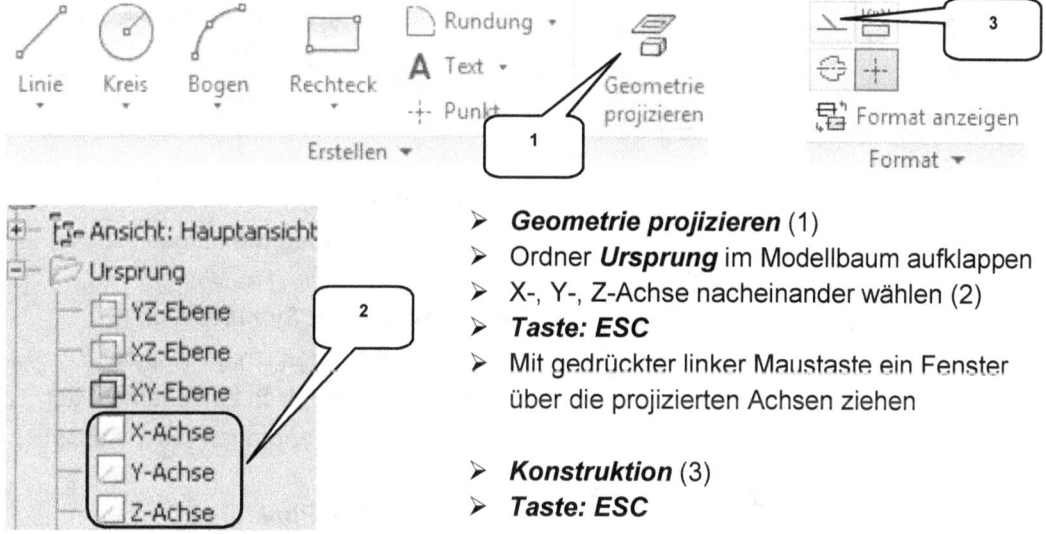

- *Geometrie projizieren* (1)
- Ordner *Ursprung* im Modellbaum aufklappen
- X-, Y-, Z-Achse nacheinander wählen (2)
- *Taste: ESC*
- Mit gedrückter linker Maustaste ein Fenster über die projizierten Achsen ziehen

- *Konstruktion* (3)
- *Taste: ESC*

11.4 Zeichnen der Basiskontur

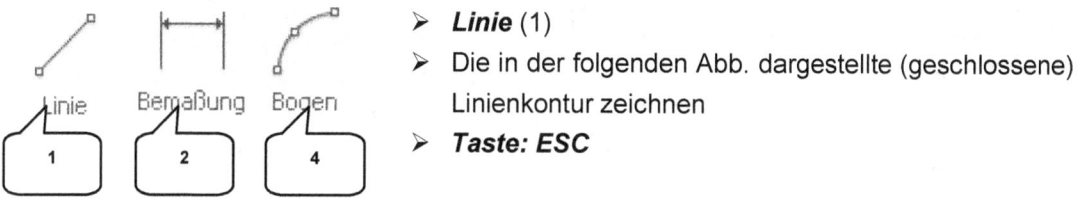

- *Linie* (1)
- Die in der folgenden Abb. dargestellte (geschlossene) Linienkontur zeichnen
- *Taste: ESC*

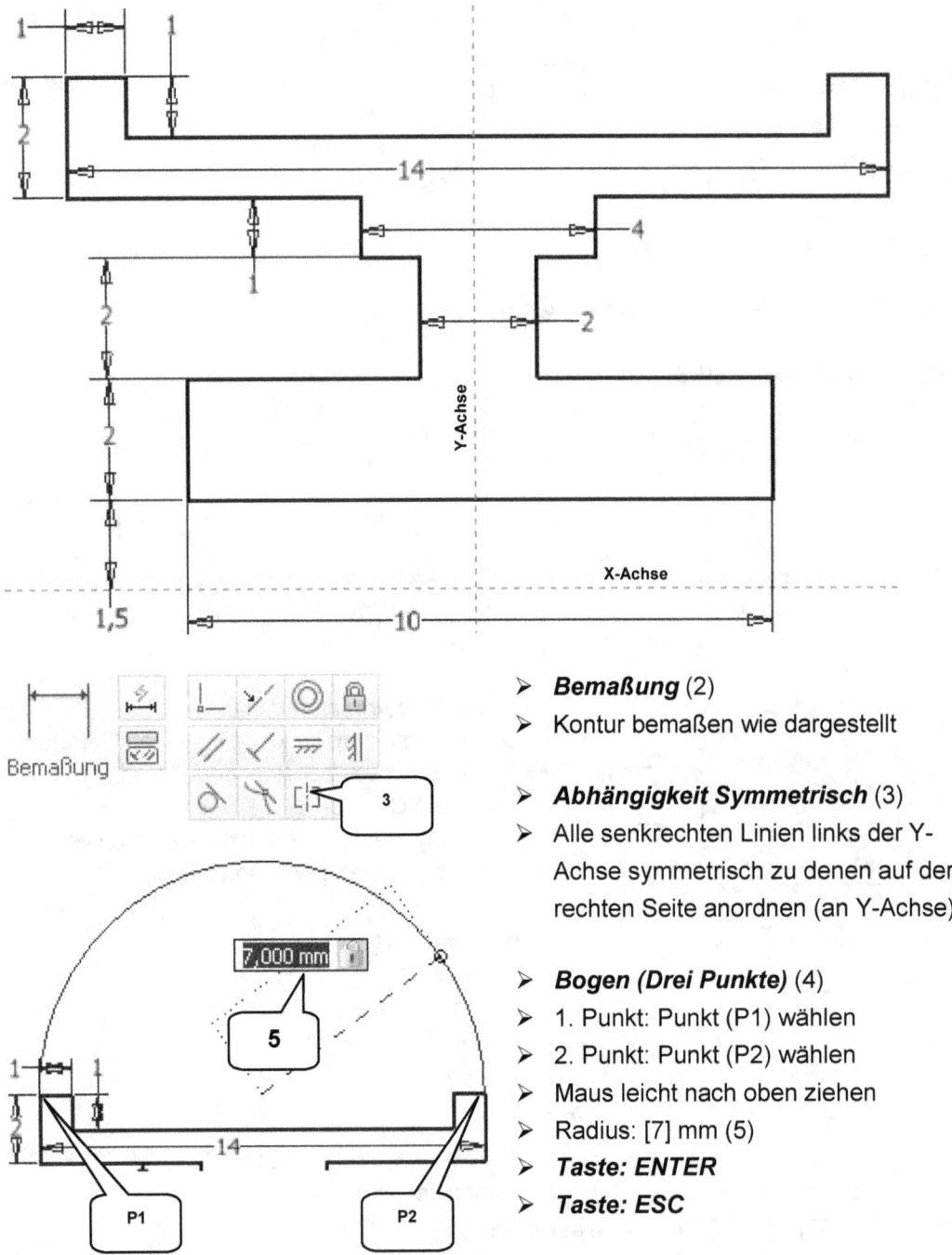

- **Bemaßung** (2)
- Kontur bemaßen wie dargestellt

- **Abhängigkeit Symmetrisch** (3)
- Alle senkrechten Linien links der Y-Achse symmetrisch zu denen auf der rechten Seite anordnen (an Y-Achse)

- **Bogen (Drei Punkte)** (4)
- 1. Punkt: Punkt (P1) wählen
- 2. Punkt: Punkt (P2) wählen
- Maus leicht nach oben ziehen
- Radius: [7] mm (5)
- **Taste: ENTER**
- **Taste: ESC**

Die Kontur aus den 20 Linien muss geschlossen sein und symmetrisch zur Y-Achse angeordnet werden. Der Bogen muss sauber an den beiden Punkten (P1, P2) anschließen. Skizze **nicht** beenden!

Unterbaugruppe: Rad

11.5 Bauteile aus der Skizze heraus exportieren

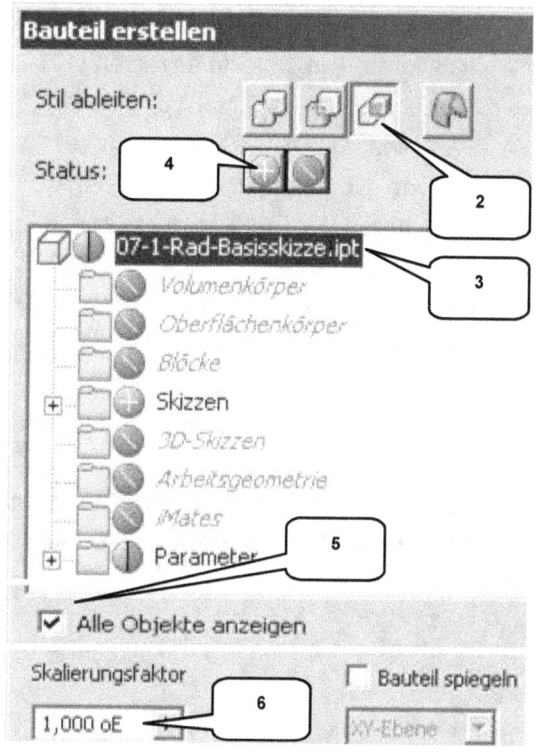

- **Bauteil erstellen** (1)
- Stil ableiten: Jeden Volumenkörper .. (2)
- Bauteil in Liste aktivieren (3)
- Status: Objekt ableiten (4)
- Aktivieren: Alle Objekte anzeigen (5)
- Skalierungsfaktor: [1] (6)
- Bauteilname: [07-1-Rad-Felge] (7)
- Vorlage: Norm.ipt (8)
- Speicherort: Ihr Projektordner (9)
- Aktivieren: Bauteil in Zielbaugr. .. (10)
- Name der Zielbaugruppe: [07-Rad] (11)
- Vorlage: Norm.iam (12)
- Speicherort: Ihr Projektordner (13)
- **ANWENDEN**

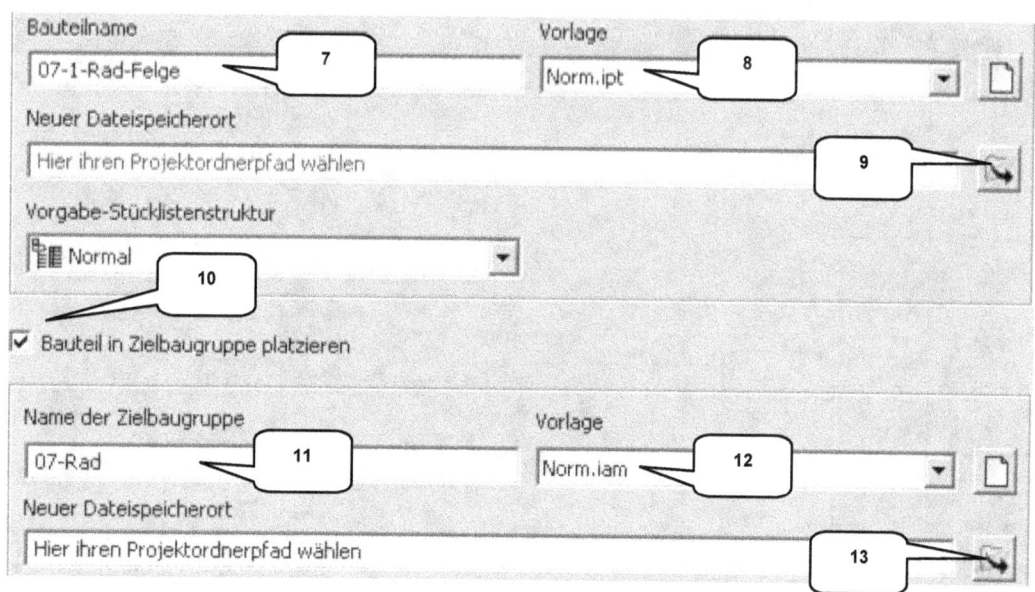

Unterbaugruppe: Rad

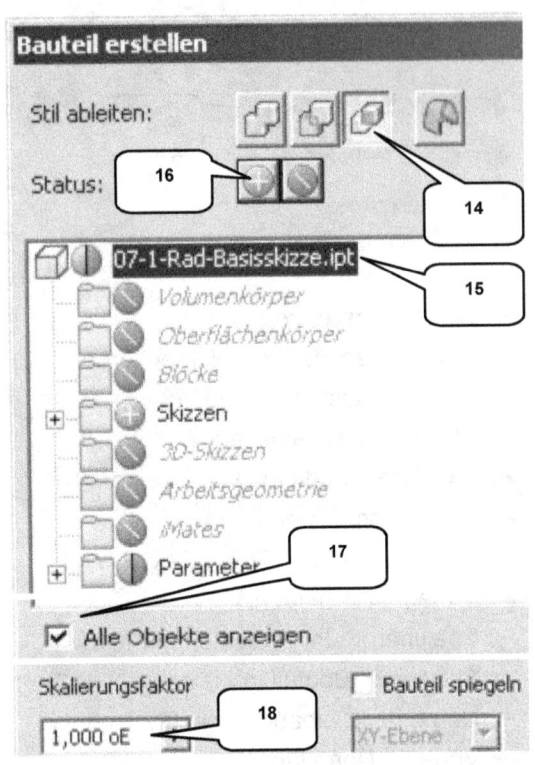

- Stil ableiten: Jeden Volumenk. ... (14)
- Bauteil in Liste aktivieren (15)
- Status: Objekt ableiten (16)
- Aktivieren: Alle Objekte anzeigen (17)
- Skalierungsfaktor: [1] (18)
- Bauteilname: [07-2-Rad-Reifen] (19)
- Vorlage: Norm.ipt (20)
- Speicherort: Ihr Projektordner (21)
- Aktivieren: Bauteil in Zielbaugr. ... (22)
- Name der Zielbaugruppe: [07-Rad] (23)
- Vorlage: Norm.iam (24)
- Speicherort: Ihr Projektordner (25)
- **OK**

Das Bauteil [07-1-Rad-Felge] darf nur durch **Anwenden** *bestätigt werden, sonst funktioniert der Befehl nicht.* !

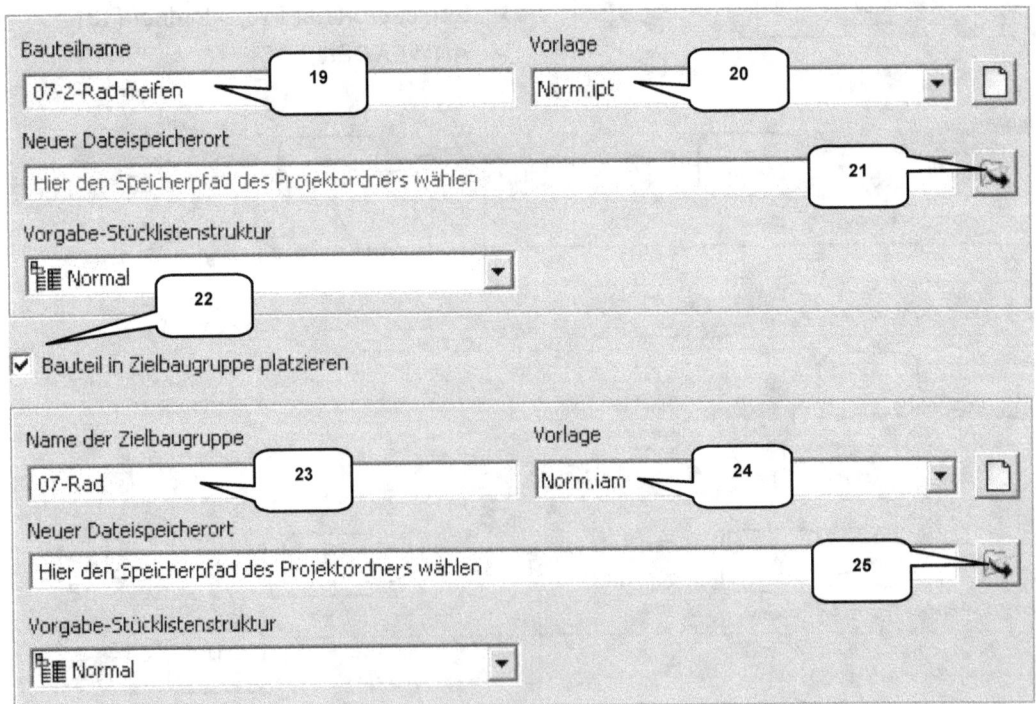

Unterbaugruppe: Rad

11.6 Felge und Reifen in Volumenkörper konvertieren

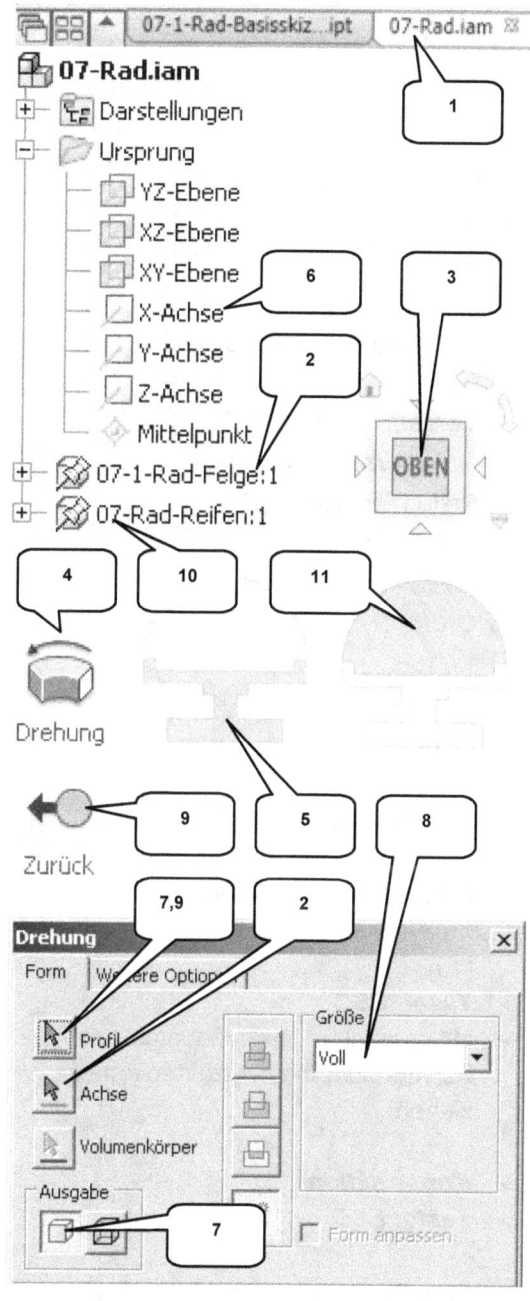

> Fenster „07-Rad.iam" (unten links) im Zeichenbereich aktivieren (falls es nicht bereits automatisch aktiviert worden ist) (1)
> Rechte Maustaste auf „07-Rad-Felge" im Modellbaum (2)
> Option „Bearbeiten" wählen

> **ViewCube-Ansicht: OBEN** (3)

> **Drehung** (4)
> Profil: Untere Kontur (5)
> Achse: X-Achse (6)
> Ausgabe: Volumenkörper (7)
> Größe: Voll (8)
> **OK**

> **Zurück** (9) (Zurück zur Baugruppe)

> Rechte Maustaste auf „07-Rad-Reifen" im Modellbaum (10)
> Option „Bearbeiten" wählen

> **Drehung** (4)
> Profil: Obere Kontur (11)
> Achse: X-Achse (6)
> Ausgabe: Volumenkörper (7)
> Größe: Voll (8)
> **OK**

> (Noch **nicht** in die Baugruppe zurückkehren!)

Sollte sich die X-Achse im Modellbaum nicht als Achse anwählen lassen, ist stattdessen die projizierte X-Achse im Zeichenbereich zu wählen. !

11.7 Ebene und Skizze für Reifenprofil erzeugen

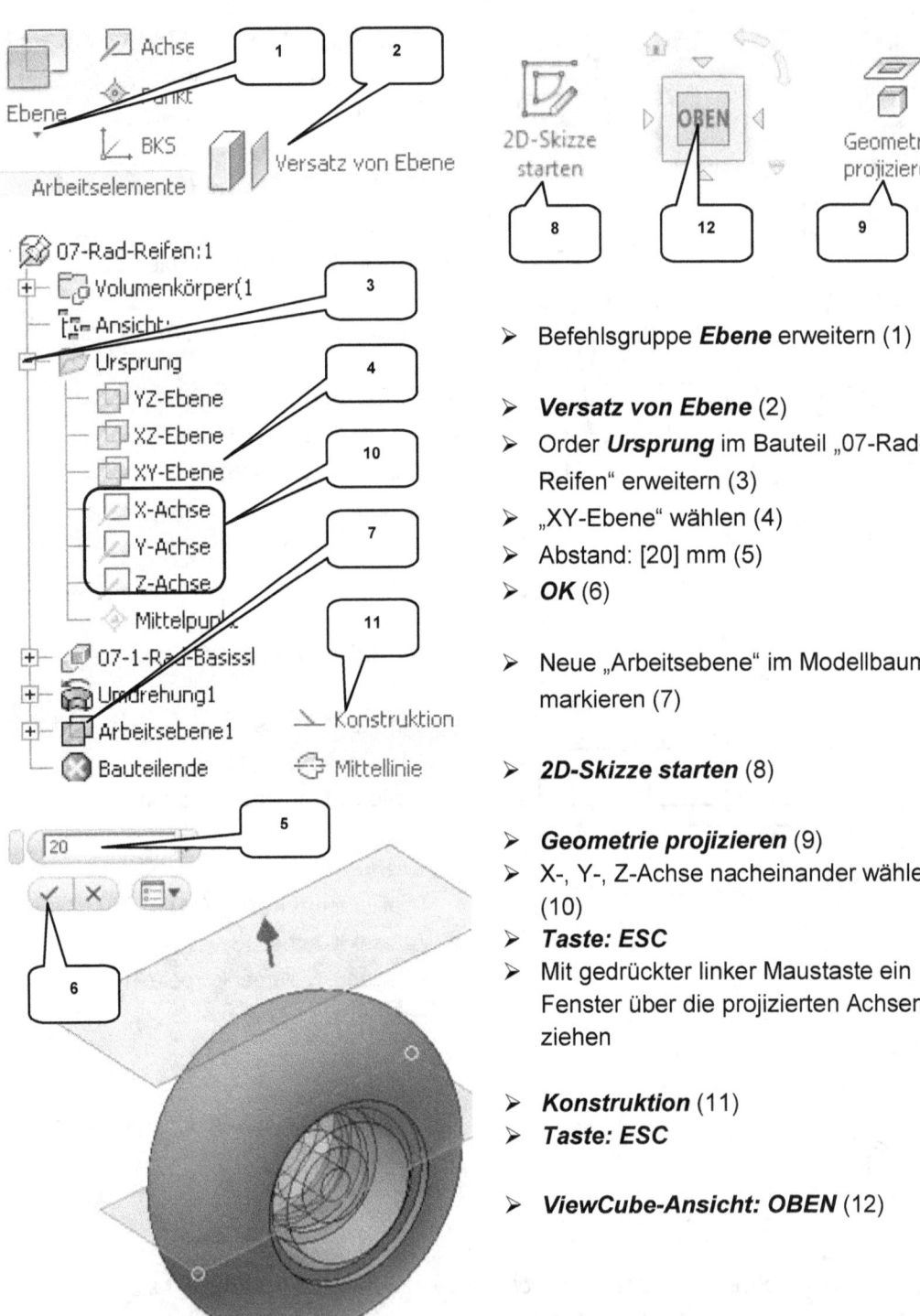

- Befehlsgruppe *Ebene* erweitern (1)
- *Versatz von Ebene* (2)
- Order *Ursprung* im Bauteil „07-Rad-Reifen" erweitern (3)
- „XY-Ebene" wählen (4)
- Abstand: [20] mm (5)
- *OK* (6)

- Neue „Arbeitsebene" im Modellbaum markieren (7)

- *2D-Skizze starten* (8)

- *Geometrie projizieren* (9)
- X-, Y-, Z-Achse nacheinander wählen (10)
- *Taste: ESC*
- Mit gedrückter linker Maustaste ein Fenster über die projizierten Achsen ziehen

- *Konstruktion* (11)
- *Taste: ESC*

- *ViewCube-Ansicht: OBEN* (12)

11.8 Basisskizze für Reifenprofil zeichnen

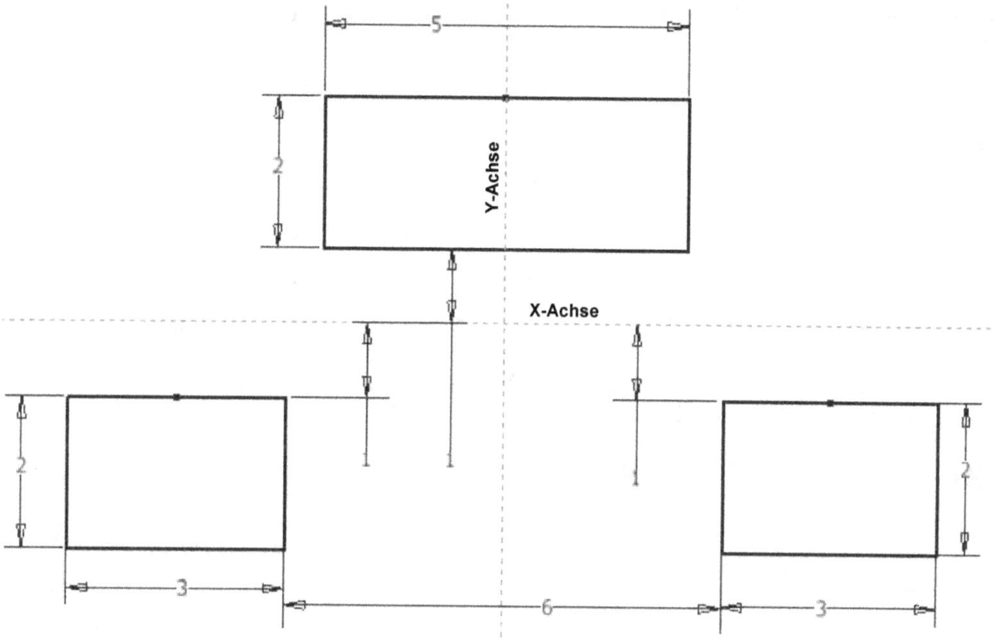

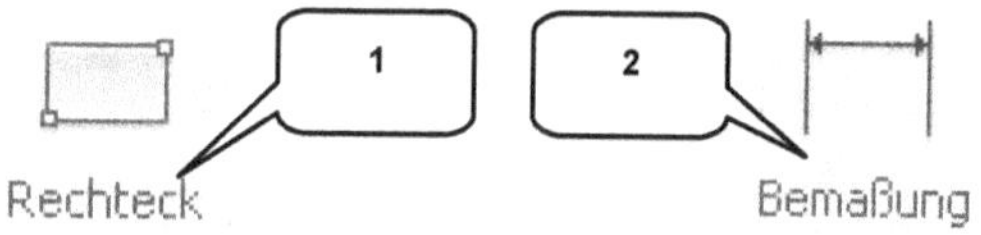

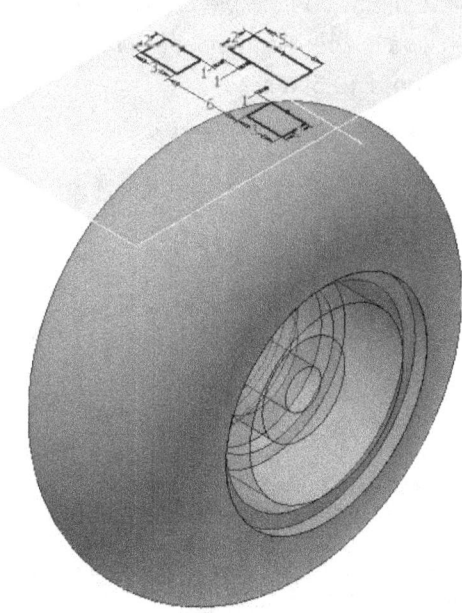

- ➤ **Rechteck** (1)
- ➤ Drei Rechtecke zeichnen wie dargestellt
- ➤ *Taste: ESC*

- ➤ **Bemaßung** (2)
- ➤ Lage und Größe der Rechtecke bemaßen wie dargestellt
- ➤ *Taste: ESC*

- ➤ **Skizze fertig stellen**

- ➤ (Das obere Rechteck symmetrisch zur Y-Achse zeichnen, die beiden unteren symmetrisch zu dieser anordnen (Abhängigkeit **Symmetrisch**).

11.9 Prägen des Reifenprofils

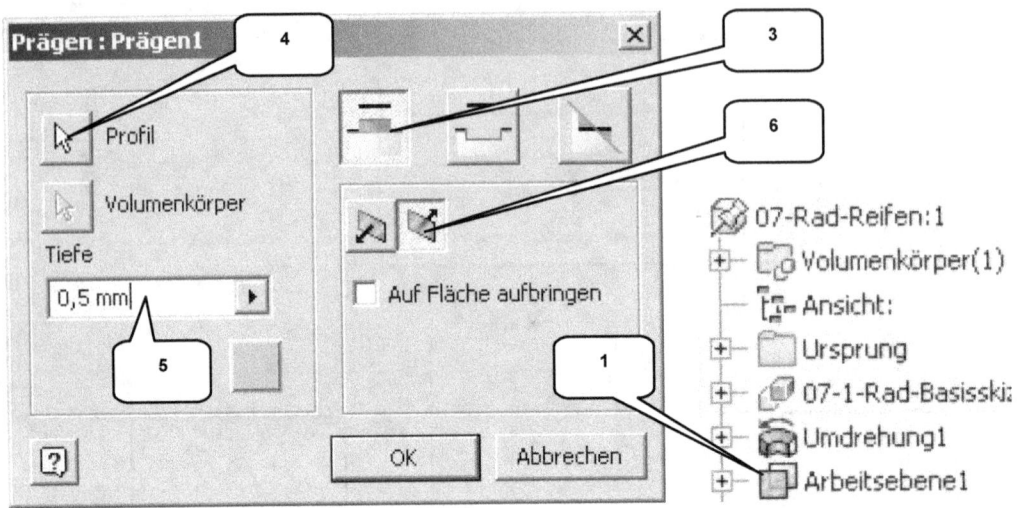

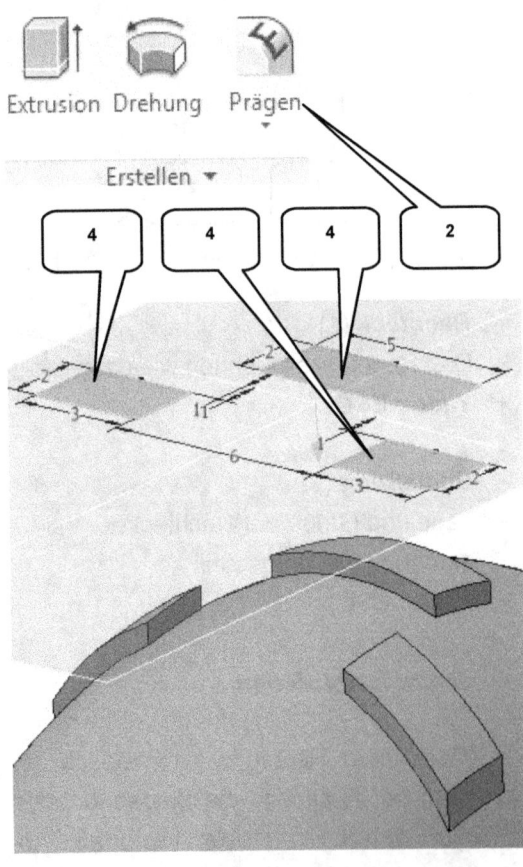

- Rechte Maustaste auf „Arbeitsebene1" im Modellbaum (1)
- Option „Sichtbarkeit" deaktivieren

- **Prägen** (2)
- (Befehl **Sweeping** aufklappen)
- Option: Von Fläche prägen (3)
- Profil: Drei Rechtecke (4)
- Tiefe: [0,5] mm (5)
- Richtung: Richtung 2 (6)
- **OK**

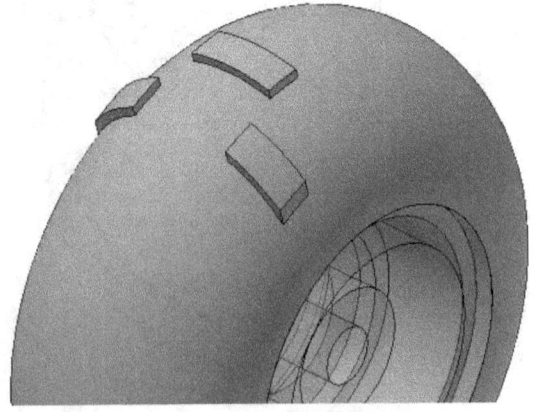

11.10 Prägung mittels runder Anordnung kopieren

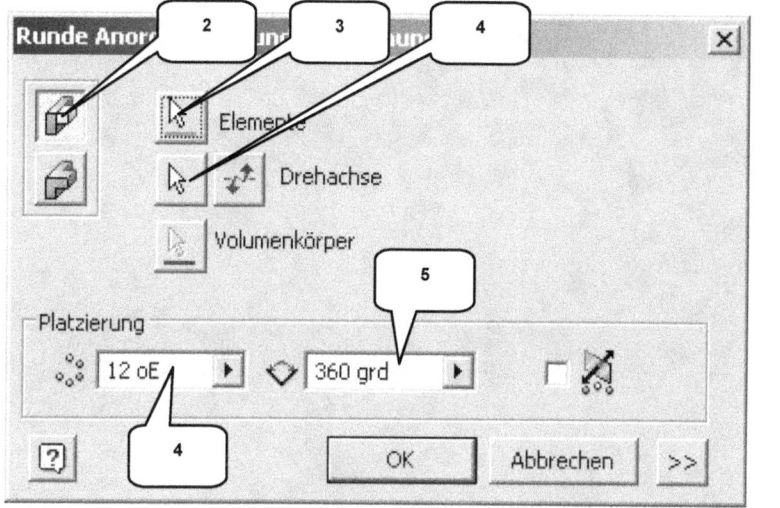

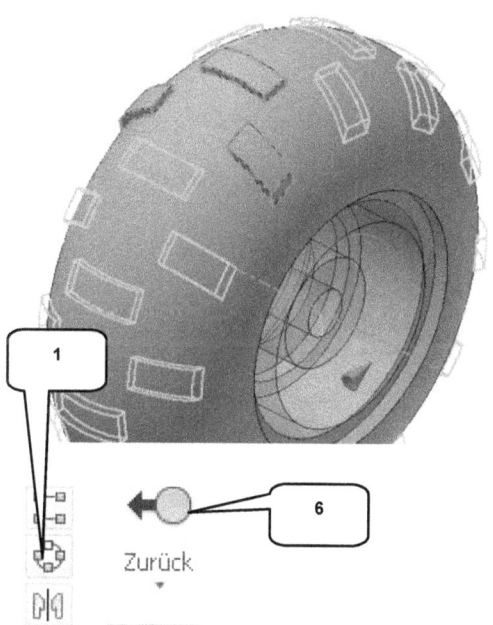

- ➤ **Runde Anordnung** (1)
- ➤ Option: Einzelne Elemente anordnen (2)
- ➤ Elemente: Prägen (Modellbaum) (3)
- ➤ Drehachse: X-Achse im Modellbaum wählen
- ➤ Anzahl: [12] (4)
- ➤ Winkel: [360] Grad (5)
- ➤ **OK**

- ➤ **Zurück** (zur Baugruppe) (6)

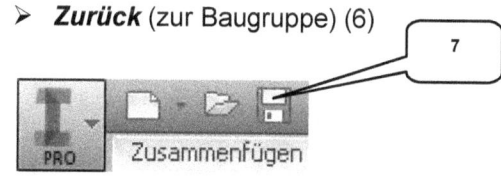

- ➤ **Speichern** (der Baugruppe) (7)
- ➤ **Datei schließen** (07-Rad.iam und (07-01-Rad-Basisskizze.ipt)

Der Befehl **Speichern** öffnet ein gleichnamiges Fenster. Dort wird darauf hingewiesen, dass einige der Dateien neu sind und eine Erstspeicherung erforderlich ist. Dazu muss die Option **Ja für alle** aktiviert und dann mit **OK** bestätigt werden.

12 Unterbaugruppe: Hydraulikzylinder

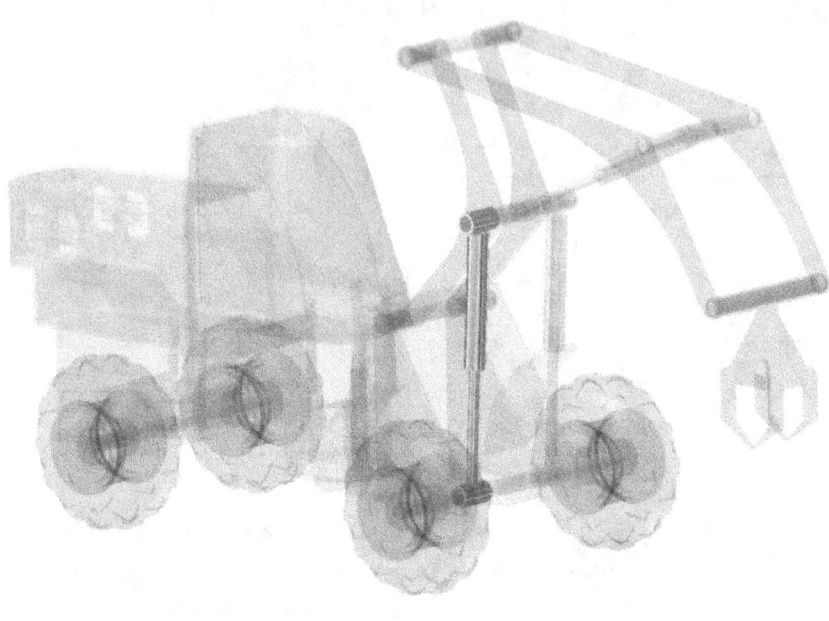

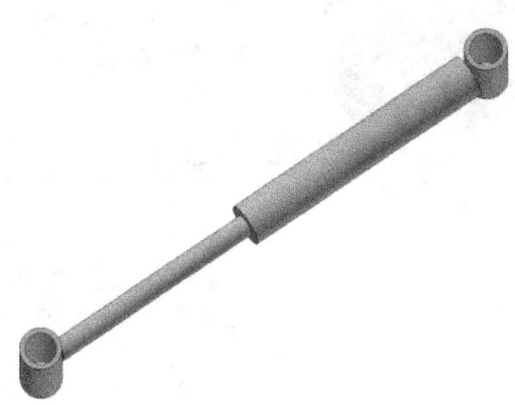

12.1 Bauteil „08-Hydraulikzylinder-Basisskizze" erstellen

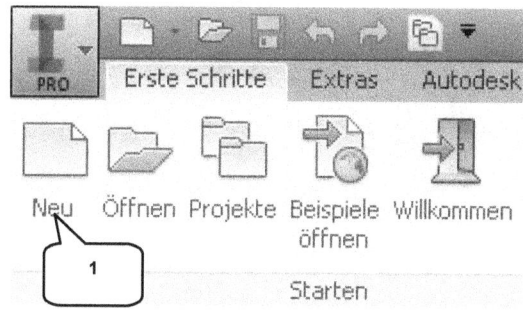

- **Neu** (1)
- Templates (2)
- Bauteil: Norm.ipt (3)
- **Erstellen** (4)
- **Speichern** (5)
- Dateiname: [08-Hydraulikzylinder-Basisskizze] (6)
- **Speichern** (7)

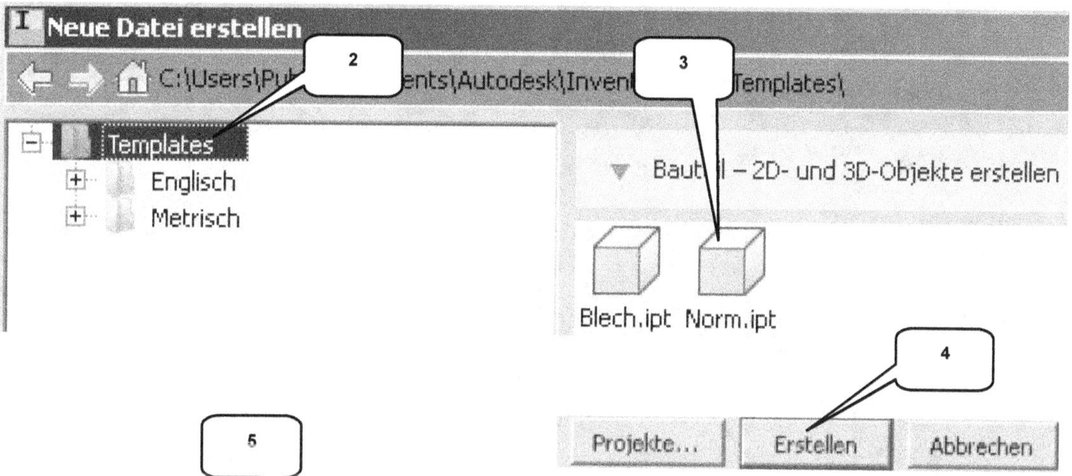

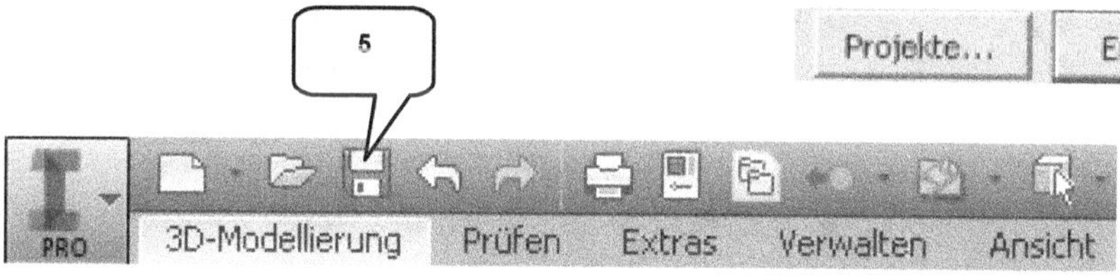

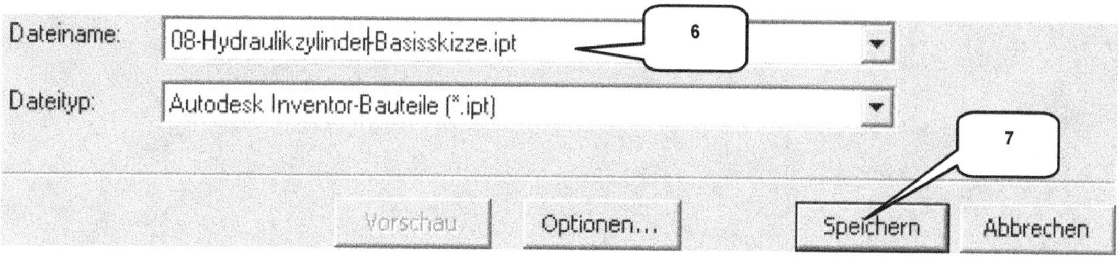

12.2 2D-Skizze auf XY-Ebene öffnen

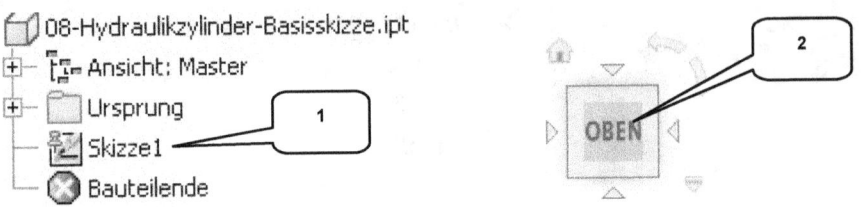

> „Skizze1" im Modellbaum doppelklicken (1)

> **ViewCube-Ansicht: OBEN** (2)

12.3 Achsen projizieren und als Konstruktionsobjekte definieren

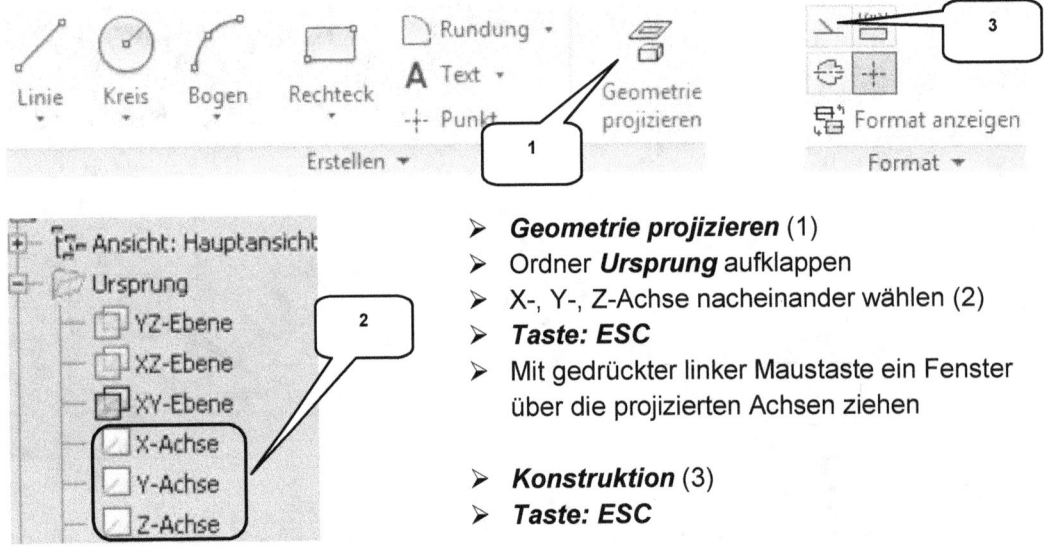

> **Geometrie projizieren** (1)
> Ordner **Ursprung** aufklappen
> X-, Y-, Z-Achse nacheinander wählen (2)
> **Taste: ESC**
> Mit gedrückter linker Maustaste ein Fenster über die projizierten Achsen ziehen

> **Konstruktion** (3)
> **Taste: ESC**

12.4 Zeichnen der Basisskizze

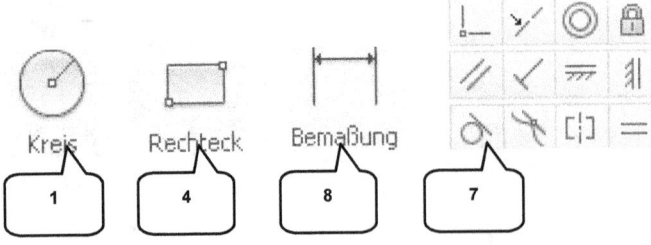

Unterbaugruppe: Hydraulikzylinder

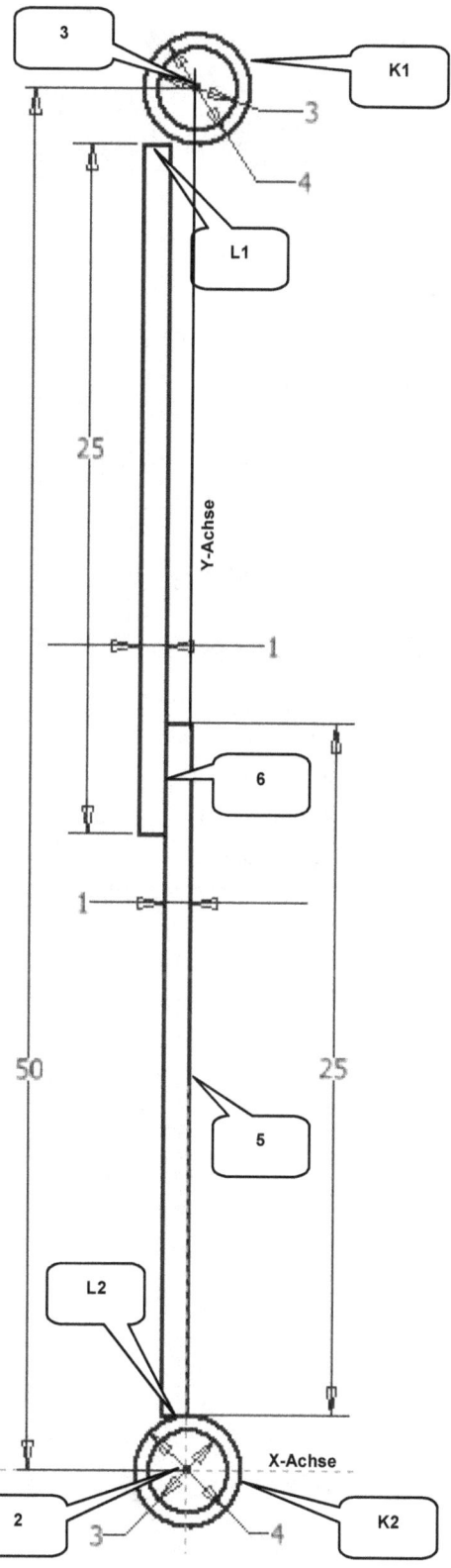

- **Kreis** (1)
- Zwei Kreise zeichnen (2), deren Mittelpunkte im Koordinatenursprung liegen (D1 = 3 mm, D2 = 4 mm)
- Zwei Kreise oberhalb der X-Achse zeichnen (3), deren Mittelpunkte auf der Y-Achse liegen (D1 = 3 mm, D2 = 4 mm)
- **Taste: ESC**

- **Rechteck** (4)
- Ein Rechteck zeichnen (1 x 25 mm), dessen rechte Senkrechte auf der projizierten Y-Achse liegt (5)
- Ein Rechteck zeichnen (1 x 25 mm), dessen rechte Senkrechte ein Teil auf der linken Senkrechten des ersten Rechtecks liegt (6)
- **Taste: ESC**

- **Abhängigkeit Tangential** (7)
- Kreis (K1) wählen (D = 4 mm)
- Linie (L1) wählen (L = 1 mm)
- **Taste: ESC**

- **Abhängigkeit Tangential** (7)
- Kreis (K2) wählen (D = 4 mm)
- Linie (L2) wählen (L = 1 mm)
- **Taste: ESC**

- **Bemaßung** (8)
- Alle Bemaßungen übernehmen wie dargestellt
- **Taste: ESC**

- (Die Skizze **nicht** verlassen!)

12.5 Bauteile aus der Skizze heraus exportieren

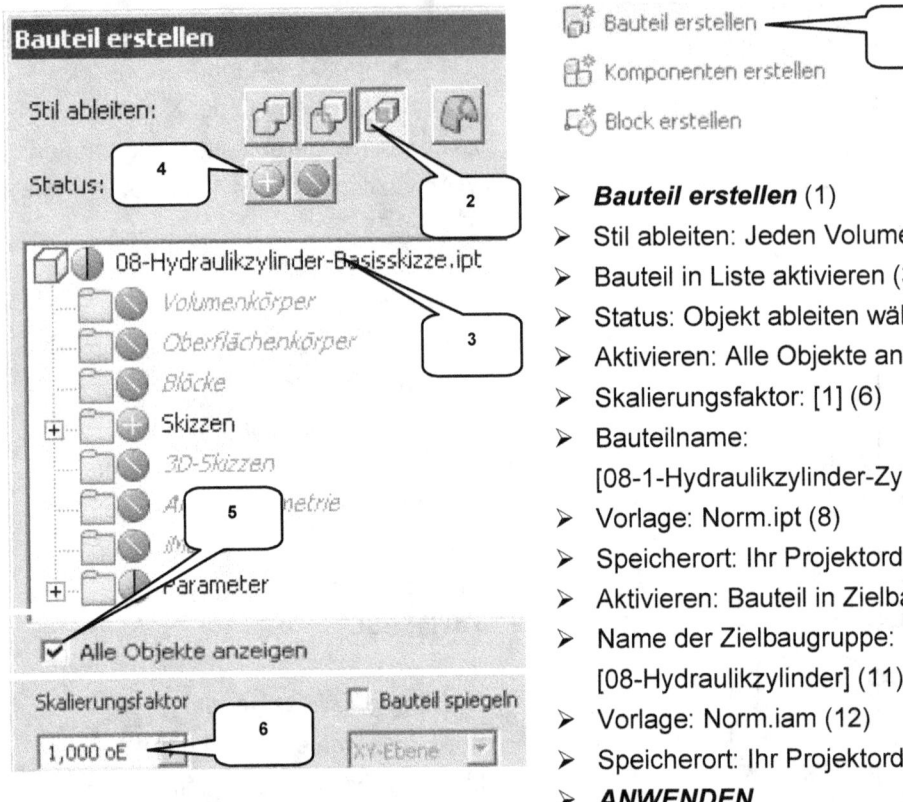

- **Bauteil erstellen** (1)
- Stil ableiten: Jeden Volumenkörper .. (2)
- Bauteil in Liste aktivieren (3)
- Status: Objekt ableiten wählen (4)
- Aktivieren: Alle Objekte anzeigen (5)
- Skalierungsfaktor: [1] (6)
- Bauteilname: [08-1-Hydraulikzylinder-Zylinder] (7)
- Vorlage: Norm.ipt (8)
- Speicherort: Ihr Projektordner (9)
- Aktivieren: Bauteil in Zielbaugr. ... (10)
- Name der Zielbaugruppe: [08-Hydraulikzylinder] (11)
- Vorlage: Norm.iam (12)
- Speicherort: Ihr Projektordner (13)
- **ANWENDEN**

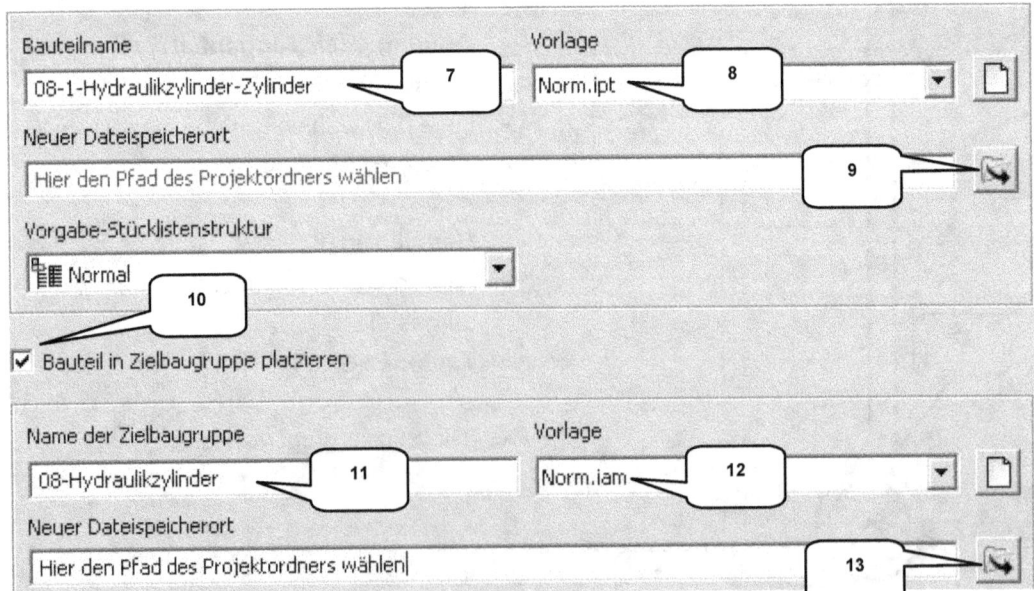

Unterbaugruppe: Hydraulikzylinder

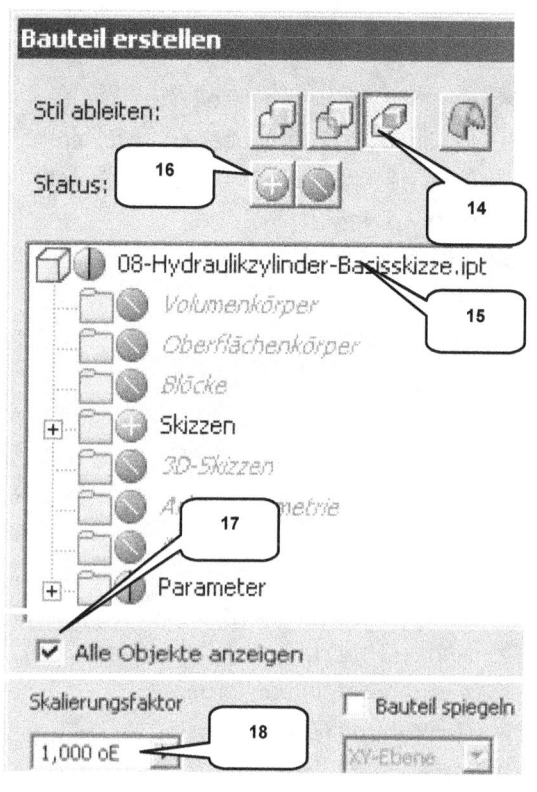

- Stil ableiten: Jeden Volumenk. .. (14)
- Bauteil in Liste aktivieren (15)
- Status: Objekt ableiten wählen (16)
- Aktivieren: Alle Objekte anzeigen (17)
- Skalierungsfaktor: [1] (18)
- Bauteilname: [08-2-Hydraulikzylinder-Kolben] (19)
- Vorlage: Norm.ipt (20)
- Speicherort: Ihr Projektordner (21)
- Aktivieren: Bauteil in Zielbaugr. .. (22)
- Name der Zielbaugruppe: [08-Hydraulikzylinder] (23)
- Vorlage: Norm.iam (24)
- Speicherort: Ihr Projektordner (25)
- **OK**

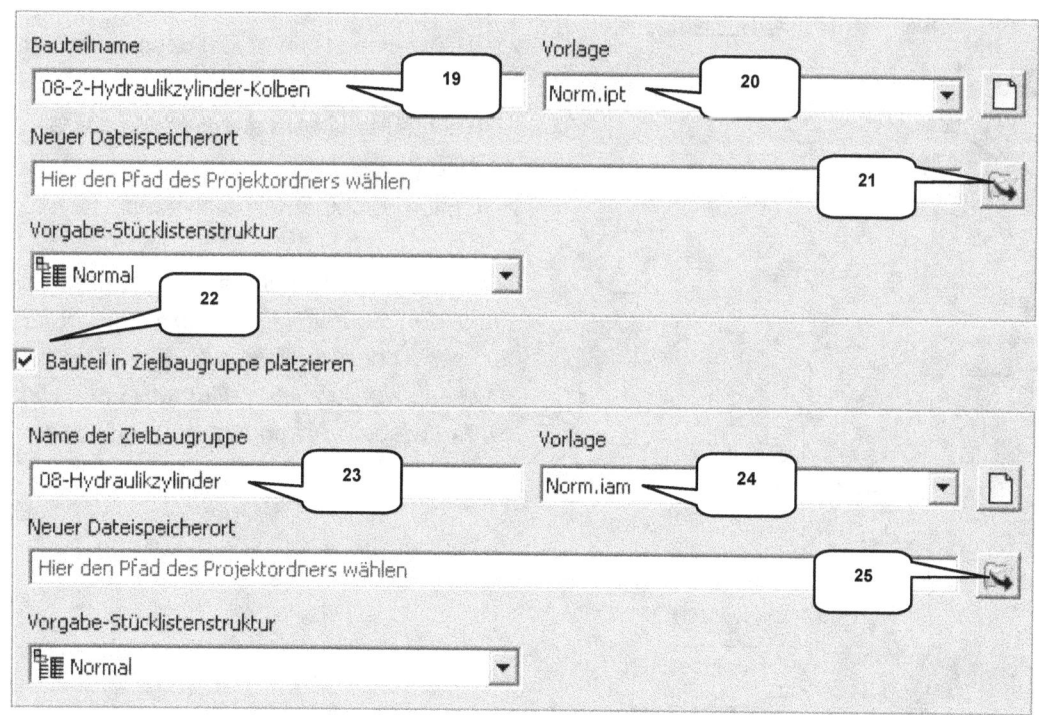

12.6 Bearbeiten des Zylinders

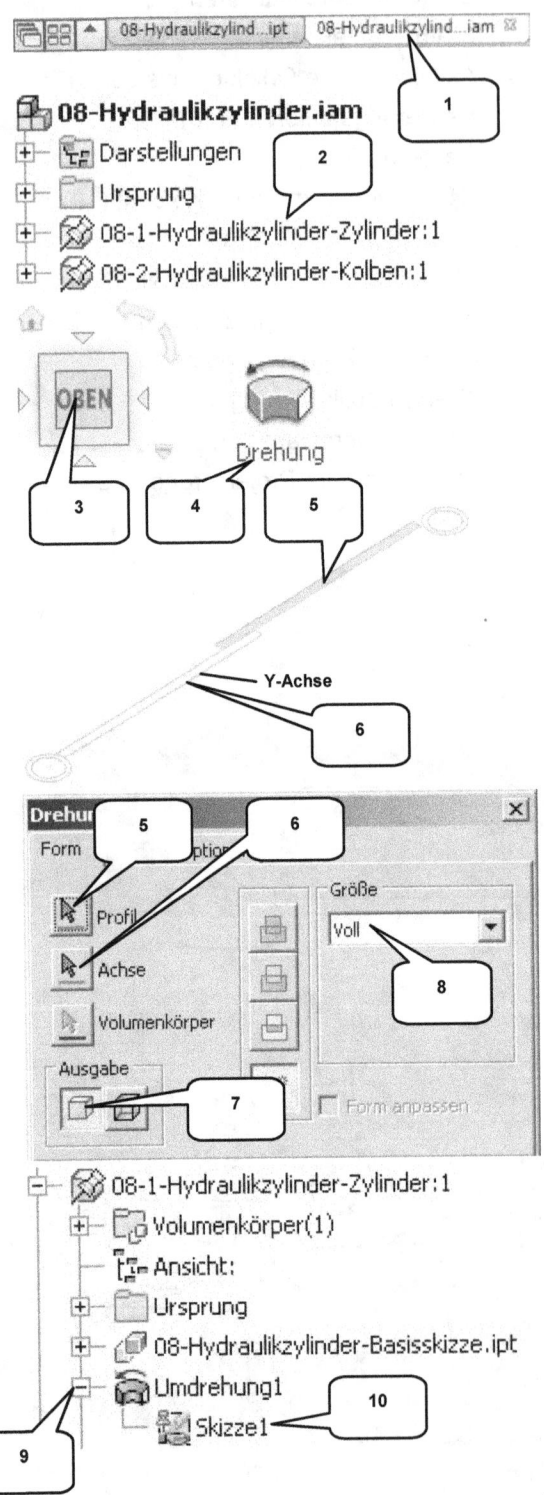

- Fenster „08-Hydraulikzylinder.iam" (unten links) im Zeichenbereich aktivieren (falls es nicht bereits automatisch aktiviert worden ist) (1)
- Rechte Maustaste auf „08-1-Hydraulikzylinder-Zylinder" im Modellbaum (2)
- Option „Bearbeiten" wählen

- **ViewCube-Ansicht: OBEN** (3)

- **Drehung** (4)
-
- Profil: Oberes Rechteck (5)
- Achse: Projizierte Y-Achse (Skizze) (6)
- Ausgabe: Volumenkörper (7)
- Größe: Voll (8)
- **OK**

- „Umdrehung1" im Modellbaum erweitern (9)
- Rechte Maustaste auf die darin enthaltene Skizze (10)
- Option „Sichtbarkeit" aktivieren

Sollte die Option „Sichtbarkeit" im Auswahlmenü der rechten Maustaste nicht vorhanden sein, oder der folgende Befehl zurückgewiesen werden, kann alternativ die Option „Skizze wieder verwenden" gewählt werden. !

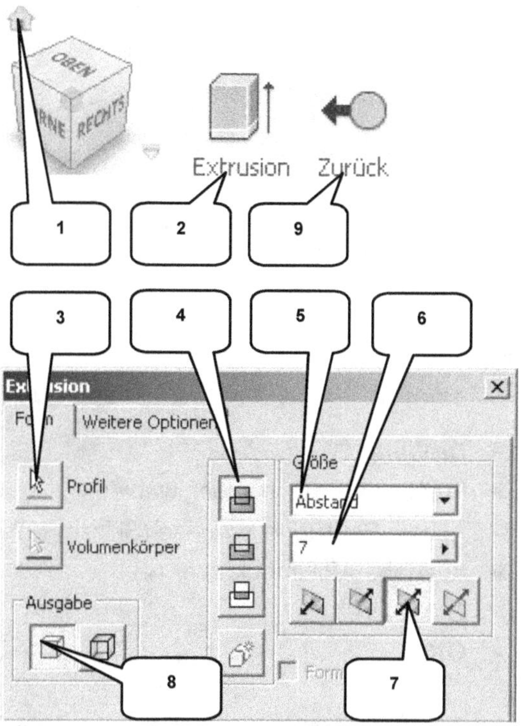

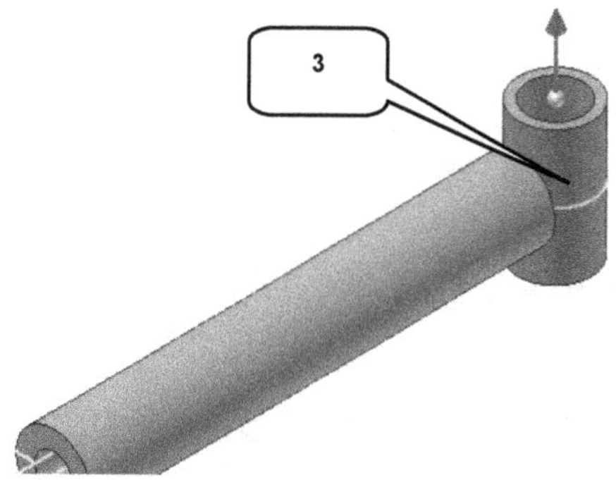

Unterbaugruppe: Hydraulikzylinder

- **ViewCube-Ansicht: Haussymbol** (1)

- **Extrusion** (2)
- Profil: Kreisring (3)
- Verfahren: Vereinigung (4)
- Größe: Abstand (5)
- Wert: [7] mm (6)
- Richtung: Symmetrisch (7)
- Ausgabe: Volumenkörper (8)
- **OK**

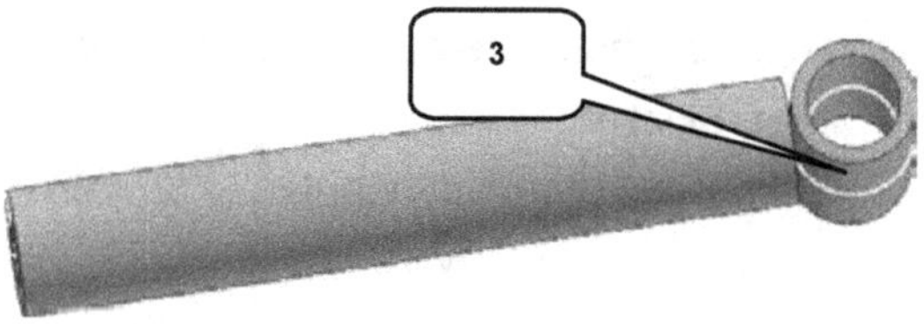

- Rechte Maustaste auf die reaktivierte Skizze im Modellbaum
- „Sichtbarkeit" deaktivieren

- **Zurück** (9) (zum Baugruppenbereich)

*Extrudiert werden soll der Bereich zwischen den beiden Kreisen D1 = 3 mm und D2 = 4 mm, welcher sich **nicht** im Koordinatenursprung, sondern 50 mm oberhalb der X-Achse befindet (3).* !

12.7 Bearbeiten des Kolbens

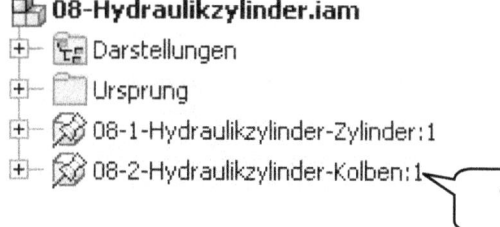

- Rechte Maustaste auf „08-2-Hydraulikzylinder-Kolben" im Modellbaum (1)
- Option „Bearbeiten" wählen

Unterbaugruppe: Hydraulikzylinder

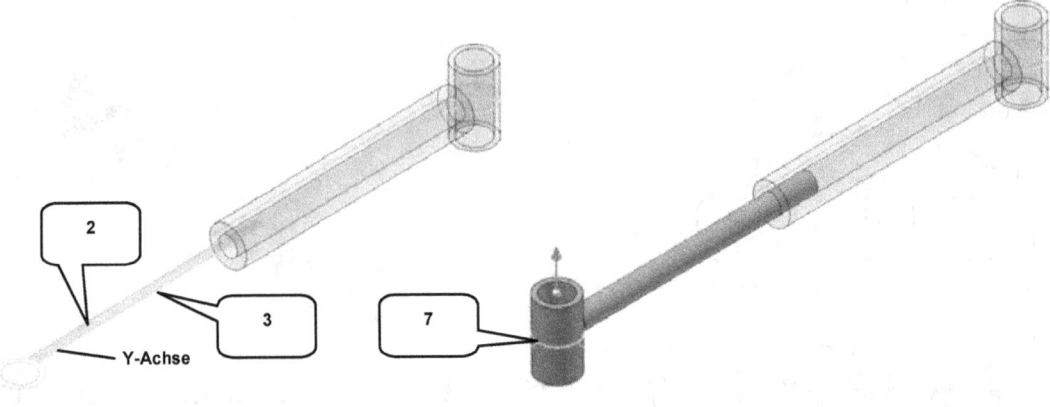

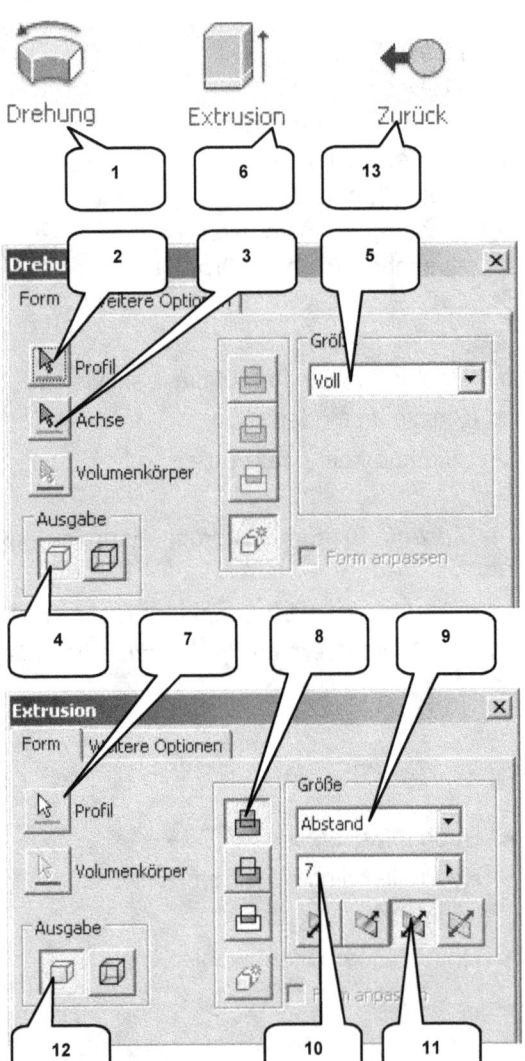

- **Drehung** (1)
- Profil: Unteres Rechteck wählen (2)
- Achse: Projizierte Y-Achse (Skizze) (3)
- Ausgabe: Volumenkörper (4)
- Größe: Voll (5)
- OK

- „Umdrehung1" im Modellbaum erweitern
- Rechte Maustaste auf die darin enthaltene Skizze
- Option „Sichtbarkeit" wählen (alternativ „Skizze wieder verwenden")

- **Extrusion** (6)
- Profil: Kreisring (zw. D = 3 mm und D = 4 mm) am Koordinatenursprung (7)
- Verfahren: Vereinigung (8)
- Größe: Abstand (9)
- Wert: [7] mm (10)
- Richtung: Symmetrisch (11)
- Ausgabe: Volumenkörper (12)
- OK

- Rechte Maustaste auf die reaktivierte Skizze im Modellbaum
- „Sichtbarkeit" deaktivieren

- **Zurück** (13) (zum Baugruppenbereich)

12.8 Setzen der Abhängigkeiten zwischen Kolben und Zylinder

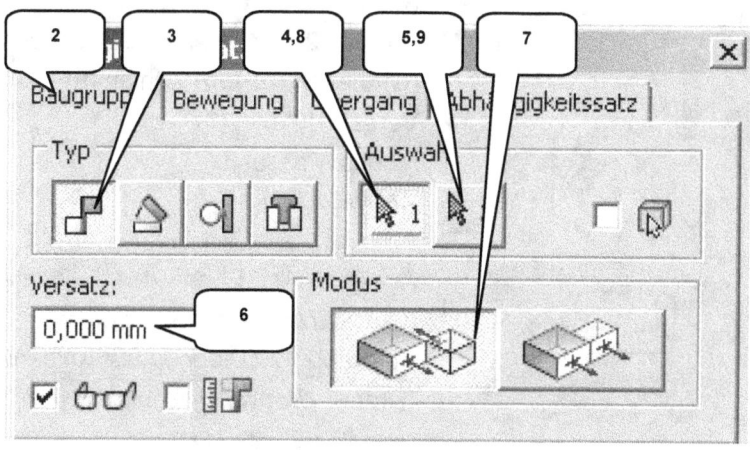

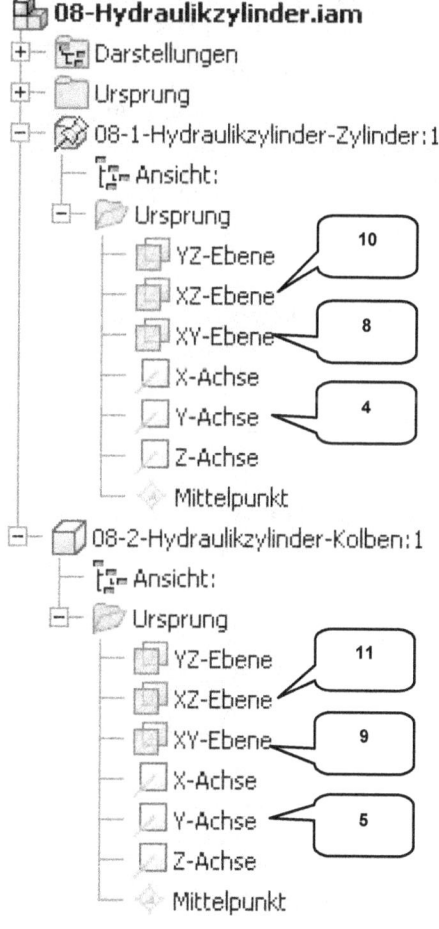

> Rechte Maustaste im Modellbaum auf „08-2-Hydraulikzylinder-Kolben"
> Option „Fixiert" deaktivieren
> (Das Bauteil Kolben kann jetzt frei bewegt werden.)

> **Abhängig machen** (1)
> Reiter: Baugruppe (2)
> Typ: Passend (3)
> Auswahl1: Y-Achse des Zylinders (Ordner **Ursprung**, Bauteil „Zylinder") wählen (4)
> Auswahl2: Y-Achse des Kolbens (Ordner **Ursprung**, Bauteil „Kolben") wählen (5)
> Versatz: [0] mm (6)
> Modus: Passend (7)
> **ANWENDEN**

Unterbaugruppe: Hydraulikzylinder

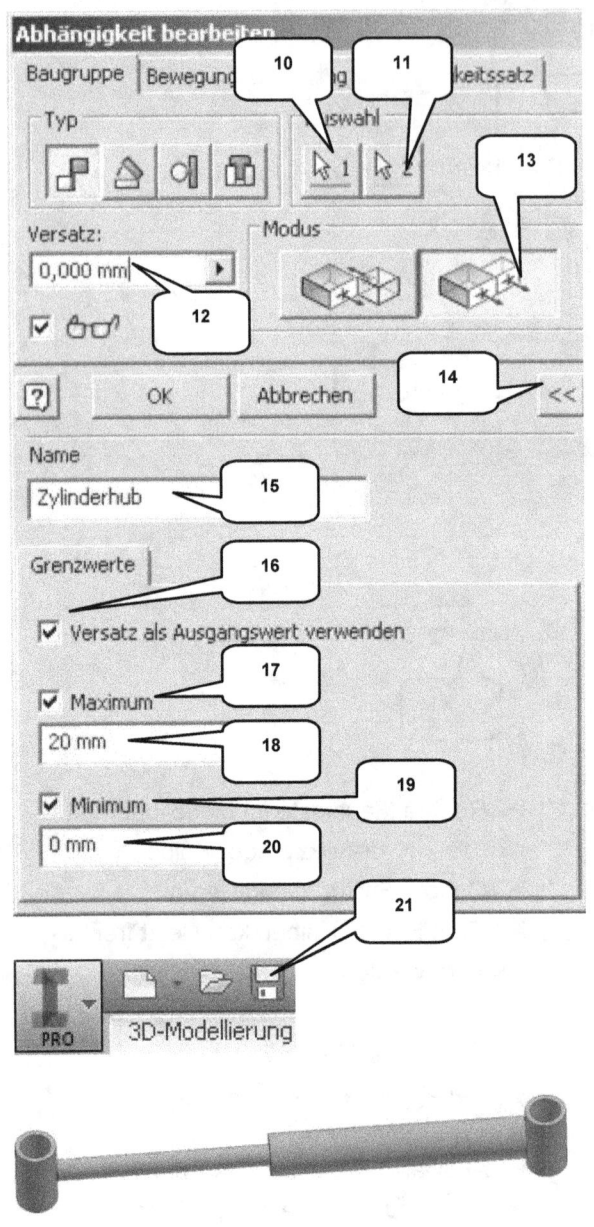

- Auswahl1: XY-Ebene des Zylinders (Ordner *Ursprung*) wählen (8)
- Auswahl2: XY-Ebene des Kolbens (Ordner *Ursprung*) wählen (9)
- Versatz: [0] mm (6)
- Modus: Passend (7)
- **ANWENDEN**

- Auswahl1: XZ-Ebene des Zylinders (Ordner *Ursprung*) wählen (10)
- Auswahl2: XZ-Ebene des Kolbens (Ordner *Ursprung*) wählen (11)
- Versatz: [0] mm (12)
- Modus: **Fluchtend** (13)
- Befehl erweitern (14)
- Name: [Zylinderhub] (15)
- Aktivieren: Versatz als Ausgangswert verwenden (16)
- Aktivieren: Maximum (17)
- Wert: [20] mm (18)
- Aktivieren: Minimum (19)
- Wert: [0] mm (20)
- **OK**

- *Speichern* (der Baugruppe) (21)
- *Ja für alle*
- *Datei schließen* (08-Hydraulikzylinder.iam)
- *Datei schließen* (08-Hydraulikzylinder-Basisskizze.iam)

Der Kolben kann jetzt bei gedrückter linker Maustaste in den Zylinder geschoben werden; er schnellt zurück, sobald die Maustaste wieder losgelassen wird. **!**

13 Hauptbaugruppe: Holzrückmaschine

Hauptbaugruppe: Holzrückmaschine

13.1 Baugruppe „00-Holzrueckmaschine" erstellen

- **Neu** (1)
- Templates (2)
- Bauteil: Norm.iam (3)
- **Erstellen** (4)

- **Speichern** (5)
- Dateiname:
  [00-Holzrueckmaschine] (6)
- **Speichern** (7)

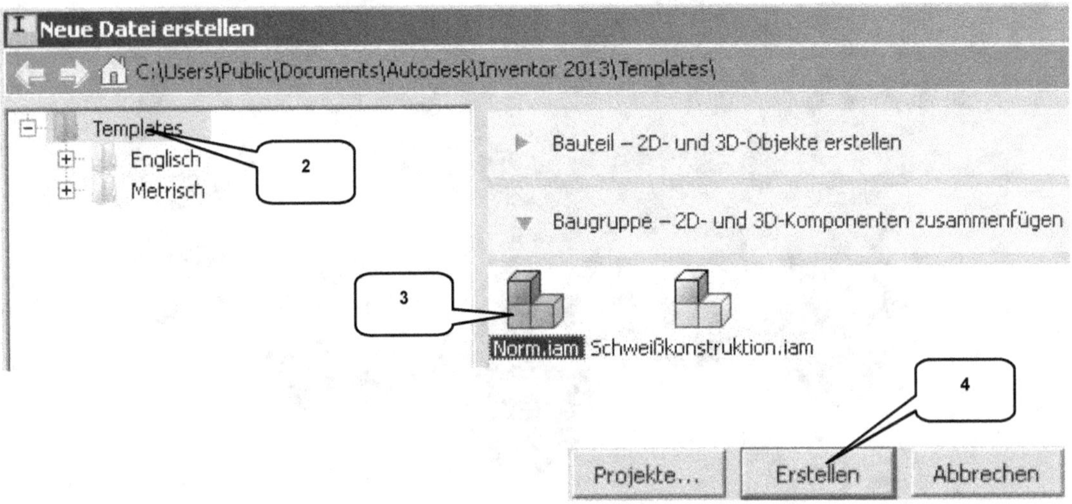

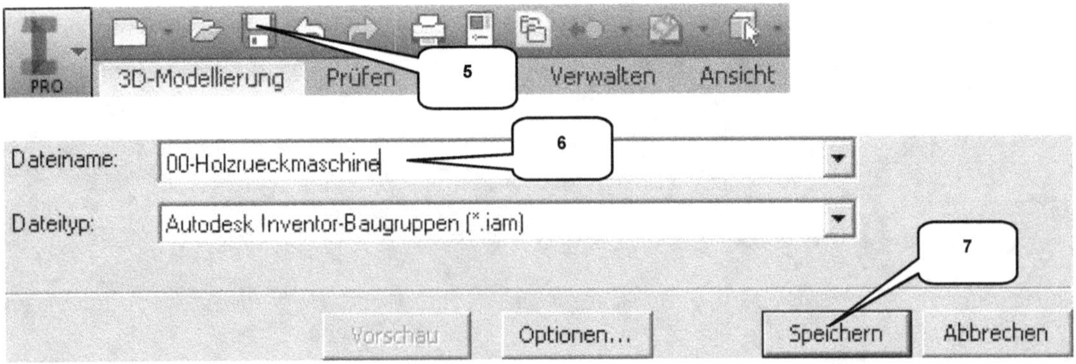

13.2 Platzieren der ersten Bauteile

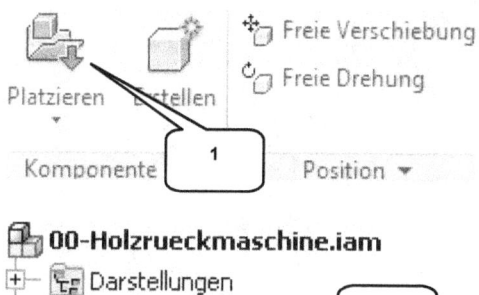
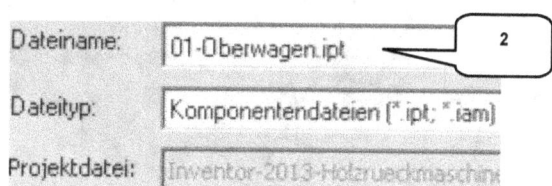

- **Komponente platzieren** (1)
- Datei „01-Oberwagen.ipt" wählen (2)
- **ÖFFNEN**
- Rechte Maustaste > Option „Am Ursprung platziert fixiert" wählen
- **Taste: ESC**

Ein Bauteil in einer Baugruppe sollte stets auf den Koordinatenursprung der Baugruppe bezogen platziert und dort fixiert werden.

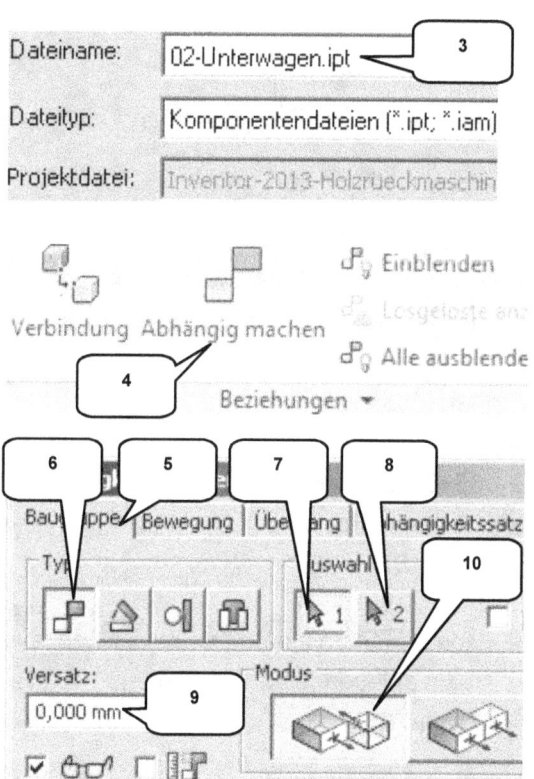

- **Komponente platzieren** (1)
- Datei „02-Unterwagen.ipt" wählen (3)
- **ÖFFNEN**
- Bauteil einmal frei im Zeichenbereich ablegen (linke Maustaste)
- **Taste: ESC**

- **Abhängig machen** (4)
- Reiter: Baugruppe (5)
- Typ: Passend (6)
- Auswahl1: Markierte Fläche (7)
- Auswahl2: Markierte Fläche (8)
- Versatz: [0] mm (9)
- Modus: Passend (10)
- **ANWENDEN**
- Auswahl1: Markierte Fläche (11)
- Auswahl2: Markierte Fläche (12)
- Versatz: [0] mm (13)
- Modus: **Fluchtend** (14)
- **ANWENDEN**

Hauptbaugruppe: Holzrückmaschine

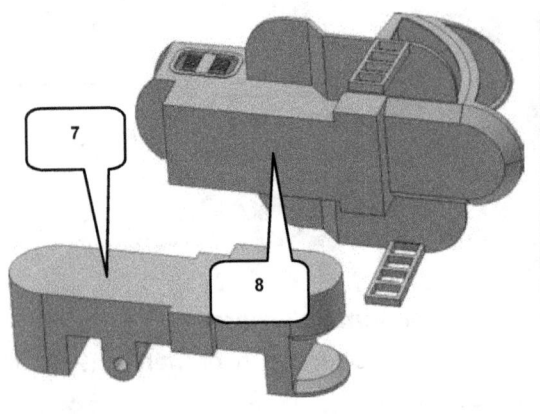
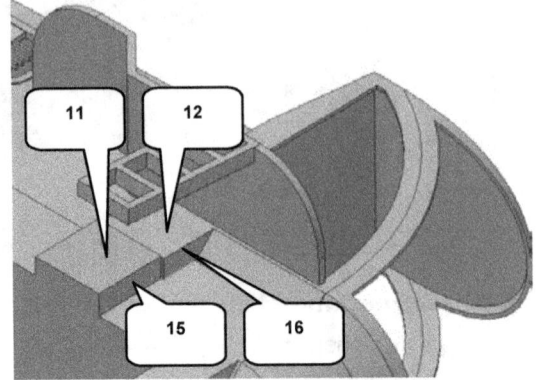

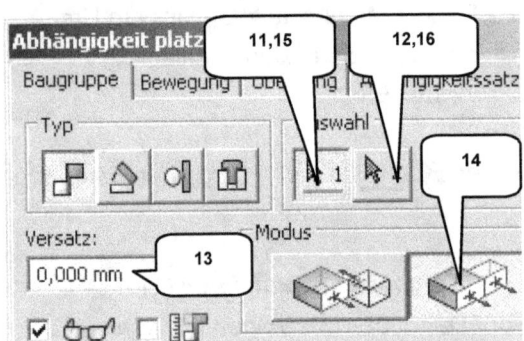

- Auswahl1: Markierte Fläche (15)
- Auswahl2: Markierte Fläche (16)
- Versatz: [0] mm (13)
- Modus: **Fluchtend** (14)
- **OK**

13.3 Weitere Bauteile in die Baugruppe einfügen

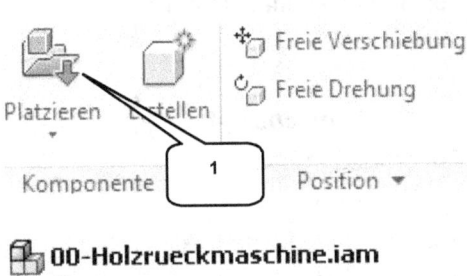

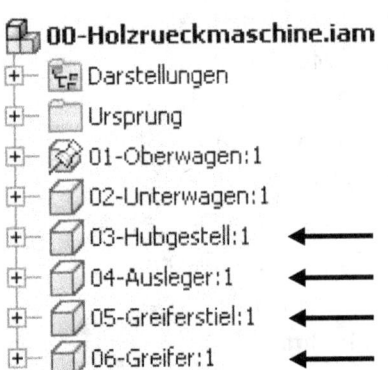

- **Komponente platzieren** (1)
- Bei gedrückter **Taste: STRG** die folgenden vier Bauteile mit der linken Maustaste auswählen:
- 03-Hubgestell.ipt
- 04-Ausleger.ipt
- 05-Greiferstil.ipt
- 06-Greifer.ipt
- **ÖFFNEN**

- Komponenten einmal frei im Zeichenbereich ablegen (linke Maustaste)
- **Taste: ESC**

13.4 Bauteil „03-Hubgestell" mit Abhängigkeiten versehen

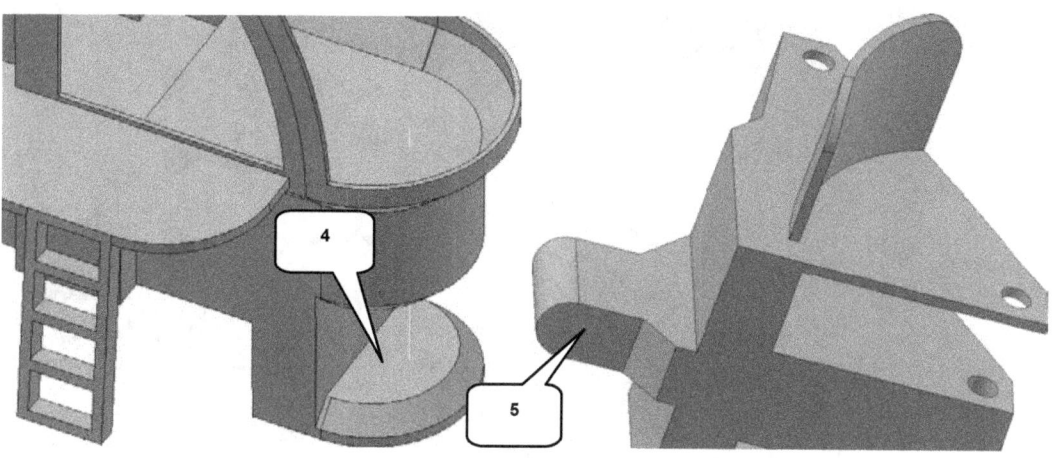

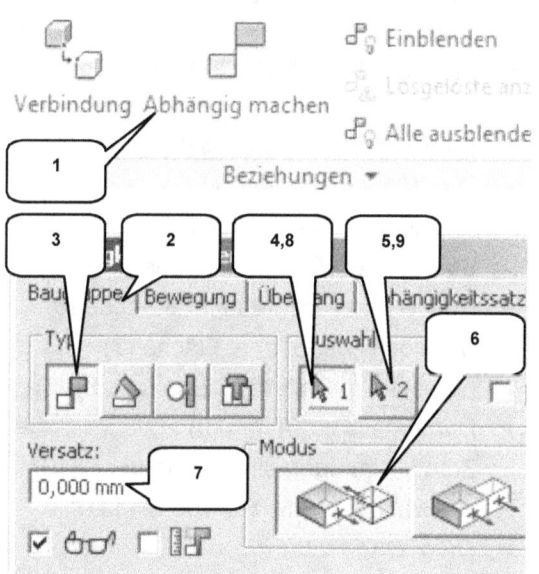

- **Abhängig machen** (1)
- Reiter: Baugruppe (2)
- Typ: Passend (3)
- Auswahl1: Markierte Fläche (4)
- Auswahl2: Markierte Fläche (5)
- Versatz: [0] mm (6)
- Modus: Passend (7)
- **ANWENDEN**
- Auswahl1: Arbeitsachse (8)
- Auswahl2: Markierte Rundung (9)
- Versatz: [0] mm (6)
- Modus: Passend (7)
- **OK**

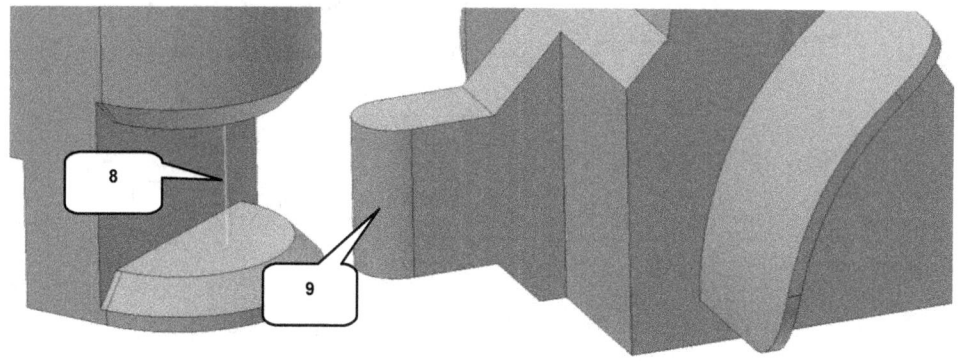

13.5 Schraubenverbindungen einfügen

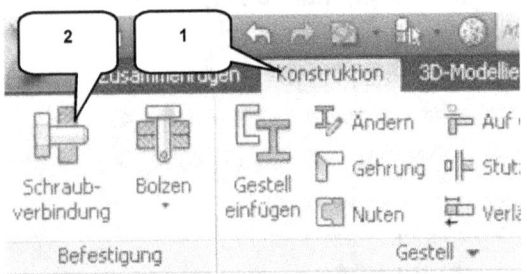

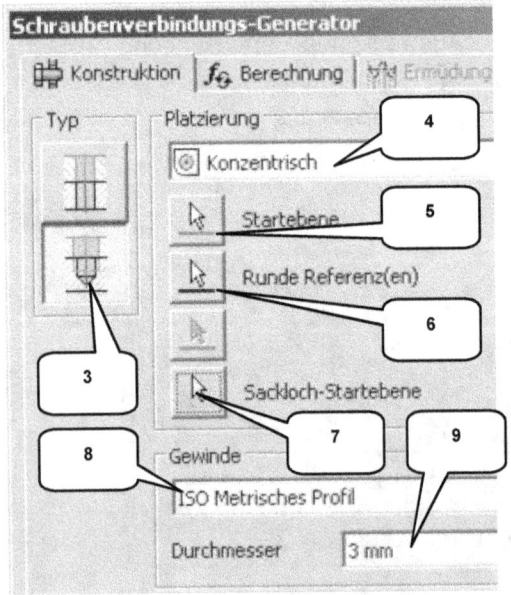

- Register **Konstruktion** öffnen (1)
- **Schraubenverbindung** (2)
- Typ: Nicht durchgehend (3)
- Platzierung: Konzentrisch (4)
- Startebene: Markierte Fläche (5)
- Runde Referenz: Markierte Achse (6)
- Sackloch-Startebene: Fläche (7)
- Gewinde: ISO Metrisches Profil (8)
- Durchmesser: [3] mm (9)
- Zum Hinzufügen einer Schraube.. (10)
- Auswahl: DIN EN ISO 10642 (11)
- **OK > OK**

- Schraube „DIN EN ISO 10642 M3 x 20" sollte in der Vorschau erscheinen (12)

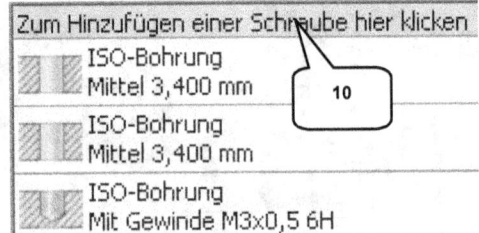

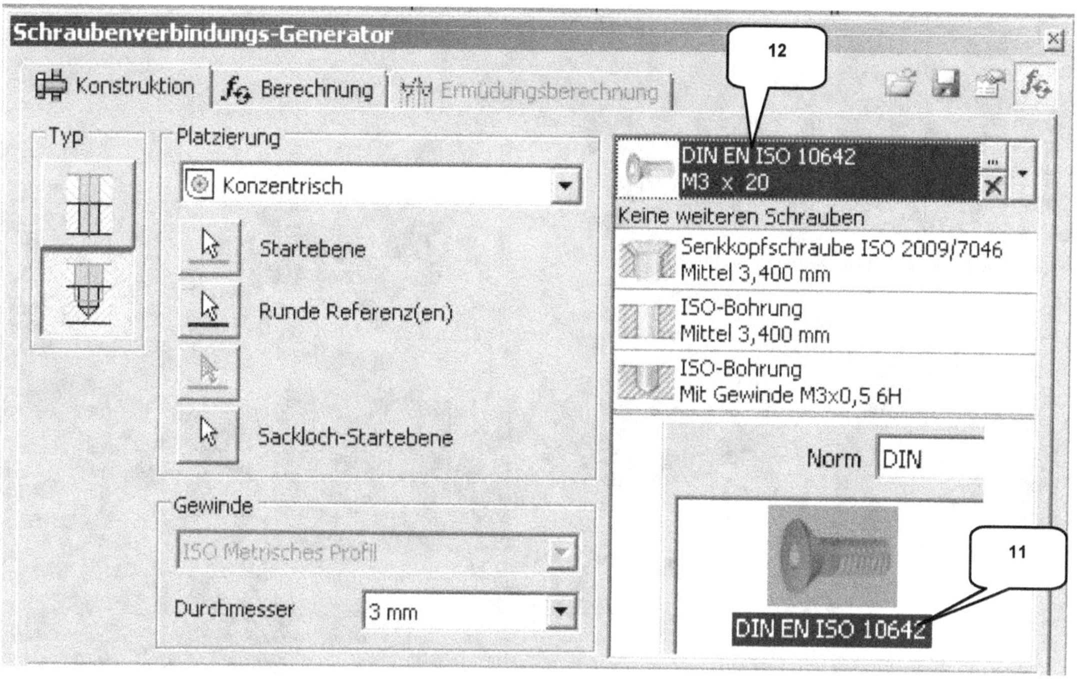

Hauptbaugruppe: Holzrückmaschine

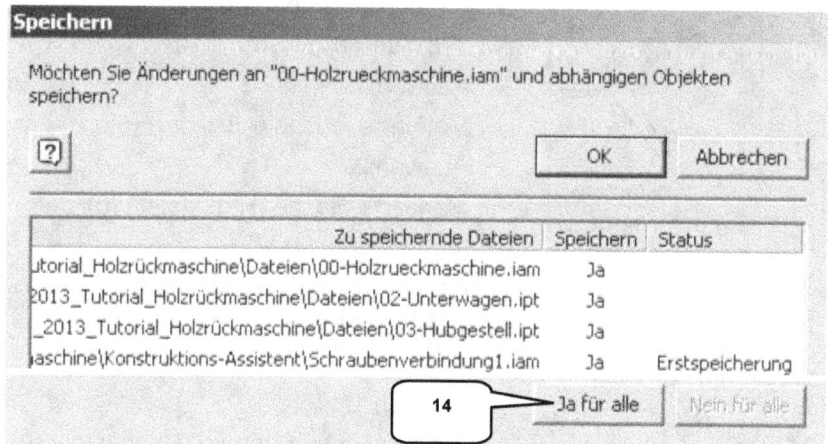

- **Speichern** (13)
- Ja für alle (14)
- **OK**

Dieser Befehl fügt Schraubenverbindungen in Baugruppen ein und fügt den Bauteilen **02-Unterwagen.ipt** und **03-Hubgestellt.ipt** alle für die Schraubenverbindung notwendigen (Gewinde-) Bohrungen hinzu.

13.6 Bauteil „04-Ausleger" mit Abhängigkeiten versehen

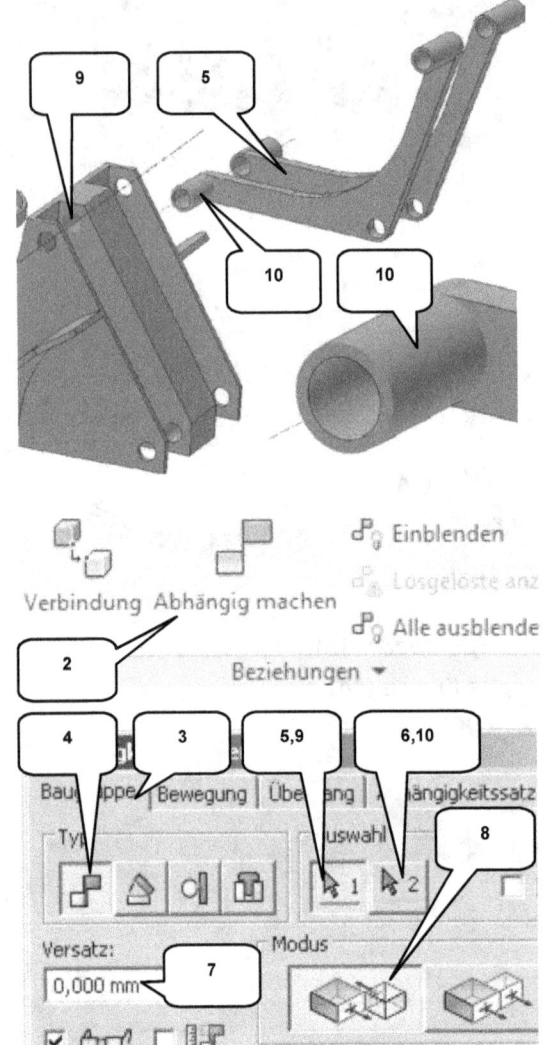

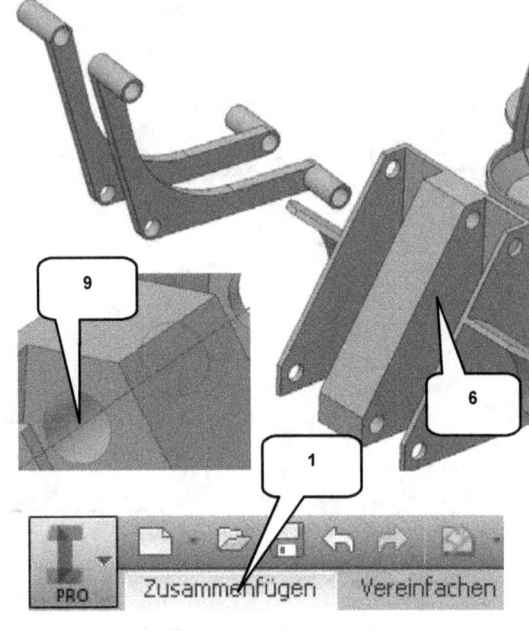

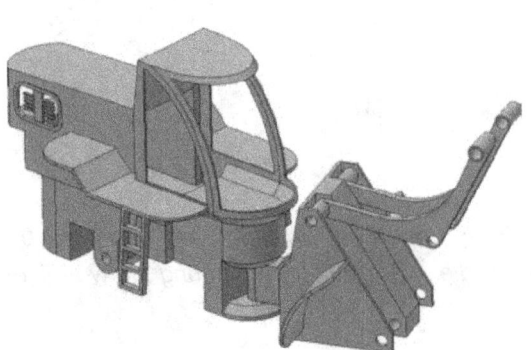

> Register **Zusammenfügen** öffnen (1)

> **Abhängig machen** (2)
> Reiter: Baugruppe (3)
> Typ: Passend (4)
> Auswahl1:
>   Markierte Fläche (Ausleger) (5)
> Auswahl2:
>   Markierte Fläche (Hubgestell) (6)
> Versatz: [0] mm (7)
> Modus: Passend (8)
> **ANWENDEN**

> Auswahl1:
>   Zylinderfläche Bohrung (Hubgestell) (9)
> Auswahl2:
>   Zylinderfläche (Ausleger) (10)
> Versatz: [0] mm (7)
> Modus: Passend (6)
> **OK**

13.7 Bauteil „05-Greiferstiel" mit Abhängigkeiten versehen

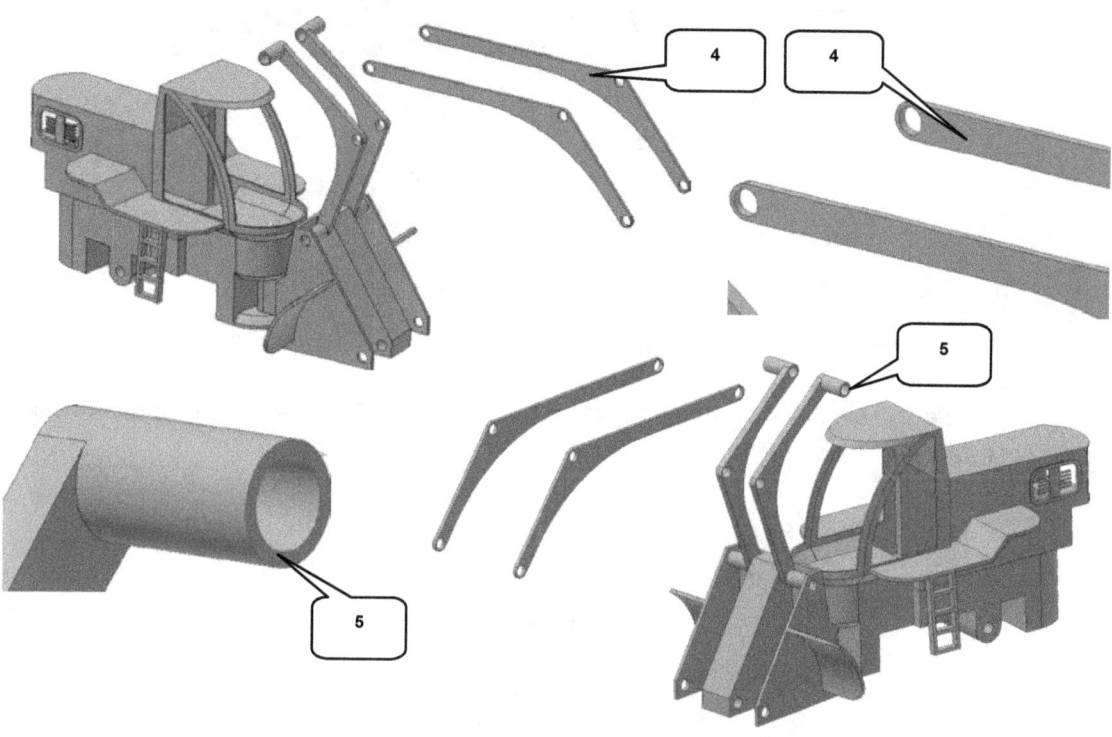

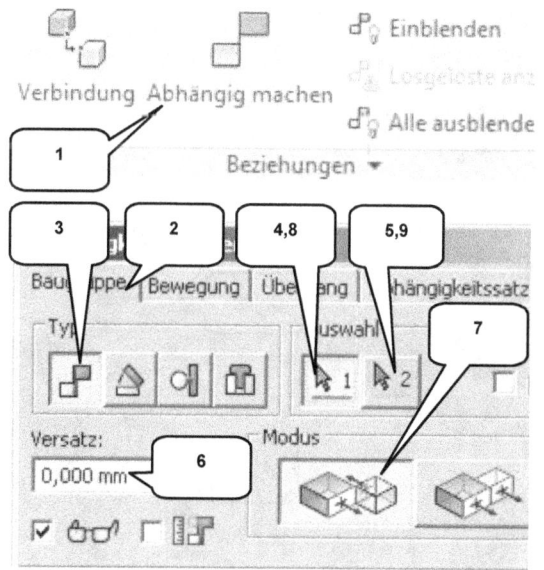

- **Abhängig machen** (1)
- Reiter: Baugruppe (2)
- Typ: Passend (3)
- Auswahl1: Markierte Fläche (innere Fläche Greiferstiel) (4)
- Auswahl2: Markierte Fläche (Stirnfläche Ausleger) (5)
- Versatz: [0] mm (6)
- Modus: Passend (7)
- **ANWENDEN**
- Auswahl1: Zylinderfläche (Ausleger) (Hubgestell) (8)
- Auswahl2: Zylinderfläche Bohrung (Greiferstiel) (9)
- Versatz: [0] mm (6)
- Modus: Passend (7)
- **OK**

Hauptbaugruppe: Holzrückmaschine

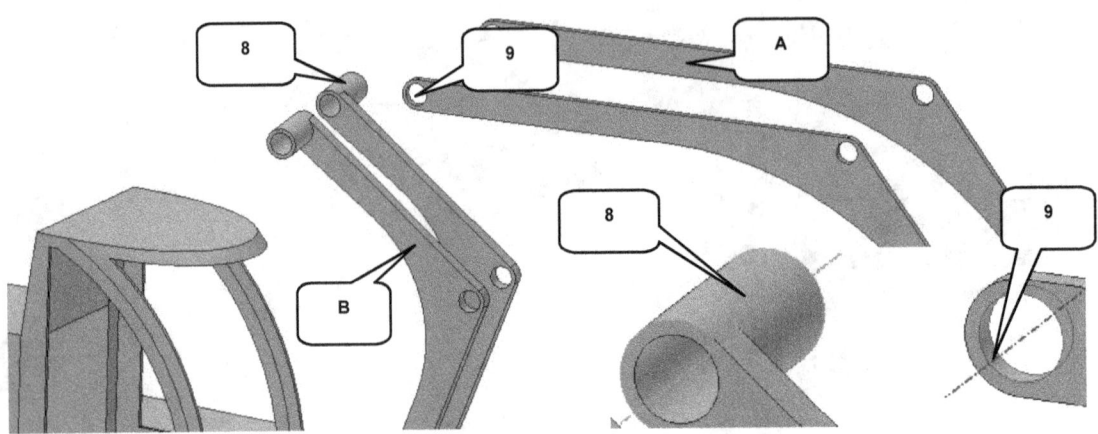

Der Greiferstiel hat eine lange und eine kurze Seite. Die lange Seite (A) ist die Seite, welche mit dem Ausleger (B) verbunden werden muss (8,9).

13.8 Bauteil „06-Greifer" mit Abhängigkeiten versehen

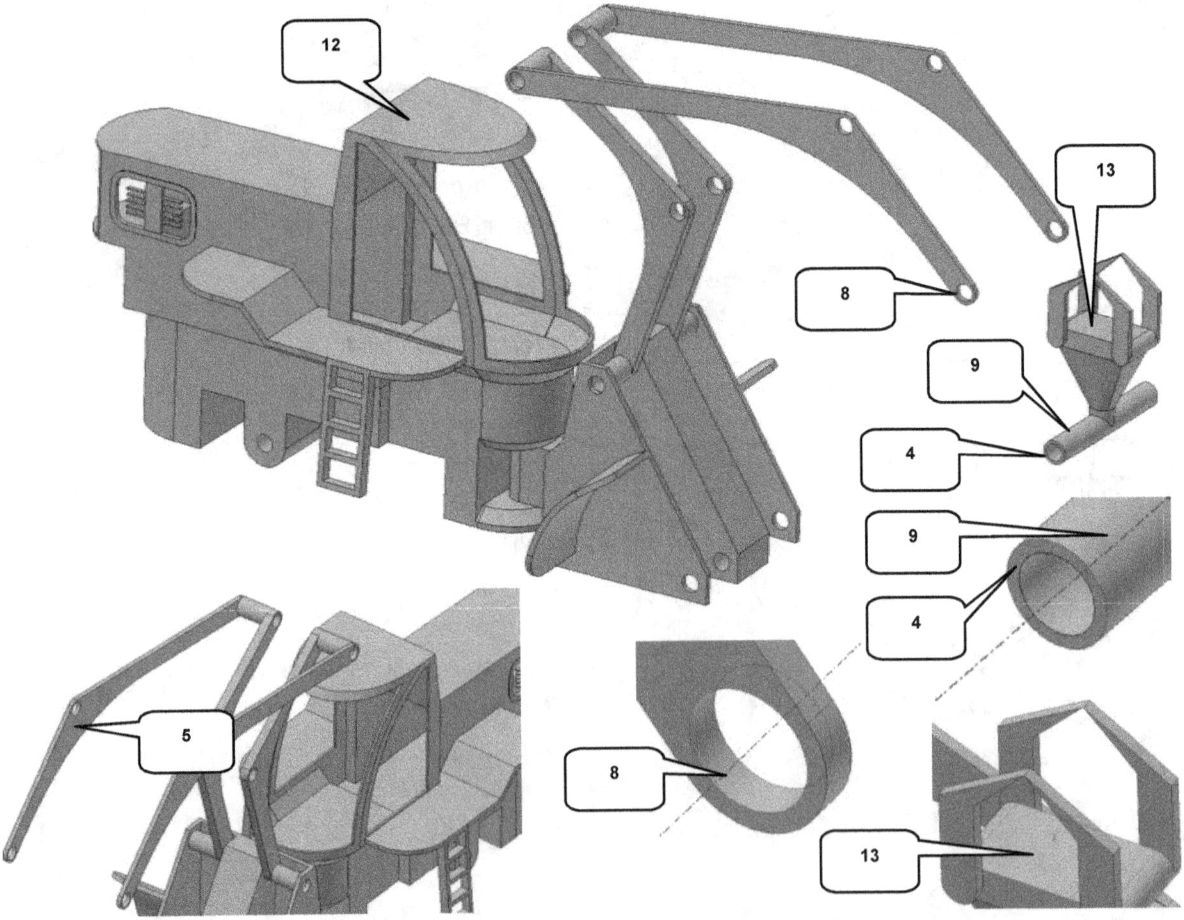

145

Hauptbaugruppe: Holzrückmaschine

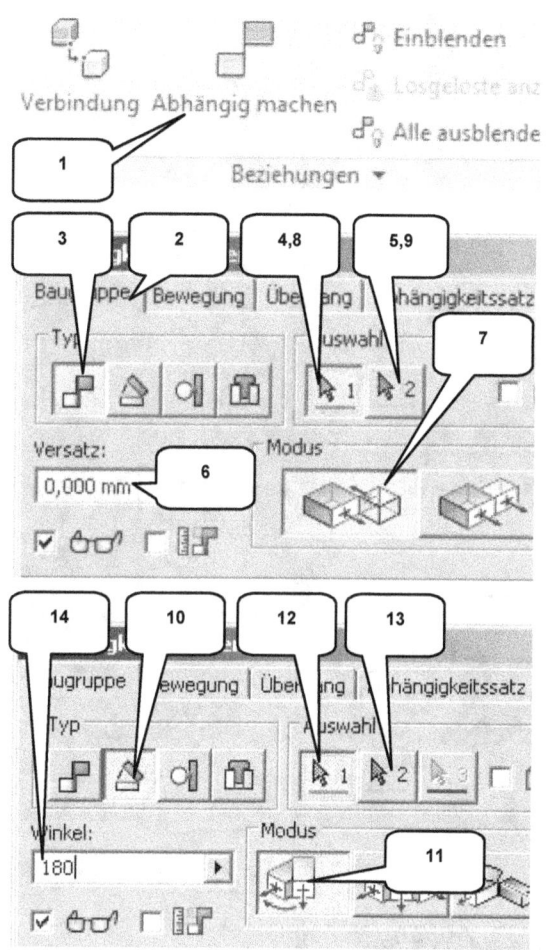

- **Abhängig machen** (1)
- Reiter: Baugruppe (2)
- Typ: Passend (3)
- Auswahl1: Markierte Fläche (Stirnfläche Greifer) (4)
- Auswahl2: Markierte Fläche (innere Fläche Greiferstiel) (5)
- Versatz: [0] mm (6)
- Modus: Passend (7)
- **ANWENDEN**
- Auswahl1: Zylinderfläche (Bohrung Ausleger) (8)
- Auswahl2: Zylinderfläche (Greifer) (9)
- Versatz: [0] mm (6)
- Modus: Passend (7)
- **ANWENDEN**
- Typ: **Winkel** (10)
- Modus: Gerichteter Winkel (11)
- Auswahl1: Markierte Fläche (Dach Oberwagen) (12)
- Auswahl2: Markierte Fläche (Greifer) (13)
- Winkel: [180] Grad (14)
- **OK**

13.9 Unterbaugruppen „08-Hydraulikzylinder" einfügen

- **Komponente platzieren** (1)
- „08-Hydraulikzylinder.iam" wählen
- **ÖFFNEN**
- Komponenten insgesamt 3x frei im Zeichenbereich ablegen
- **Taste: ESC**

13.10 Befestigen der unteren beiden Hydraulikzylinder

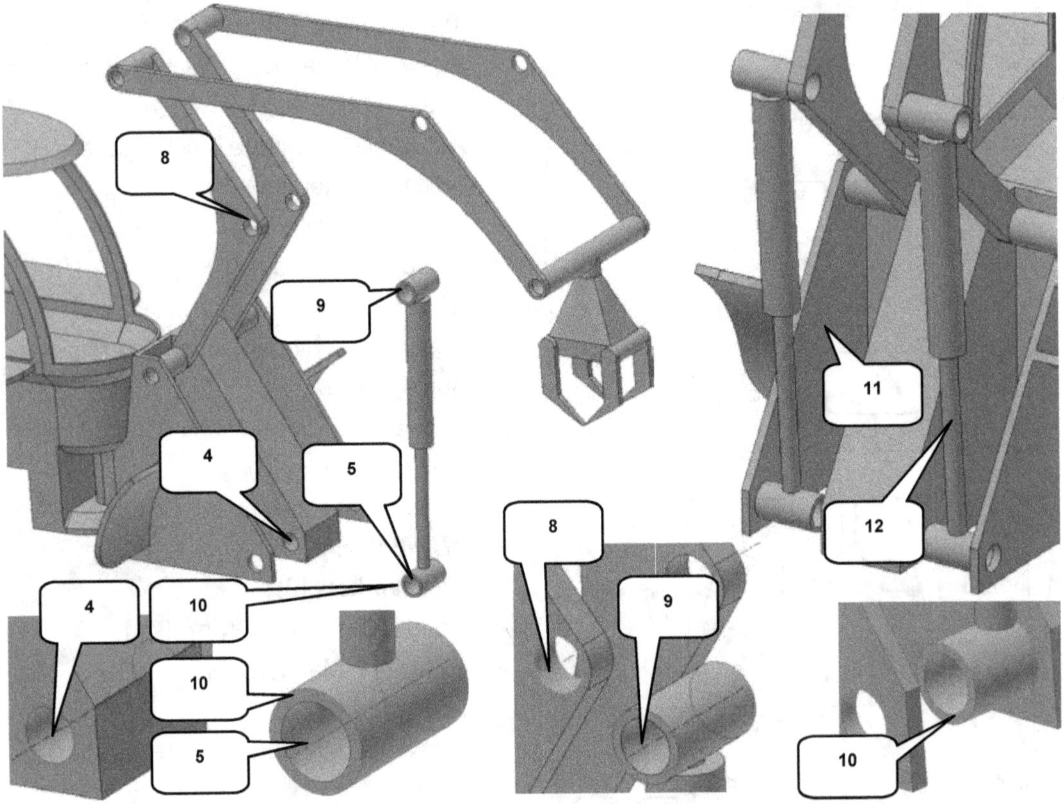

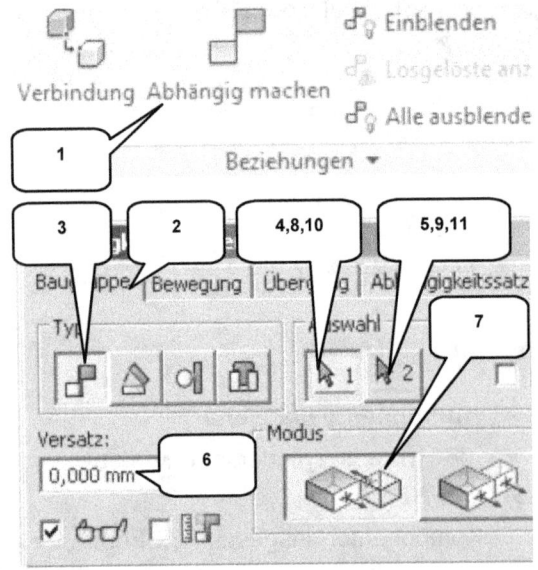

- **Abhängig machen** (1)
- Reiter: Baugruppe (2)
- Typ: Passend (3)
- Auswahl1: Bohrung (Hubgestell) (4)
- Auswahl2: Bohrung (Zylinder) (5)
- Versatz: [0] mm (6)
- Modus: Passend (7)
- **ANWENDEN**
- Auswahl1: Bohrung (Hubgestell) (8)
- Auswahl2: Bohrung (Zylinder) (9)
- Versatz: [0] mm (6)
- Modus: Passend (7)
- **ANWENDEN**

Hauptbaugruppe: Holzrückmaschine

- Auswahl1: Stirnfläche (Zylinder) (10)
- Auswahl2: Innenflä. (Hubgestell) (11)
- Versatz: [0] mm (6)
- Modus: Passend (7)
- **OK**

Der zweite Hydraulikzylinder kann äquivalent zwischen Hubgestell und Ausleger befestigt werden. Position (12) zeigt dessen Lage und Ausrichtung. !

13.11 Befestigen des oberen Hydraulikzylinders

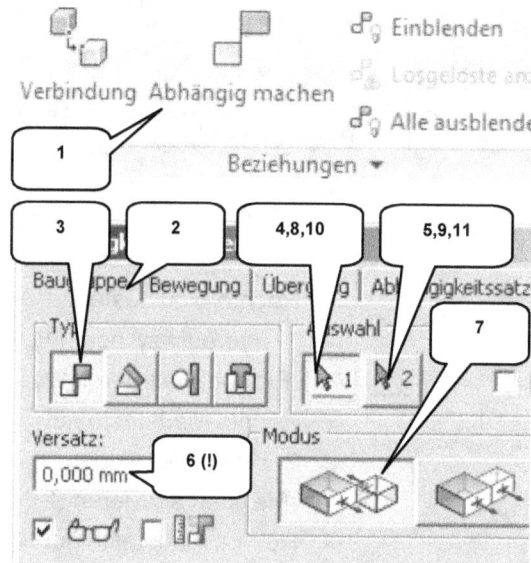

- **Abhängig machen** (1)
- Reiter: Baugruppe (2)
- Typ: Passend (3)
- Auswahl1: Bohrung (Greiferstiel) (4)
- Auswahl2: Bohrung (Zylinder) (5)
- Versatz: [0] mm (6)
- Modus: Passend (7)
- **ANWENDEN**
- Auswahl1: Stirnfläche (Zylinder) (8)
- Auswahl2: Innenfläche (Greiferstiel) (9)
- Versatz: [**10,5**] mm (6) !!!
- Modus: Passend (7)
- **ANWENDEN**
- Auswahl1: Bohrung (oberer Zyl.) (10)
- Auswahl2: Bohrung (unterer Zyl.) (11)
- Versatz: [0] mm (6)
- Modus: Passend (7)
- **OK**

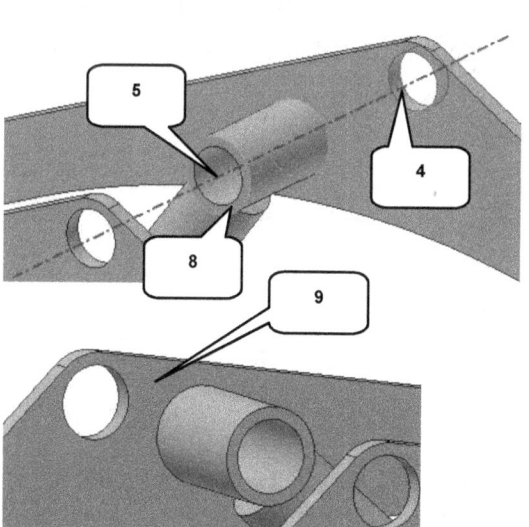

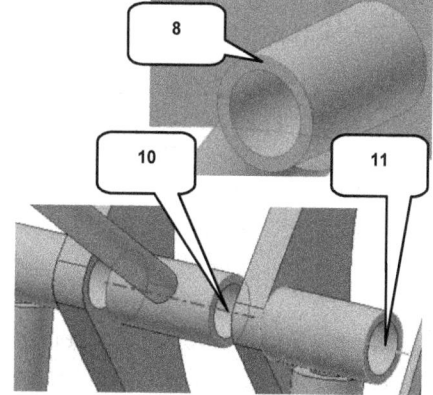

Hauptbaugruppe: Holzrückmaschine

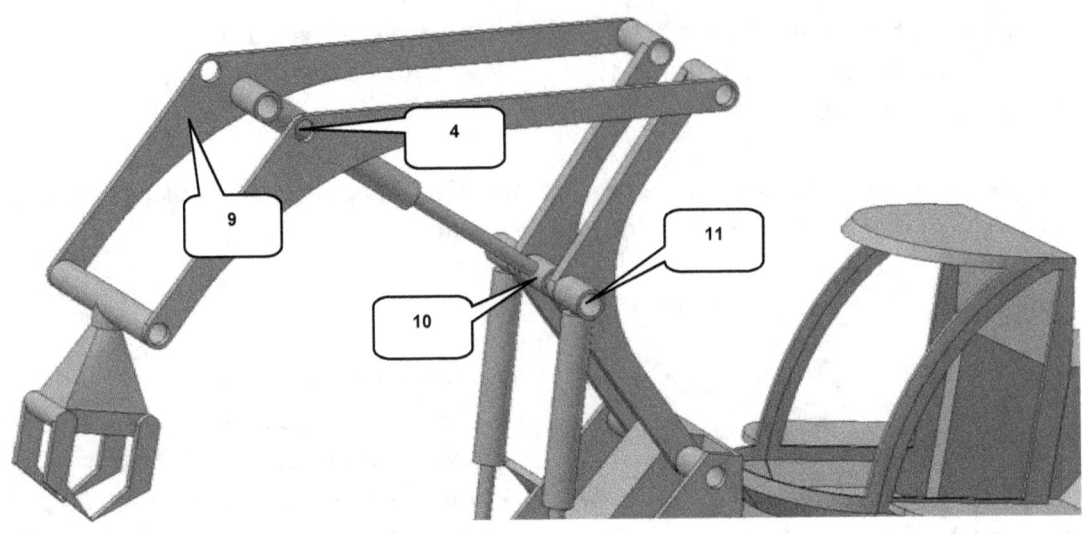

13.12 Alle drei Zylinder flexibel machen

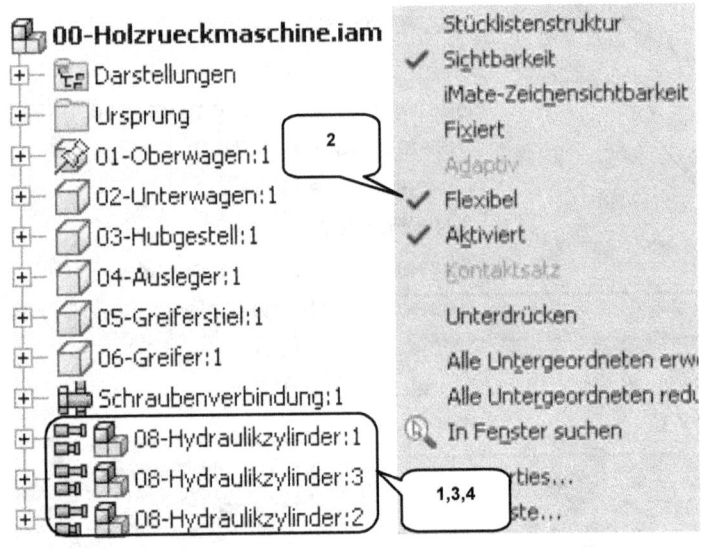

- Rechte Maustaste auf 1. Hydraulikzylinder (1)
- „Flexibel" aktivieren (2)
- Rechte Maustaste auf 2. Hydraulikzylinder (3)
- „Flexibel" aktivieren (2)
- Rechte Maustaste auf 3. Hydraulikzylinder (4)
- „Flexibel" aktivieren (2)

Wird eine Baugruppe (Unterbaugruppe) in eine andere Baugruppe (Hauptbaugruppe) eingefügt, so wird die Unterbaugruppe als ein unbewegliches Objekt behandelt. Soll sie auch innerhalb der Hauptbaugruppe ihre volle Beweglichkeit behalten, muss die Option „Flexibel" aktiviert werden. Sie wird im Modellbaum dann mit dem Symbol gekennzeichnet.

Hauptbaugruppe: Holzrückmaschine

13.13 Platzieren und Positionieren der Räder

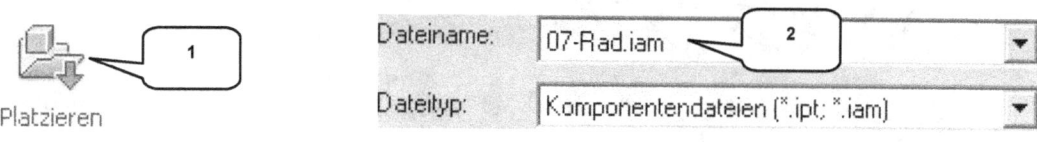

- **Komponente platzieren** (1)
- Dateiname: 07-Rad.iam (2)
- **ÖFFNEN**
- Unterbaugruppe insgesamt 4x frei im Zeichenbereich ablegen
- **Taste: ESC**

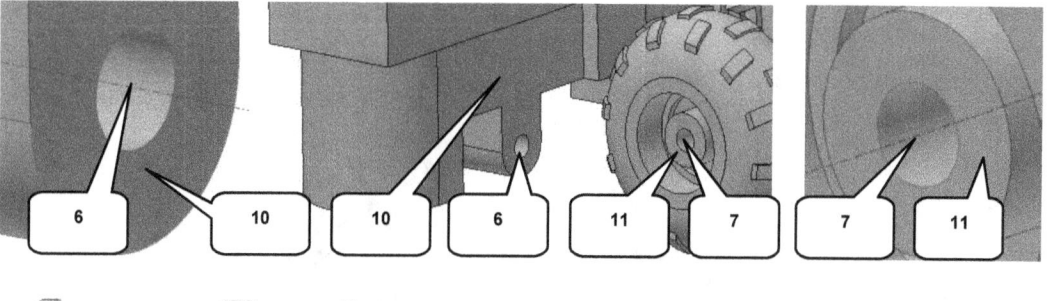

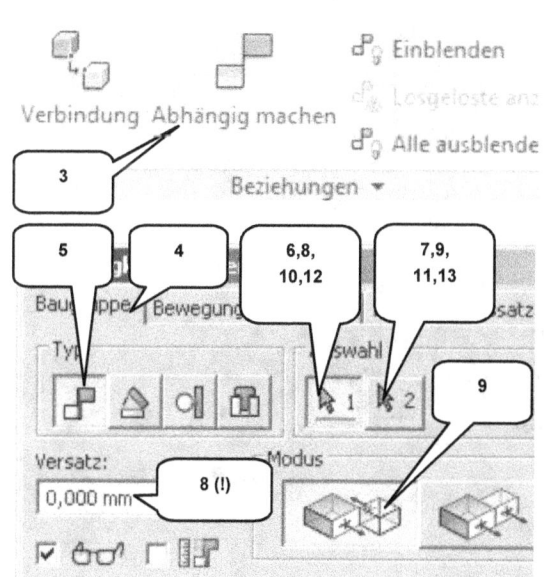

- **Abhängig machen** (3)
- Reiter: Baugruppe (4)
- Typ: Passend (5)
- Auswahl1: Bohrung (Unterwagen) (6)
- Auswahl2: Bohrung (Rad) (7)
- Versatz: [0] mm (8)
- Modus: Passend (9)
- **ANWENDEN**
- Auswahl1: Fläche (Unterwagen) (10)
- Auswahl2: Fläche (Rad) (11)
- Versatz: [5] mm (8) !!!
- Modus: Passend (9)
- **OK**

Dieselben Abhängigkeiten für das zweite Hinterrad auf der gegenüberliegenden Seite wiederholen.

Hauptbaugruppe: Holzrückmaschine

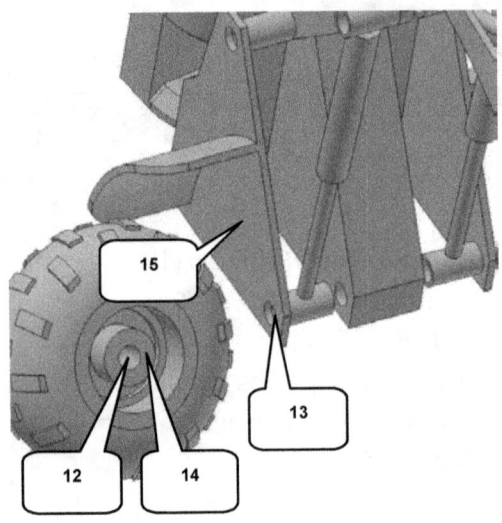

- ➢ **Abhängig machen** (3)
- ➢ Reiter: Baugruppe (4)
- ➢ Typ: Passend (5)
- ➢ Auswahl1: Bohrung (Rad) (12)
- ➢ Auswahl2: Bohrung (Hubgestell) (13)
- ➢ Versatz: [0] mm (8)
- ➢ Modus: Passend (9)
- ➢ **ANWENDEN**
- ➢ Auswahl1: Fläche (Rad) (14)
- ➢ Auswahl2: Fläche (Hubgestell) (15)
- ➢ Versatz: **[5]** mm (8) **!!!**
- ➢ Modus: Passend (9)
- ➢ **OK**

Dieselben Abhängigkeiten für das zweite Vorderrad auf der gegenüberliegenden Seite wiederholen.

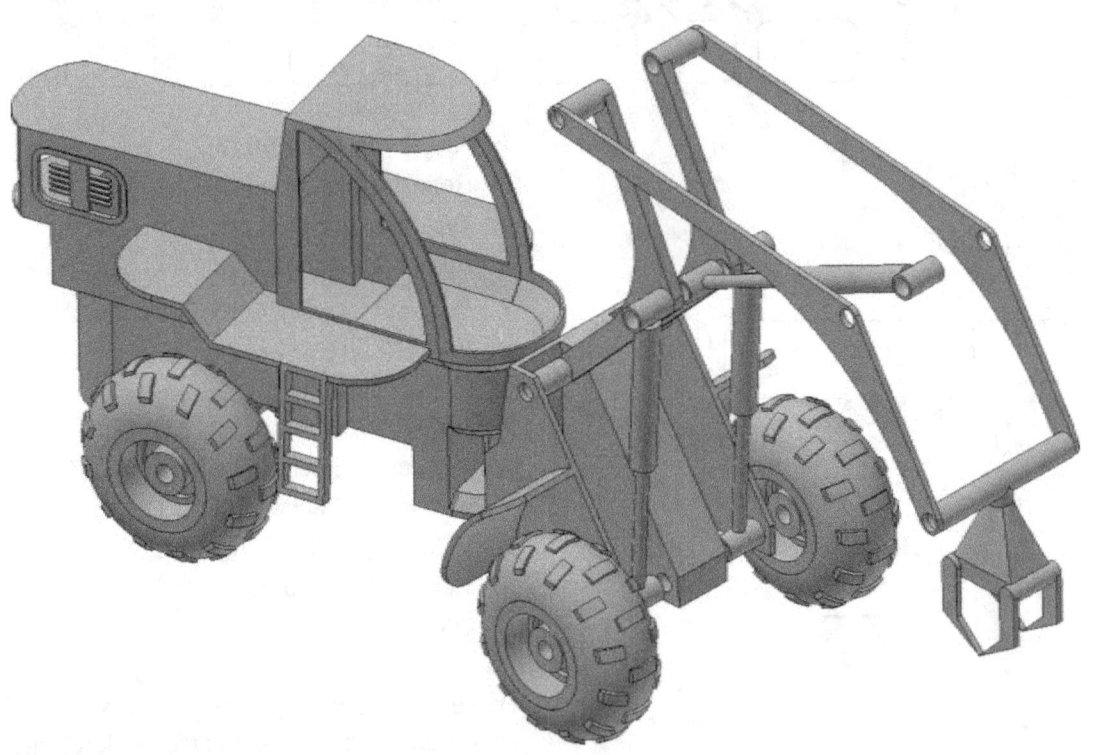

13.14 Radachsen aus der Baugruppe heraus erzeugen

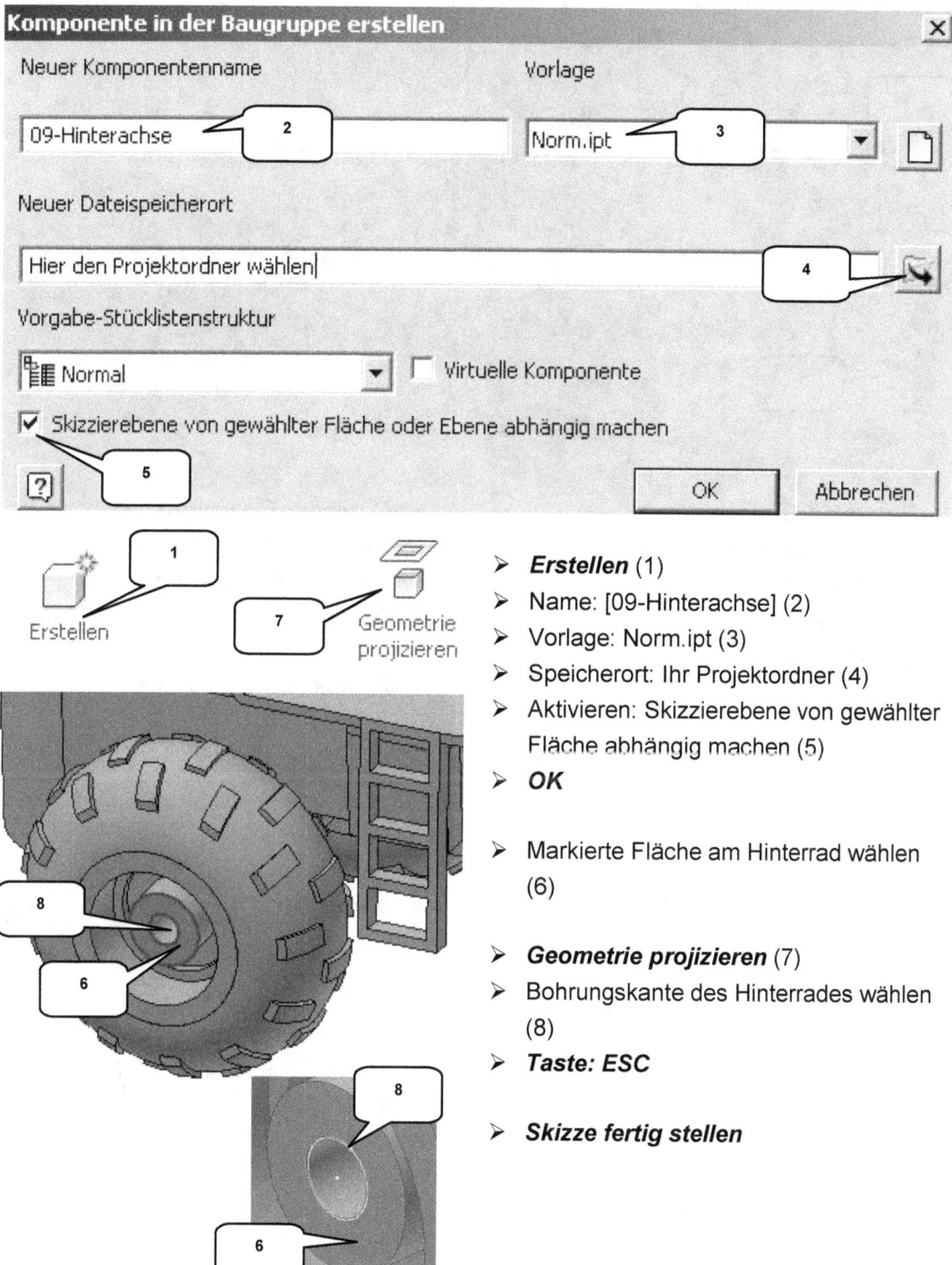

- ➢ **Erstellen** (1)
- ➢ Name: [09-Hinterachse] (2)
- ➢ Vorlage: Norm.ipt (3)
- ➢ Speicherort: Ihr Projektordner (4)
- ➢ Aktivieren: Skizzierebene von gewählter Fläche abhängig machen (5)
- ➢ **OK**

- ➢ Markierte Fläche am Hinterrad wählen (6)

- ➢ **Geometrie projizieren** (7)
- ➢ Bohrungskante des Hinterrades wählen (8)
- ➢ **Taste: ESC**

- ➢ **Skizze fertig stellen**

Hauptbaugruppe: Holzrückmaschine

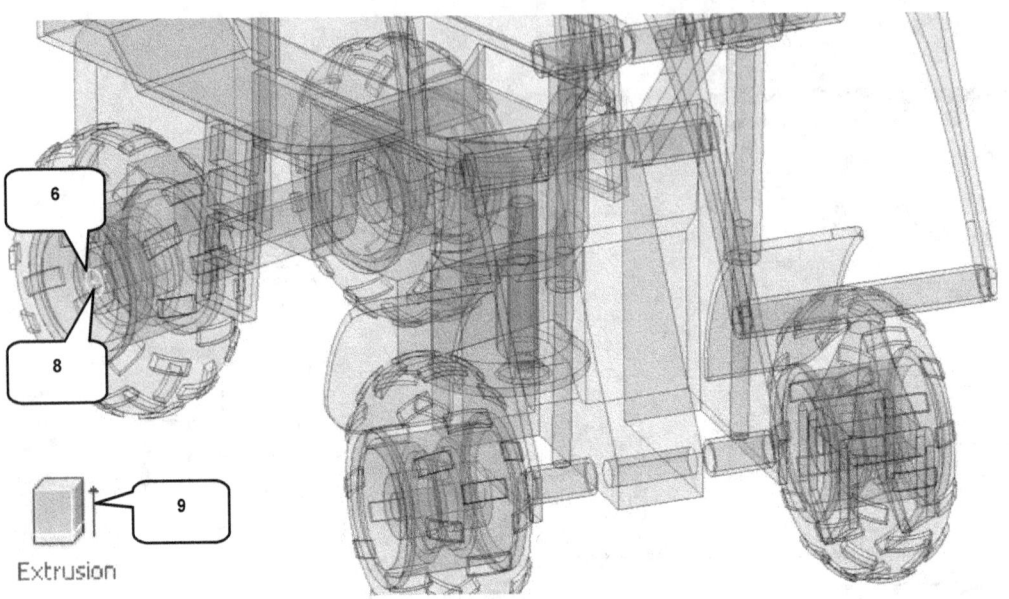

- ***Extrusion*** (9)
- Profil: Projizierte Kreiskante (8)
- Größe: Bis (10)
- Endfläche: Fläche am gegenüberliegenden Hinterrad (11)

- Aktivieren: Element an gedehnter Flächen enden lassen (12)
- Ausgabe: Volumenkörper (13)
- **OK**

- ***Zurück*** (14)

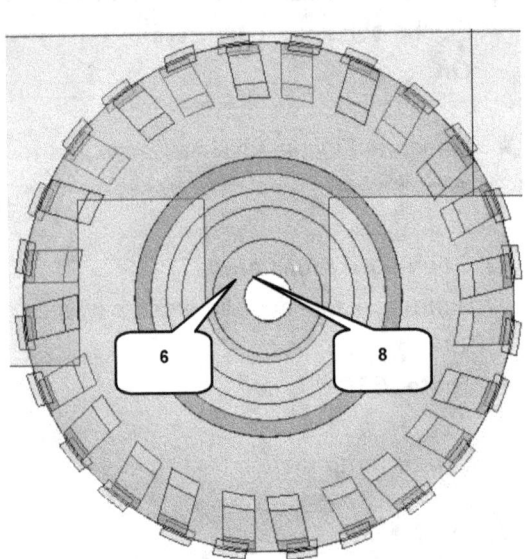

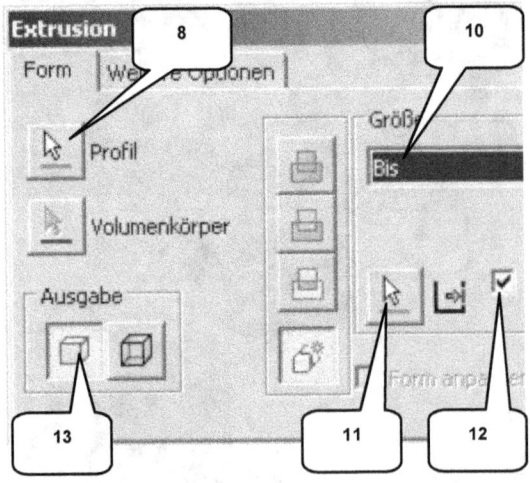

Hauptbaugruppe: Holzrückmaschine

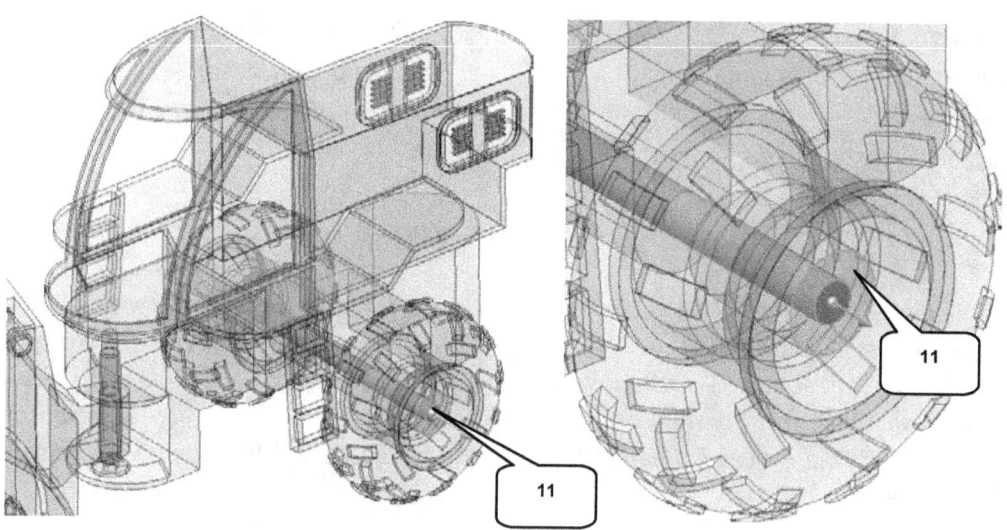

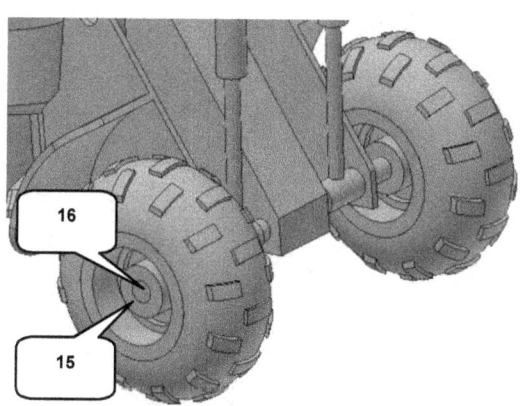

- **Erstellen** (1)
- Name: [10-Vorderachse]
- Vorlage: Norm.ipt (3)
- Speicherort: Ihr Projektordner (4)
- Aktivieren: Skizzierebene von gewählter Fläche abhängig machen (5)
- **OK**

- Markierte Fläche am Vorderrad wählen (15)

- **Geometrie projizieren** (7)
- Bohrungskante des Vorderrades wählen (16)
- **Taste: ESC**

- **Skizze fertig stellen**

- **Extrusion** (9)
- Profil: Projizierte Kreiskante (16)
- Größe: Bis (10)
- Endfläche: Fläche am gegenüberliegenden Hinterrad (17)

- Aktivieren: Element an gedehnter Flächen enden lassen (12)
- Ausgabe: Volumenkörper (13)
- **OK**

- **Zurück** (14)

Werden Bauteile aus einer Baugruppe heraus erzeugt (Befehl: Erstellen), werden diese automatisch mit einer „Adaptivität" versehen (Symbol: ⟳). Sie sind damit von den Komponenten abhängig, auf denen sie erzeugt wurden. Form und Länge der Achsen sind in unserem Beispiel abhängig von Form und Abstand der Räder: Änderungen werden automatisch übernommen. Wird die Adaptivität entfernt, dann besteht zwischen den Komponenten keine Verknüpfung mehr. !

13.15 Bolzen für Greifersystem aus der Baugruppe heraus erstellen

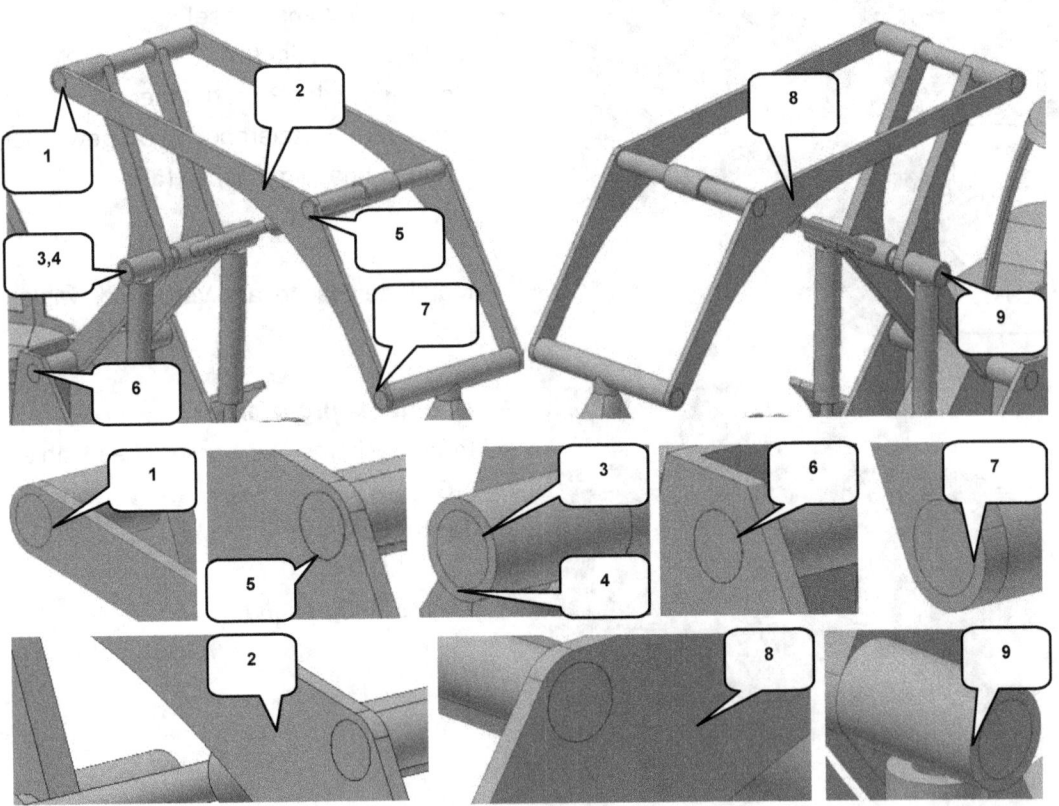

Hauptbaugruppe: Holzrückmaschine

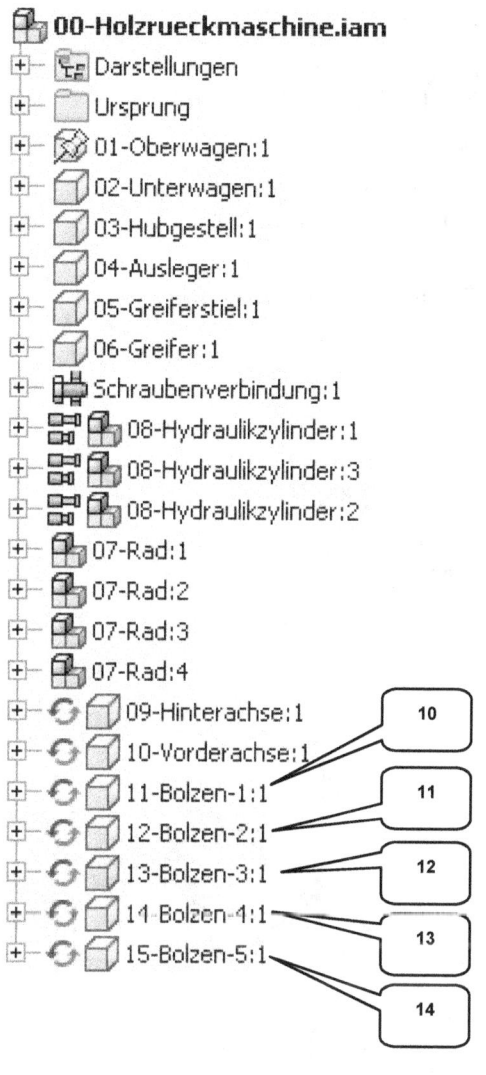

- Fünf weitere Bauteile (Bolzen für Greifersystem) mittels „Erstellen" erzeugen

- Bauteil 1:
- Name: [11-Bolzen-1] (10)
- Basisfläche: Markierte Fläche (2)
- Projizieren: Bohrungskante (6)
- Extrudieren bis Fläche (8)

- Bauteil 2:
- Name: [12-Bolzen-2] (11)
- Basisfläche: Markierte Fläche (2)
- Projizieren: Bohrungskante (1)
- Extrudieren bis Fläche (8)

- Bauteil 3:
- Name: [13-Bolzen-3] (12)
- Basisfläche: Markierte Fläche (2)
- Projizieren: Bohrungskante (5)
- Extrudieren bis Fläche (8)

- Bauteil 4:
- Name: [14-Bolzen-4] (13)
- Basisfläche: Markierte Fläche (2)
- Projizieren: Bohrungskante (7)
- Extrudieren bis Fläche (8)

- Bauteil 5:
- Name: [15-Bolzen-5] (14)
- Basisfläche: Markierte Fläche (4)
- Projizieren: Bohrungskante (3)
- Extrudieren bis Fläche (9)

- **Speichern**
- **Ja für alle**
- **OK**

Hauptbaugruppe: Holzrückmaschine

13.16 Bauteil „01-Oberwagen" aus der Baugruppe heraus bearbeiten

00-Holzrueckmaschine.iam
- Darstellungen
- Ursprung
- 01-Oberwagen:1
- 02-Unterwagen:1

Rechteckig   Heften
Polar   Flicken
Spiegeln   Stutzen
Muster   Fläche ▼

- ➢ Rechte Maustaste auf Bauteil „01-Oberwagen" (1)
- ➢ Option „Bearbeiten" wählen
- ➢ (Bauteilbereich wird geöffnet)

- ➢ **Flicken (Umgrenzungsfläche)** (2)
- ➢ Kante (3) wählen
- ➢ Kante (4) wählen
- ➢ Kante (5) wählen
- ➢ Kante (6) wählen
- ➢ Kante (7) wählen
- ➢ Kante (8) wählen
- ➢ **ANWENDEN**

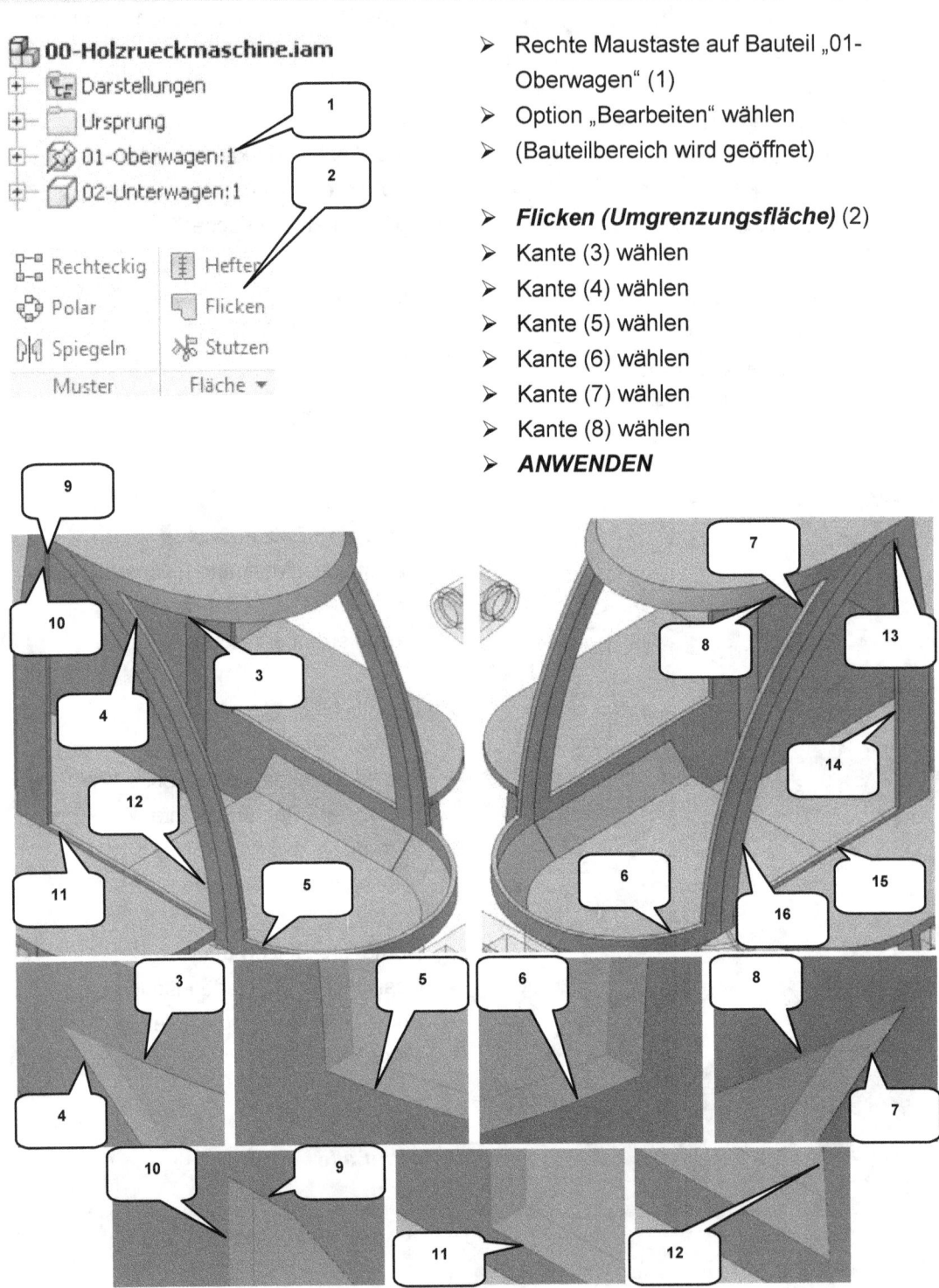

Hauptbaugruppe: Holzrückmaschine

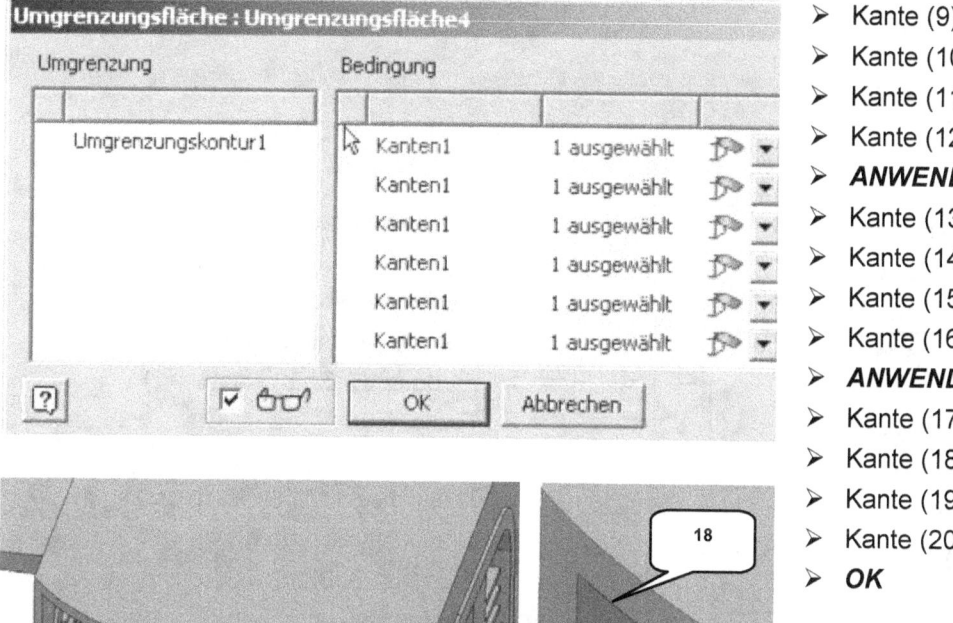

- Kante (9) wählen
- Kante (10) wählen
- Kante (11) wählen
- Kante (12) wählen
- **ANWENDEN**
- Kante (13) wählen
- Kante (14) wählen
- Kante (15) wählen
- Kante (16) wählen
- **ANWENDEN**
- Kante (17) wählen
- Kante (18) wählen
- Kante (19) wählen
- Kante (20) wählen
- **OK**

- **Zurück** (21)

- **Speichern**
- **Ja für alle**
- **OK**

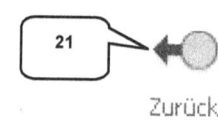

Zurück

Der Befehl **Flicken (Umgrenzungsfläche)** erzeugt ein reines Flächenelement ohne Masse und Volumen. Hier können Linien einer 2D- oder 3D-Skizze oder vorhandene Körperkanten verwendet werden. Für die drei Fenster im Bereich des Fahrerhäuschens sind jeweils die äußeren Körperkanten des Volumenkörpers zu wählen. Für die hintere Abdeckung des Oberwagens sind jeweils die inneren Kanten zu verwenden.

Hauptbaugruppe: Holzrückmaschine

13.17 Farben zuweisen und Modellbaum strukturieren

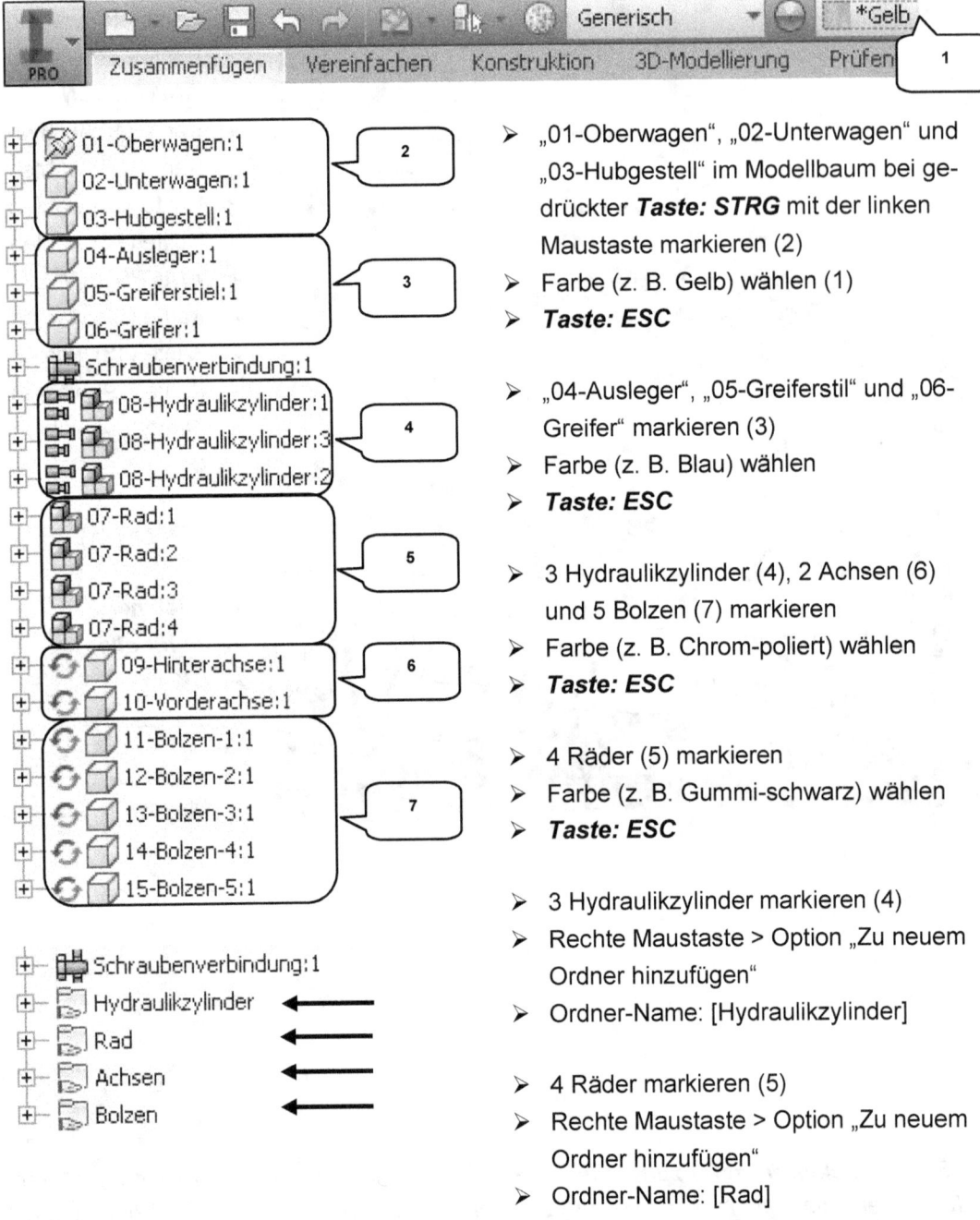

- „01-Oberwagen", „02-Unterwagen" und „03-Hubgestell" im Modellbaum bei gedrückter **Taste: STRG** mit der linken Maustaste markieren (2)
- Farbe (z. B. Gelb) wählen (1)
- **Taste: ESC**

- „04-Ausleger", „05-Greiferstil" und „06-Greifer" markieren (3)
- Farbe (z. B. Blau) wählen
- **Taste: ESC**

- 3 Hydraulikzylinder (4), 2 Achsen (6) und 5 Bolzen (7) markieren
- Farbe (z. B. Chrom-poliert) wählen
- **Taste: ESC**

- 4 Räder (5) markieren
- Farbe (z. B. Gummi-schwarz) wählen
- **Taste: ESC**

- 3 Hydraulikzylinder markieren (4)
- Rechte Maustaste > Option „Zu neuem Ordner hinzufügen"
- Ordner-Name: [Hydraulikzylinder]

- 4 Räder markieren (5)
- Rechte Maustaste > Option „Zu neuem Ordner hinzufügen"
- Ordner-Name: [Rad]

Hauptbaugruppe: Holzrückmaschine

- 2 Achsen markieren (6)
- Rechte Maustaste > Option „Zu neuem Ordner hinzufügen"
- Ordner-Name: [Achsen]

- 5 Bolzen markieren (7)
- Rechte Maustaste > Option „Zu neuem Ordner hinzufügen"
- Ordner-Name: [Bolzen]

13.18 Rendern der Hauptbaugruppe

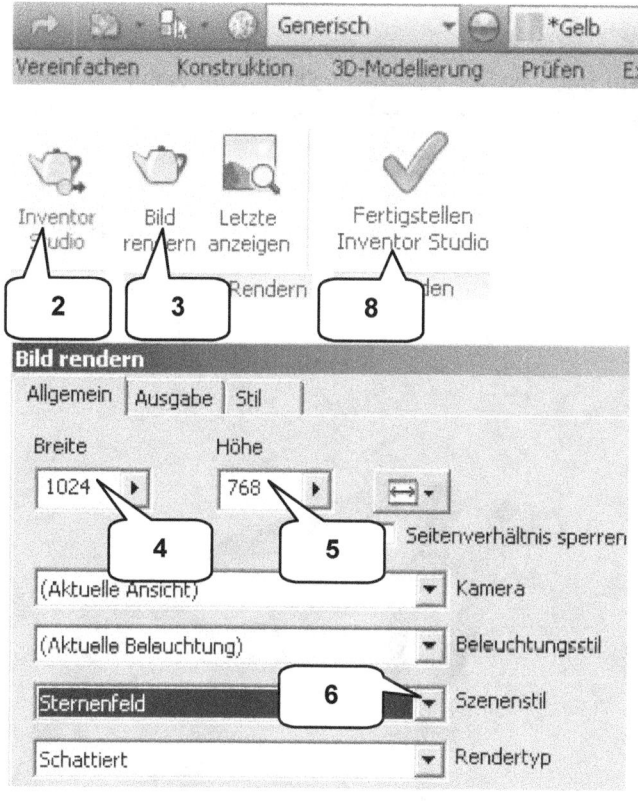

- Hauptbaugruppe drehen und zoomen, bis eine optimale Darstellung der Baugruppe im Zeichenbereich erreicht wurde
- Register **Umgebungen** öffnen (1)

- **Inventor Studio** (2)

- **Bild rendern** (3)
- Breite: [1024] (4)
- Höhe: [768] (5)
- Szenenstil: z. B. Sternenfeld (6)
- **RENDERN**

- **Bild speichern** (7)
- **Inventor Studio beenden** (8)

- **Baugruppe speichern**

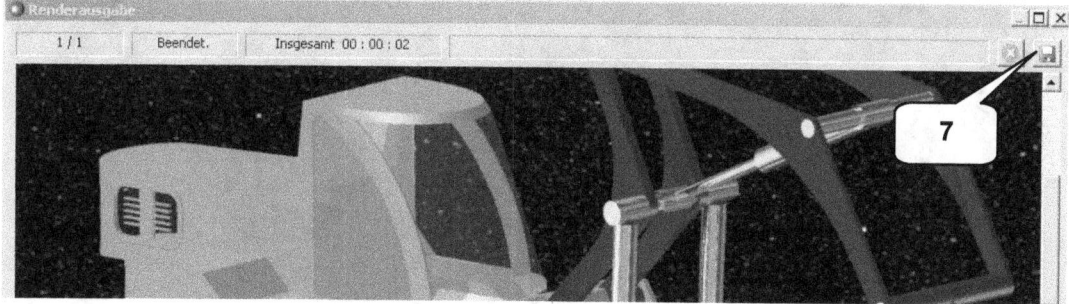

14 Schlusswort

Der Autor des Buches hofft, dass Sie bei der Arbeit mit dem Programm und dem Übungsprojekt viel Spaß hatten.

Der Inhalt des Buches wurde sorgfältig geprüft. Leider können Fehler nicht ausgeschlossen werden.

Wenn Ihnen während der Arbeit mit dem Buch Fehler auffallen sollten, oder wenn Sie Ideen zur Verbesserung des Inhaltes haben, ist Ihnen der Autor für jeden Hinweis per E-Mail dankbar.

Konstruktive Anmerkungen können jederzeit an *schlieder@cad-trainings.de* gesendet werden.

Vielen Dank.

15 Index

*

2D-Skizze auf der neuen Ebene erzeugen	49
2D-Skizze auf der XZ-Ebene erzeugen	90
2D-Skizze auf der XZ-Ebene erzeugen	99
2D-Skizze auf neuer Ebene erstellen	78
2D-Skizze auf neuer Ebene erzeugen	106
2D-Skizze auf XY-Ebene öffnen	23
2D-Skizze auf XY-Ebene öffnen	57
2D-Skizze auf XY-Ebene öffnen	70
2D-Skizze auf XY-Ebene öffnen	85
2D-Skizze auf XY-Ebene öffnen	95
2D-Skizze auf XY-Ebene öffnen	117
2D-Skizze auf XY-Ebene öffnen	128
2D-Skizze auf XZ-Ebene erzeugen	62
2D-Skizze auf XZ-Ebene erzeugen	72
2D-Skizze für den Lüftungsbereich (Maschinenraum) zeichnen	44

A

Abhängigkeiten setzen	25
Achsen projizieren und als Konstruktionsobjekte definieren	23
Achsen projizieren und als Konstruktionsobjekte definieren	31
Achsen projizieren und als Konstruktionsobjekte definieren	57
Achsen projizieren und als Konstruktionsobjekte definieren	62
Achsen projizieren und als Konstruktionsobjekte definieren	70
Achsen projizieren und als Konstruktionsobjekte definieren	73
Achsen projizieren und als Konstruktionsobjekte definieren	85
Achsen projizieren und als Konstruktionsobjekte definieren	90
Achsen projizieren und als Konstruktionsobjekte definieren	95
Achsen projizieren und als Konstruktionsobjekte definieren	106
Achsen projizieren und als Konstruktionsobjekte definieren	117
Achsen projizieren und als Konstruktionsobjekte definieren	128
Achsen und Linienkonturen projizieren	36
Alle drei Zylinder flexibel machen	150
Aufbau einer Holzrückmaschine	20
Ausgerichtete Bemaßungen erzeugen	27

B

Basiskontur des Schutzblechs zeichnen	41
Basiskontur mittels Zylinder erzeugen	104
Basisskizze für Reifenprofil zeichnen	123
Baugruppe „00-Holzrueckmaschine" erstellen	138
Bauteil „01-Oberwagen" aus der Baugruppe heraus bearbeiten	158
Bauteil „01-Oberwagen" erstellen	22
Bauteil „02-Unterwagen" erstellen	56
Bauteil „03-Hubgestell" erstellen	69
Bauteil „03-Hubgestell" mit Abhängigkeiten versehen	141
Bauteil „04-Ausleger" erstellen	84
Bauteil „04-Ausleger" mit Abhängigkeiten versehen	144
Bauteil „05-Greiferstiel" erstellen	94
Bauteil „05-Greiferstiel" mit Abhängigkeiten versehen	145
Bauteil „06-Greifer" erstellen	103
Bauteil „06-Greifer" mit Abhängigkeiten versehen	146
Bauteil „07-1-Rad-Basisskizze" erstellen	116
Bauteil „08-Hydraulikzylinder-Basisskizze" erstellen	127
Bauteil: Ausleger	83
Bauteil: Greifer	102
Bauteil: Greiferstiel	93
Bauteil: Hubgestell	68
Bauteil: Oberwagen	21
Bauteil: Unterwagen	55
Bauteile aus der Skizze heraus exportieren	119
Bauteile aus der Skizze heraus exportieren	130
Bearbeiten der Anwendungsoptionen	10
Bearbeiten des Kolbens	133
Bearbeiten des Zylinders	132
Befestigen der unteren beiden Hydraulikzylinder	148
Befestigen des oberen Hydraulikzylinders	149
Befestigungsbohrungen für die Zylinderbolzen einfügen	76
Bemaßen der Bogenabstände	38
Bemaßen der Linienabstände	60
Bogen aus drei Punkten	29
Bohren der Greiferführung	110
Bohren der hinteren Antriebswellenlagerung	67
Bolzen für Greifersystem aus der Baugruppe heraus erstellen	156

D

Deaktivieren der Arbeitsebene	108
Der ViewCube	17
Die Funktionen der Maustasten	17
Die Navigationsleiste	17
Drehen der Skizzenkontur um die neu erzeugte Arbeitsachse	80

E

Ebene und Skizze für Reifenprofil erzeugen	122
Eine um eine Kante geneigte Ebene erzeugen	48
Einleitung	8
Einzelbenutzer-Projekt erzeugen	18
Erstellen der Lüftungsöffnung	46
Erstellen einer neuen 2D-Skizze	36
Erstellen einer weiteren 2D-Skizze	112
Erzeugen einer Achse als Schnittlinie zweier Ebenen	66
Erzeugen einer Arbeitsachse	80
Erzeugen einer Ebene mit Versatz	66
Erzeugen einer Ebene mit Versatz	106
Erzeugen einer Erhebung	111
Erzeugen einer neuen 2D-Skizze auf der XZ-Ebene	30
Erzeugen einer neuen Ebene	41
Erzeugen einer versetzten Ebene	78
Erzeugen eines Hohlkörpers	35
Extrudieren der Basiskontur	30
Extrudieren der Basiskontur	61
Extrudieren der Basiskontur	72
Extrudieren der Basiskontur	98
Extrudieren der beiden äußeren Kreisringe	88
Extrudieren der Differenzkontur	92
Extrudieren der Fenster (Differenz)	40
Extrudieren der Schnittmengenkontur	64
Extrudieren der Schnittmengenkontur	76
Extrudieren der Skizzengeometrie	108
Extrudieren der Subtraktionsgeometrie	101
Extrudieren der Zwischenbereiche	89
Extrudieren des Differenzkörpers	33
Extrudieren des ersten Greiferfingers	113
Extrudieren des oberen Leiterbereiches	51

E

Extrudieren des Schutzblechs	43

F

Farben zuweisen und Modellbaum strukturieren	160
Fasen des unteren Fahrerkabinenbereiches	34
Fasen des vorderen Bereiches	64
Felge und Reifen in Volumenkörper konvertieren	121

H

Hauptbaugruppe: Holzrückmaschine	137
Hilfedatei des Programms	9
Horizontale und vertikale Bemaßungen setzen	26

K

Kanten projizieren, Basiskontur des Schutzblechs zeichnen	79
Kostenlose Programmversion	9

O

Oberen Bereich der Aufstiegsleiter zeichnen	50
Oberen Leiterbereich mittels rechteckiger Anordnung kopieren	52

P

Platzieren der ersten Bauteile	139
Platzieren und Positionieren der Räder	151
Prägen des Reifenprofils	124
Prägung mittels runder Anordnung kopieren	125
Projektordner erstellen	9

R

Radachsen aus der Baugruppe heraus erzeugen	153
Rechteck zeichnen und bemaßen	38
Rendern der Hauptbaugruppe	161

R

Runden der inneren Kante	89
Runden der inneren Kante	99
Runden der letzten Extrusion	109
Runden des hinteren Bereiches	65
Runden des Schutzblechs	81

S

Schlusswort	162
Schraubenverbindungen einfügen	142
Schutzblech abrunden	43
Schutzblech spiegeln	82
Setzen der Abhängigkeiten	58
Setzen der Abhängigkeiten zwischen Kolben und Zylinder	135
Skizze wieder verwenden	88
Spiegeln des ersten Greiferfingers	114
Spiegeln des Volumenkörpers	54
Steuerungstools und Maustasten	17
Stutzen der Kontur und Schließen der Skizze	39

T

Trennen des Volumenkörpers	53

U

Unterbaugruppe: Hydraulikzylinder	126
Unterbaugruppe: Rad	115
Unterbaugruppen „08-Hydraulikzylinder" einfügen	147

V

Verwendete Befehle	8
Vollständiges Abrunden der Fahrerkabine	33

W

Weitere Bauteile in die Baugruppe einfügen	140
Winkelmaße erzeugen	28

Z

Zeichnen der Basiskontur	58
Zeichnen der Basiskontur	71
Zeichnen der Basiskontur	86
Zeichnen der Basiskontur	96
Zeichnen der Basiskontur	107
Zeichnen der Basiskontur	117
Zeichnen der Basiskonturen für die Fensteraussparungen	37
Zeichnen der Basisskizze	128
Zeichnen der ersten Linien	24
Zeichnen der Schnittmengengeometrie	73
Zeichnen der Schnittmengenkontur	63
Zeichnen der Subtraktionsgeometrie	91
Zeichnen der Subtraktionsgeometrie	100
Zeichnen und Bemaßen der Skizzenkontur	31

www.ingramcontent.com/pod-product-compliance
Lightning Source LLC
Chambersburg PA
CBHW082329220526
45470CB00008B/2451